市政工程施工资料编制实例解读

给排水工程

梁　伟　潘颖秋　主编

U0254253

化学工业出版社
·北京·

本书依据《给水排水管道工程施工及验收规范》（GB 50268—2008）、《建设工程文件归档规范》（GB/T 50328—2014）对竣工文件编制的要求，将质量验收标准及质量验收应具备的资料作为理论指导；同时，结合编者多年工程实践经验，以施工设计图纸为依据编制案例工程。

全书在给排水管道工程实践基础上将理论与实践密切结合，使读者在学习过程中能融会贯通。

本书可作为高职高专、中职市政工程类专业及相关专业的市政工程资料管理课程及实习实训课程教材，也可作为成人教育市政工程类相关专业的教材；还可作为建设行业主管培训机构资料员上岗证培训教材以及市政工程资料员的工具书。

图书在版编目（CIP）数据

市政工程施工资料编制实例解读. 给排水工程/梁伟，潘颖秋主编. —北京：化学工业出版社，2017.5
ISBN 978-7-122-29246-9

Ⅰ. ①市… Ⅱ. ①梁… ②潘… Ⅲ. ①市政工程-排水工程-工程验收-资料-编制 ②市政工程-排水工程-工程验收-技术档案-档案管理 Ⅳ. ①TU99 ②G275.3

中国版本图书馆 CIP 数据核字（2017）第 048125 号

责任编辑：李仙华　　文字编辑：向　东
责任校对：王素芹　　装帧设计：关　飞

出版发行：化学工业出版社（北京市东城区青年湖南街 13 号　邮政编码 100011）
印　　装：中煤（北京）印务有限公司
787mm×1092mm　1/16　印张 12¾　插页 3　字数 321 千字　2017 年 9 月北京第 1 版第 1 次印刷

购书咨询：010-64518888（传真：010-64519686）　售后服务：010-64518899
网　　址：http://www.cip.com.cn
凡购买本书，如有缺损质量问题，本社销售中心负责调换。

定　　价：39.00 元

前 言

市政工程施工技术资料是市政工程施工的一个重要组成部分，是市政工程进行竣工验收和竣工核定的必备条件，也是对工程进行检查、维修、管理的重要依据。

本书依据《给水排水管道工程施工及验收规范》(GB 50268—2008)、《建设工程文件归档规范》(GB/T 50328—2014) 等各种国家有关的质量验收规范、标准的相关规定，结合施工设计图纸、施工验收流程编制而成。

全书由概述、上篇、下篇、附录几部分内容组成，主要包括市政工程施工质量验收系列规范及验收模式，给水排水管道工程质量验收，市政工程施工质量验收系列规范配套表格的应用，施工质量文件的形成及归档整理，给水排水管道案例工程，施工工艺流程及施工做法，施工图。

本书在编写过程中，紧扣施工及验收规范，以市政工程各施工质量验收规范作为理论指导，通过实际案例工程引入，将理论与实践相结合。本书改变了目前传统教材偏重理论课程、实践课程相对较弱的局面，适合高职突出能力培养的模式，以实现学生“零距离上岗”为目标。同时，本书对离校上岗后从事工程管理工作也具有较高的指导意义。

本书由广西建设职业技术学院和杭州品茗安控信息技术股份有限公司合作编写，广西建设职业技术学院梁伟和杭州品茗安控信息技术股份有限公司潘颖秋担任主编，广西建设职业技术学院曾丽莎、岳建彬担任副主编，广西建设职业技术学院刘海彬、成德贤参加了编写。编写具体分工如下：梁伟编写第四章第一、第四节，潘颖秋编写概述、第一章，曾丽莎编写第二章、第三章，岳建彬编写第四章第二、三节，刘海彬编写第四章第五、六节，成德贤编写附录。

本书在编写过程中，得到了多家施工企业现场工程技术专业人员和专家的大力支持和帮助，在此表示衷心的感谢。

本书可作为高职高专院校、中等职业学校市政工程类专业及相关专业的市政工程资料管理课程教学实践的实训教材，成人高校相应专业的继续教育与职业培训教材，建设行业主管培训机构资料员上岗证培训教材，亦是市政工程质量监督部门质量监督管理人员，施工单位、监理单位在职技术人员、管理人员、监理员、市政工程资料员工作中的好帮手。

本书提供有 PPT 电子课件，可登录网站 www. cipedu. com. cn 免费获取。

编 者

2017 年 2 月

目 录

概　述

市政工程施工质量验收系列规范及验收模式

学习任务

◎ 熟悉市政工程施工质量验收系列规范。

◎ 掌握市政工程施工质量验收的基本规定。

◎ 掌握城市给排水管道工程质量验收项目的划分。

◎ 掌握市政工程质量验收合格的规定。

◎ 掌握市政工程质量验收不合格的处理方法。

◎ 熟悉市政工程质量验收程序和组织。

一、各规范的名称及编号

一般情况下，市政基础设施工程的现行验收规范涵盖如下9个配套专业验收规范，其中，《给水排水管道工程施工及验收规范》（GB 50268—2008）（以下简称规范）用于给排水管道工程质量验收。

（1）《城镇道路工程施工与质量验收规范》CJJ 1—2008

（2）《城市桥梁工程施工质量与验收规范》CJJ 2—2008

（3）《给水排水管道工程施工及验收规范》GB 50268—2008

（4）《给水排水构筑物工程施工及验收规范》GB 50141—2008

（5）《城市道路照明工程施工及验收规范》CJJ 89—2012

（6）《园林绿化工程施工及验收规范》CJJ 82—2012

（7）《无障碍设施施工验收及维护规范》GB 50642—2011

（8）《城镇供热管网工程施工及验收规范》CJJ 28—2014

（9）《城镇燃气输配工程施工及验收规范》CJJ 33—2005

二、质量验收的基本规定

1. 施工现场质量管理

施工现场质量管理应具有健全的质量管理体系、相应的施工技术标准、施工质量检验制度和综合施工质量水平评定考核制度。

在工程开工前，施工单位应按本书第二章表2-1施工现场质量管理检查记录检查和填写，并经总监理工程师签署确认后方可开工。

2. 市政工程施工质量控制

（1）给水排水管道工程所用的管材、管道附件、构（配）件和主要原材料等产品进入施工现场时必须进行进场验收并妥善保管。进场验收时应检查每批产品的订购合同、质量合格证书、性能检验报告、使用说明书、进口产品的商检报告及证件等，并按国家有关标准规定进行复验，现场验收和复验结果应经监理工程师检查认可后方可使用。凡涉及结构安全、节能、环境保护和主要使用功能的重要材料、产品，监理工程师应按规定进行平行检测或见证取样检测，并确认合格。

（2）各施工工序应按施工技术标准进行质量控制，每道施工工序完成后，经施工单位自检符合规定后，才能进行下道工序施工。相关各分项工程之间，必须进行交接检验，并形成文件，经监理工程师检查签认后，方可进行下个分项工程施工；所有隐蔽分项工程必须进行隐蔽验收，未经检验或验收不合格不得进行下道分项工程施工。

（3）对于监理单位提出检查要求的重要工序，应经监理工程师检查认可，才能进行下道工序施工。

3. 市政工程施工质量验收要求

（1）工程施工质量应符合相关专业验收规范的规定。

（2）工程施工质量应符合工程勘察、设计文件的要求。

（3）参加工程施工质量验收的各方人员应具备相应的资格。

（4）工程施工质量的验收应在施工单位自行检查、评定合格的基础上进行。

（5）隐蔽工程在隐蔽前，应由施工单位通知监理单位进行验收，并应形成验收文件，验收合格后方可继续施工。

（6）涉及结构安全和使用功能的试块、试件和现场检测项目，应按规定进行平行检测或见证取样检测。

（7）验收批的质量应按主控项目和一般项目进行验收；每个检查项目的检查数量，除规范有关条款有明确规定外应全数检查。

（8）对涉及结构安全和使用功能的分部工程应进行试验或检测。

（9）承担复验或检测的单位应为具有相应资质的独立第三方。

（10）工程的外观质量应由质量验收人员通过现场检查共同确认。

三、质量验收项目的划分

市政工程项目质量验收应划分为单位工程、子单位工程、分部工程、子分部工程、分项工程和验收批，并按相应的程序组织验收。

1. 单位（子单位）工程

建设单位招标文件确定的每一独立合同应为一个单位工程。

当合同文件包含的工程内容较多，或工程规模较大或由若干独立设计组成时，宜按工程部位或工程量、每一独立设计将单位工程分成若干子单位工程。

2. 分部（子分部）工程

单位（子单位）工程应按工程的结构部位或特点、功能、工程量划分分部工程。

分部工程规范较大或工程复杂时宜按材料种类、工艺特点、施工工法等，将分部工程划

表 0-1　给水排水管道工程分项、分部、单位工程划分

<table>
<tr><td colspan="3">单位工程
（子单位工程）</td><td colspan="2">开(挖)槽施工的管道工程、大型顶管工程、
盾构管道工程、浅埋暗挖管道工程、大型沉管工程、大型桥管工程</td></tr>
<tr><td colspan="3">分部工程（子分部工程）</td><td>分项工程</td><td>验　收　批</td></tr>
<tr><td colspan="3">土方工程</td><td>沟槽土方（沟槽开挖、沟槽支撑、沟槽回填）、基坑土方（基坑开挖、基坑支护、基坑回填）</td><td>与下列验收批对应</td></tr>
<tr><td rowspan="11">管道主体工程</td><td>预制管开槽施工主体结构</td><td>金属类管、混凝土类管、预应力钢筋混凝土管、化学建材管</td><td>管道基础、管道接口连接、管道铺设、管道防腐层（管道内防腐层、钢管外防腐层）、钢管阴极保护</td><td>可选择下列方式划分：
①按流水施工长度；
②排水管道按井段；
③给水管道按一定长度连续施工段或自然划分段（路段）；
④其他便于过程质量控制方法</td></tr>
<tr><td>管渠（廊）</td><td>现浇钢筋混凝土管渠、装配式混凝土管渠、砌筑管渠</td><td>管道基础、现浇钢筋混凝土管渠（钢筋、模板、混凝土、变形缝）、装配式混凝土管渠（预制构件安装、变形缝）、砌筑管渠（砖石砌筑、变形缝）、管道内防腐层、管廊内管道安装</td><td>每节管渠（廊）或每个流水施工段管渠（廊）</td></tr>
<tr><td rowspan="6">不开槽施工主体结构</td><td>工作井</td><td>工作井围护结构、工作井</td><td>每座井</td></tr>
<tr><td>顶管</td><td>管道接口连接、顶管管道（钢筋混凝土管、钢管）、管道防腐层（管道内防腐层、钢管外防腐层）、钢管阴极保护、垂直顶升</td><td>顶管顶进：每 100m；
垂直顶升：每个顶升管</td></tr>
<tr><td>盾构</td><td>管片制作、掘进及管片拼装、二次内衬（钢筋、混凝土）、管道防腐层、垂直顶升</td><td>盾构掘进：每 100 环；
二次内衬：每个施工作业断面；
垂直顶升：每个顶升管</td></tr>
<tr><td>浅埋暗挖</td><td>土层开挖、初期衬砌、防水层、二次内衬、管道防腐层、垂直顶升</td><td>暗挖：每个施工作业断面；
垂直顶升：每个顶升管</td></tr>
<tr><td>定向钻</td><td>管道接口连接、定向钻管道、钢管防腐层（内防腐层、外防腐层）、钢管阴极保护</td><td>每 100m</td></tr>
<tr><td>夯管</td><td>管道接口连接、夯管管道、钢管防腐层（内防腐层、外防腐层）、钢管阴极保护</td><td>每 100m</td></tr>
<tr><td rowspan="2">沉管</td><td>组对拼装沉管</td><td>基槽浚挖及管基处理、管道接口连接、管道防腐层、管道沉放、稳管及回填</td><td>每 100m（分段拼装按每段，且不大于 100m）</td></tr>
<tr><td>预制钢筋混凝土沉管</td><td>基槽浚挖及管基处理、预制钢筋混凝土管节制作（钢筋、模板、混凝土）、管节接口预制加工、管道沉放、稳管及回填</td><td>每节预制钢筋混凝土管</td></tr>
<tr><td colspan="2">桥管</td><td>管道接口连接、管道防腐层（内防腐层、外防腐层）、桥管管道</td><td>每跨或每 100m；分段拼装按每跨或每段，且不大于 100m</td></tr>
<tr><td colspan="3">附属构筑物工程</td><td>井室（现浇混凝土结构、砖砌结构、预制拼装结构）、雨水口及支连管、支墩</td><td>同一结构类型的附属构筑物不大于 10 个</td></tr>
</table>

注：1. 大型顶管工程、大型沉管工程、大型桥管工程及盾构、浅埋暗挖管道工程，可设独立的单位工程。

2. 大型顶管工程：指管道一次顶进长度大于 300m 的管道工程。

3. 大型沉管工程：指预制钢筋混凝土管沉管工程；对于成品管组对拼装的沉管工程，应为多年平均水位水面宽度不小于 200m，或多年平均水位水面宽度在 100～200m，且相应水深不小于 5m。

4. 大型桥管工程：总跨长度不小于 300m 或主跨长度不小于 100m。

5. 土方工程中涉及地基处理、基坑支护等，可按现行国家标准《建筑地基基础工程施工质量验收规范》（GB 50202）等相关规定执行。

6. 桥管的地基与基础、下部结构工程，可按桥梁工程规范的有关规定执行。

7. 工作井的地基与基础、围护结构工程，可按现行国家标准《建筑地基基础工程施工质量验收规范》（GB 50202）、《混凝土结构工程施工质量验收规范》（GB 50204）、《地下防水工程质量验收规范》（GB 50208）、《给水排水构筑物工程施工及验收规范》（GB 50141）等相关规定执行。

分为若干子分部工程。

3. 分项工程

分部工程可由一个或若干个分项工程组成，应按主要工种、材料、施工工艺等划分分项工程。

4. 验收批

分项工程可由一个或若干验收批组成，验收批是工程验收的最小单位。验收批应根据施工、质量控制和专业验收需要划定。

给水排水管道工程的分部、子分部、分项、验收批工程应按表 0-1 进行划分。

四、工程质量合格的验收

1. 验收批的验收

验收批是质量验收的最小单元。验收批的验收是对工序质量、工程实体质量的验收，验收的依据是各专业规范提供的检验标准或质量验收标准。验收批的验收内容按其重要程度分为主控项目和一般项目。

（1）主控项目的质量应经抽样检验合格。

（2）一般项目的质量应经抽样检验合格；当采用计数检验时，除有专门要求外，一般项目的合格点率应达到 80%及以上，且不合格点的最大偏差值不得大于规定允许偏差值的 1.5 倍。

实测项目合格率的计算公式为：

$$合格率=(实测项目中的合格点数/实测项目的应测点数)\times 100\%$$

（3）主要工程材料的进场验收和复验合格，试块、试件检验合格。

（4）主要工程材料的质量保证资料以及相关试验检测资料齐全、正确；具有完整的施工操作依据和质量检查记录。

2. 分项工程的验收

（1）分项工程所含验收批均应符合合格质量的规定。

（2）分项工程所含验收批的质量验收记录应完整、正确；有关质量保证资料和试验检测资料应齐全、正确。

分项工程质量验收是在验收批验收的基础上进行的，是一个核查过程，没有实体验收内容。验收时应注意：

① 所含验收批是否已全部验收合格，有无遗漏；

② 各验收批所覆盖的区段和所包含的内容有无遗漏，所有验收批是否完全覆盖了本分项的所有区段和内容，是否全部合格；

③ 所有“验收批质量验收记录”的内容是否齐全，填写是否正确，签字是否有效（签名人是否具备规定资格）。

3. 分部（子分部）工程质量验收

（1）分部（子分部）工程所含分项工程的质量验收全部合格。

（2）质量控制资料应完整。

（3）分部（子分部）工程中，地基基础处理、桩基础检测、混凝土强度、混凝土抗渗、管道接口连接、管道位置及高程、金属管道防腐层、水压试验、严密性试验、管道设备安装调试、阴极保护安装测试、回填压实等的检验和抽样检测结果应符合规范的有关规定。

（4）观感质量应符合要求。

子分部工程的验收是在其所含分项工程验收合格的基础上进行的，分部工程的验收则是在其所含子分部工程验收合格的基础上进行的，分部（子分部）工程验收主要是一个核查过程。

4. 单位（子单位）工程质量验收

（1）单位（子单位）工程所含分部工程的质量验收全部合格。

（2）质量控制资料应完整。

（3）单位（子单位）工程所含分部（子分部）工程有关安全及使用功能的检测资料应完整。

（4）涉及金属管道的外防腐层、钢管阴极保护系统、管道设备运行、管道位置及高程等的试验检测、抽查结果以及管道使用功能试验应符合规范规定。

（5）外观质量验收应符合要求。

五、不合格的处置

1. 可验收的

① 经返工重做或更换管节、管件、管道设备等的验收批，应重新进行验收。

② 经有相应资质的检测单位检测鉴定能够达到设计要求的验收批，应予以验收。

例如留置的混凝土试块失去代表性，或是缺失，或是试压结果达不到设计要求，就要由有资质的检测机构做钻芯取样检测，若检测结果符合设计要求，即可通过验收。

③ 经有资质的检测单位检测鉴定达不到设计要求，但经原设计单位验算认可能够满足结构安全和使用功能的验收批，可予以验收。

④ 经返修或加固处理的分项、分部工程，虽然改变外形尺寸但仍能满足安全使用要求的，可按技术处理方案和协商文件进行验收。

2. 不可验收的

通过返修或加固处理仍不能满足结构安全或使用功能要求的分部（子分部）工程、单位（子单位）工程，严禁验收。

六、验收程序及组织

除竣工验收（单位或子单位工程验收）由建设单位组织外，其余的验收均由监理单位组织并签署验收记录。法律法规规定可以不委托监理的工程项目，所有的验收由建设单位组织并签署验收记录。验收记录表中“监理（建设）单位”和“总监理工程师（建设单位项目专业技术负责人）”等有选择的栏目，可根据上述要求选定验收意见或结论的签署单位和签署人。

委托监理的工程项目，各类验收的组织者与参加者如下：

1. 验收批

按专业内容，由专业监理工程师组织施工单位的专业质量检查员进行验收，有监理员及施工组班长参加，资料员做记录，整理后填入表格。

验收合格后，由责任人在验收记录中署名并署验收日期。

2. 分项工程

按专业内容，由专业监理工程师组织施工单位的项目专业技术负责人进行验收，监理员及施工单位的专业质量检查员及资料员参加。

验收合格后，由责任人在验收记录中署名并署验收日期。

3. 子分部工程

由总监理工程师组织施工单位的项目经理和分包单位的项目经理进行验收（地基基础的子分部尚有勘察单位、设计单位的项目负责人参加），专业监理工程师、监理员及施工单位的项目专业技术负责人、专业质量检查员及资料员参加。

验收合格后，由责任人在验收记录中署名并署验收日期。

4. 分部工程

分部工程验收是先对其所含各子分部的验收结果进行核查并统计，然后再对本分部工程质量做出确认的过程。由总监理工程师组织，专业监理工程师、监理员、施工单位的项目专业技术负责人、专业质量检查员、资料员进行核查和统计，最后由总监理工程师、施工单位项目经理、设计单位项目负责人确认（城镇道路工程的路基分部工程、给排水管道工程的土石方与地基处理分部工程尚须由勘察单位项目负责人和建设单位项目专业负责人确认，主体结构分部尚须由建设单位项目专业负责人确认），并加盖公章。

5. 单位（子单位）工程

单位（子单位）工程的验收即质量竣工验收，由建设单位项目负责人组织勘察及设计单位的项目负责人、施工单位的技术负责人及项目经理、监理单位的总监理工程师及专业监理工程师组成竣工验收组进行验收，监理员、施工单位的项目专业技术负责人、专业质量检查员、资料员参加。

验收合格后，验收组成员、五方质量责任主体有关负责人在验收记录中署名，署验收日期并加盖单位公章。

上篇

第一章 给水排水管道工程质量验收

学习目标

◎ 熟悉土石方与地基处理、开槽施工管道主体结构、不开槽施工管道主体结构、沉管和桥管施工主体结构、管道附属构筑物分部工程所含的分项工程验收批主控项目、一般项目质量验收标准。熟悉压力管道的水压试验要求。

◎ 熟悉土石方与地基处理、开槽施工管道主体结构、不开槽施工管道主体结构、沉管和桥管施工主体结构、管道附属构筑物分部工程所含的分项工程验收批施工质量验收应具备的资料。

◎ 熟悉压力管道的水压试验要求。

◎ 熟悉无压管道的严密性试验要求。

第一节 土石方与地基处理

一、沟槽开挖与地基处理质量验收标准

1. 主控项目

（1）原状地基土不得扰动、受水浸泡或受冻。

检查方法：观察，检查施工记录。

（2）地基承载力应满足设计要求。

检查方法：观察，检查地基承载力试验报告。

（3）进行地基处理时，压实度、厚度满足设计要求。

检查方法：按设计或规定要求进行检查，检查检测记录、试验报告。

2. 一般项目

沟槽开挖的允许偏差应符合表 1-1 的规定。

表 1-1　沟槽开挖的允许偏差

序号	检查项目	允许偏差/mm		检查数量		检查方法
				范围	点数	
1	槽底高程	土方	±20	两井之间	3	用水准仪测量
		石方	+20、−200			
2	槽底中线每侧宽度	不小于规定		两井之间	6	挂中线用钢尺量测，每侧计 3 点
3	沟槽边坡	不陡于规定		两井之间	6	用坡度尺量测，每侧计 3 点

3. 质量验收应具备的资料

(1) 验收批质量验收记录。

(2) 地基承载力试验报告。

(3) 进行地基处理：有压实度试验报告。

(4) 地基验槽记录。

(5) 隐蔽工程验收记录。

(6) 高程测量记录。

(7) 施工记录。

注：施工方案、技术交底、相关人员的资格证书等都是质量验收时必须具备的，以下各章节同此注。

二、撑板、钢板桩支撑质量验收标准

沟槽支护应符合现行国家标准《建筑地基基础工程施工质量验收规范》(GB 50202) 的相关规定。

1. 主控项目

(1) 支撑方式、支撑材料符合设计要求。

检查方法：观察，检查施工方案。

(2) 支护结构强度、刚度、稳定性符合设计要求。

检查方法：观察，检查施工方案、施工记录。

2. 一般项目

(1) 横撑不得妨碍下管和稳管。

检查方法：观察。

(2) 支撑构件安装应牢固、安全可靠，位置正确。

检查方法：观察。

(3) 支撑后，沟槽中心线每侧净宽不应小于施工方案设计要求。

检查方法：观察，用钢尺量测。

(4) 钢板桩的轴线位移不得大于 50mm；垂直度不得大于 1.5%。

检查方法：观察，用小线、垂球量测。

3. 质量验收应具备的资料

(1) 验收批质量验收记录。

(2) 预检工程检查记录。

（3）施工记录。

三、沟槽回填质量验收标准

1. 主控项目

（1）回填材料符合设计要求。

检查方法：观察；按国家有关规范的规定和设计要求进行检查，检查检测报告。

检查数量：条件相同的回填材料，每铺筑 $1000m^2$，应取样一次，每次取样至少应做两组测试；回填材料条件变化或来源变化时，应分别取样检测。

（2）沟槽不得带水回填，回填应密实。

检查方法：观察，检查施工记录。

（3）柔性管道变形率不得超过设计要求或规范第 4.5.12 条的规定，管壁不得出现纵向隆起、环向扁平和其他变形情况。

检查方法：观察，方便时用钢尺直接量测，不方便时用圆度测试板或芯轴仪在管内拖拉量测管道变形率；检查记录，检查技术处理资料。

检查数量：试验段（或初始 50m）不少于 3 处，每 100m 正常作业段（取起点、中间点、终点近处各一点），每处平行测量 3 个断面，取其平均值。

（4）回填土的压实度应符合设计要求，设计无要求时，应符合表 1-2、表 1-3 的规定。柔性管道沟槽回填部位与压实度见图 1-1。

表 1-2　刚性管道沟槽回填土压实度

序号	项目				最低压实度/%		检查数量		检查方法
					重型击实标准	轻型击实标准	范围	点数	
1	石灰土类垫层				93	95	每 100m	每层每侧一组（每组 3 点）	用环刀法检查或采用现行国家标准《土工试验方法标准》（GB/T 50123）中的其他方法
2	沟槽在路基范围外	胸腔部分	管侧		87	90			
			管顶以上 500mm		87±2(轻型)		两井之间或 $1000m^2$		
		其余部分			≥90(轻型)或按设计要求				
		农田或绿地范围表层 500mm 范围内			不宜压实，预留沉降量，表面整平				
3	沟槽在路基范围内	胸腔部分	管侧		87	90	两井之间或 $1000m^2$		
			管顶以上 250mm		87±2(轻型)				
		由路槽底算起的深度范围/mm	≤800	快速路及主干路	95	98			
				次干路	93	95			
				支路	90	92			
			>800～1500	快速路及主干路	93	95			
				次干路	90	92			
				支路	87	90			
			>1500	快速路及主干路	87	90			
				次干路	87	90			
				支路	87	90			

注：表中重型击实标准的压实度和轻型击实标准的压实度，分别以相应的标准击实试验法求得的最大干密度为 100%。

表 1-3　柔性管道沟槽回填土压实度

槽内部位		压实度/%	回填材料	检查数量		检查方法
				范围	点数	
管道基础	管底基础	≥90	中砂、粗砂	—	—	用环刀法检查或采用现行国家标准《土工试验方法标准》（GB/T 50123）中的其他方法
	管道有效支撑角范围	≥95		每 100m	每层每侧一组（每组 3 点）	
管道两侧		≥95	中砂、粗砂、碎石屑，最大粒径小于 40mm 的砂砾或符合要求的原土	两井之间或 1000m²		
管顶以上 500mm	管道两侧	≥90				
	管道上部	85±2				
管顶 500～1000mm		≥90	原土回填			

注：回填土的压实度，除设计要求用重型击实标准外，其他皆以轻型击实标准试验获得最大干密度为 100%。

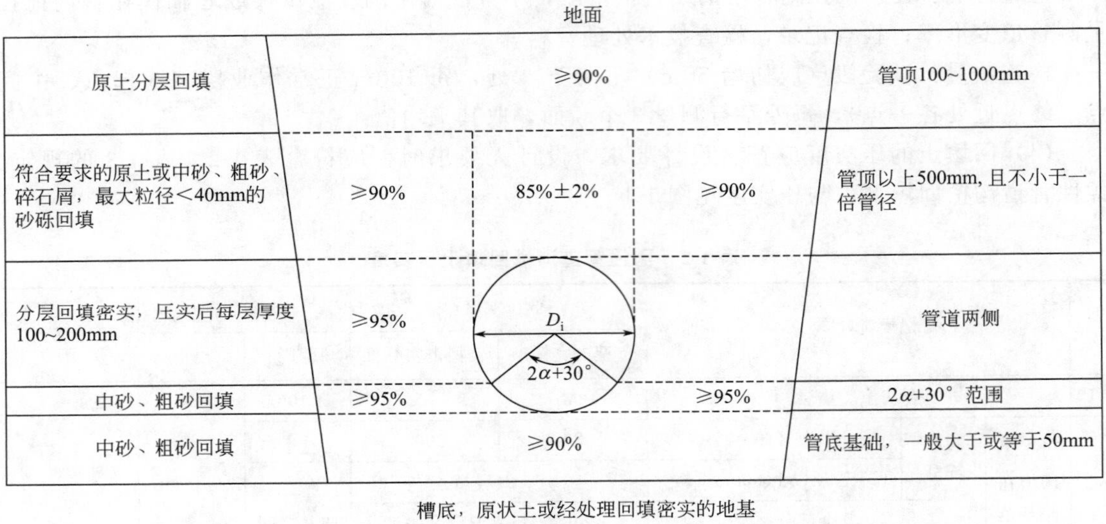

图 1-1　柔性管道沟槽回填部位与压实度示意图

2. 一般项目

（1）回填应达到设计高程，表面应平整。

检查方法：观察，有疑问处用水准仪测量。

（2）回填时管道及附属构筑物无损伤、沉降、位移。

检查方法：观察，有疑问处用水准仪测量。

3. 质量验收应具备的资料

（1）验收批质量验收记录。

（2）隐蔽工程验收记录。

（3）最大干密度与最佳含水量试验报告。

（4）压实度试验报告。

（5）施工记录。

思考题

1. 土石方与地基处理分部工程所含的分项工程验收批有哪些？

2. 沟槽开挖验收批中所含主控项目、一般项目有哪些？质量验收应具备的资料有哪些？

3. 沟槽开挖验收批所含检查项目槽底高程、沟槽边坡的检查数量如何规定？

4. 沟槽支护验收批中所含主控项目、一般项目有哪些？质量验收应具备的资料有哪些？

5. 沟槽回填验收批中所含主控项目、一般项目有哪些？质量验收应具备的资料有哪些？

6. 沟槽回填验收批所含检查项目刚性管道沟槽回填土压实度、柔性管道沟槽回填土压实度的检查数量如何规定？

第二节　开槽施工管道主体结构

一、管道基础质量验收标准

1. 主控项目

（1）原状地基承载力符合设计要求。

检查方法：观察，检查地基处理强度或承载力检验报告、复合地基承载力检验报告。

（2）混凝土基础强度符合设计要求。

检查数量：混凝土验收批与试块留置按照现行国家标准《给水排水构筑物工程施工及验收规范》（GB 50141—2008）第 6.2.8 条第 2 款执行。

检查方法：混凝土基础的混凝土强度验收应符合现行国家标准《混凝土强度检验评定标准》（GB/T 50107—2010）有关规定。

（3）砂石基础压实度符合设计要求或规范的规定。

检查方法：检查砂石材料的质量保证资料、压实度试验报告。

2. 一般项目

（1）原状地基、砂石基础与管道外壁间接触均匀，无空隙。

检查方法：观察，检查施工记录。

（2）混凝土基础外光内实，无严重缺陷；混凝土基础的钢筋数量、位置正确。

检查方法：观察，检查钢筋质量保证资料，检查施工记录。

（3）管道基础的允许偏差应符合表 1-4 的规定。

3. 质量验收应具备的资料

（1）验收批质量验收记录。

（2）隐蔽工程验收记录。

（3）原材料、构配件、设备进场验收记录。

（4）混凝土基础

① 自拌混凝土：水泥合格证及复试报告、外加剂合格证及复试报告、碎石试验报告、砂子试验报告。

表 1-4　管道基础的允许偏差

<table>
<tr><th rowspan="2">序号</th><th colspan="3" rowspan="2">检查项目</th><th rowspan="2">允许偏差/mm</th><th colspan="2">检查数量</th><th rowspan="2">检查方法</th></tr>
<tr><th>范围</th><th>点数</th></tr>
<tr><td rowspan="4">1</td><td rowspan="4">垫层</td><td colspan="2">中线每侧宽度</td><td>不小于设计要求</td><td rowspan="13">每个验收批</td><td rowspan="13">每 10m 测 1 点，且不少于 3 点</td><td>挂中心线钢尺检查，每侧一点</td></tr>
<tr><td rowspan="2">高程</td><td>压力管道</td><td>±30</td><td rowspan="2">水准仪测量</td></tr>
<tr><td>无压力管道</td><td>0，−15</td></tr>
<tr><td colspan="2">厚度</td><td>不小于设计要求</td><td>钢尺测量</td></tr>
<tr><td rowspan="5">2</td><td rowspan="5">混凝土基础、管座</td><td rowspan="3">平基</td><td>中线每侧宽度</td><td>+10，0</td><td>挂中心线钢尺量测，每侧一点</td></tr>
<tr><td>高程</td><td>0，−15</td><td>水准仪测量</td></tr>
<tr><td>厚度</td><td>不小于设计要求</td><td>钢尺测量</td></tr>
<tr><td rowspan="2">管座</td><td>肩宽</td><td>+10，−5</td><td rowspan="2">钢尺量测，挂高程线钢尺测量，每侧一点</td></tr>
<tr><td>肩高</td><td>±20</td></tr>
<tr><td rowspan="4">3</td><td rowspan="4">土（砂及砂砾）基础</td><td rowspan="2">高程</td><td>压力管道</td><td>±30</td><td rowspan="2">水准仪测量</td></tr>
<tr><td>无压力管道</td><td>0，−15</td></tr>
<tr><td colspan="2">平基厚度</td><td>不小于设计要求</td><td>钢尺量测</td></tr>
<tr><td colspan="2">土弧基础腋角高度</td><td>不小于设计要求</td><td>钢尺量测</td></tr>
</table>

② 商品混凝土：商品混凝土出厂合格证、出厂检验报告。

③ 混凝土配合比试验报告。

④ 混凝土抗压强度试验报告、混凝土强度（性能）试验汇总表，混凝土试块抗压强度统计、评定记录。

⑤ 混凝土浇筑记录、混凝土测温记录。

（5）砂石基础

① 石料试验报告、砂子试验报告。

② 压实度试验报告。

（6）高程测量记录。

（7）施工记录。

二、钢管接口连接质量验收标准

1. 主控项目

（1）管节及管件、焊接材料等的质量应符合规范第 5.3.2 条规定。

检查方法：检查产品质量保证资料，检查成品管进场验收记录，检查现场制作管的加工记录。

（2）接口焊缝坡口应符合规范第 5.3.7 条规定。

检查方法：逐口检查，用量规量测；检查坡口记录。

（3）焊口错边符合规范第 5.3.8 条规定，焊口无十字形焊缝。

检查方法：逐口检查，用长 300mm 的直尺在接口内壁周围顺序贴靠量测错边量。

（4）焊口焊接质量应符合规范第 5.3.17 条规定和设计要求。

检查方法：逐口观察，按设计要求进行抽检；检查焊缝质量检测报告。

（5）法兰接口的法兰应与管道同心，螺栓自由穿入，高强度螺栓终拧扭矩应符合设计要求和有关标准规定。

检查方法：逐口检查；用扭矩扳手等检查；检查螺栓拧紧记录。

2. 一般项目

（1）接口组对时，纵、环缝位置应符合规范第 5.3.9 条规定。

检查方法：逐口检查；检查组对检验记录；用钢尺量测。

（2）管节组对前，坡口及内外侧焊接影响范围内表面应无油、漆、垢、锈、毛刺等污物。

检查方法：观察；检查管道组对检验记录。

（3）不同壁厚管节对接应符合规范第 5.3.10 条规定。

检查方法：逐口检查，用焊缝量规、钢尺量测；检查管道组对检验记录。

（4）焊缝层次有明确规定时，焊接层数、每层厚度及层间温度应符合焊接作业指导书的规定，且层间焊缝质量均应合格。

检查方法：逐个检查；对照设计文件、焊接作业指导书检查每层焊缝检验记录。

（5）法兰中轴线与管道中轴线的允许偏差应符合：D_i 小于或等于 300mm 时，允许偏差小于或等于 1mm；D_i 大于 300mm 时，允许偏差小于或等于 2mm。

检查方法：逐个接口检查；用钢尺、角尺等量测。

（6）连接的法兰之间应保持平行，其允许偏差不大于法兰外径的 1.5‰，且不大于 2mm；螺孔中心允许偏差应为孔径的 5%。

检查方法：逐个接口检查；用钢尺、塞尺等量测。

3. 质量验收应具备的资料

（1）验收批质量验收记录。

（2）原材料、构配件、设备进场验收记录。

（3）管材质量合格证明文件；接口材料的合格证、检验报告及抽检报告。

（4）焊缝探伤试验报告。

（5）焊缝质量综合评级汇总表。

（6）施工记录。

三、钢管内防腐层质量验收标准

1. 主控项目

（1）内防腐层材料应符合国家相关标准规定和设计要求；给水管道内防腐层材料卫生性能应符合国家相关标准规定。

检查方法：对照产品标准和设计文件，检查产品质量保证资料；检查成品管进场验收记录。

（2）水泥砂浆抗压强度应符合设计要求，且不低于 30MPa。

检查方法：检查砂浆配合比、抗压强度试块报告。

（3）液体环氧涂料内防腐层表面应平整、光滑，无气泡、无划痕等，湿膜应无流淌现象。

检查方法：观察，检查施工记录。

2. 一般项目

（1）水泥砂浆防腐层厚度及表面缺陷的允许偏差应符合表 1-5 的规定。

表 1-5　水泥砂浆防腐层厚度及表面缺陷的允许偏差

序号	检查项目	允许偏差		检查数量		检查方法
				范围	点数	
1	裂缝宽度	≤0.8		管节	每处	用裂缝观测仪测量
2	裂缝沿管道纵向长度	≤管道的周长，且≤2.0				用钢尺量测
3	平整度	<2			取两个截面，每个截面测 2 点，取偏差值最大 1 点	用 300mm 长的直尺量测
4	防腐层厚度	D_i≤1000	±2			用测厚仪测量
		1000<D_i≤1800	±3			
		D_i>1800	+4，−3			
5	麻点、空窝等表面缺陷的深度	D_i≤1000	2			用直钢丝或探尺量测
		1000<D_i≤1800	3			
		D_i>1800	4			
6	缺陷面积	≤500mm²			每处	用钢尺量测
7	空鼓面积	不得超过 2 处，且每处≤10000mm²			每平方米	用小锤轻击砂浆表面，用钢尺量测

注：1. 表中单位除注明者外，均为 mm；
2. 工厂涂覆管节，每批抽查 20%；施工现场涂覆管节，逐根检查。

（2）液体环氧涂料内防腐层厚度及电火花试验应符合表 1-6 的规定。

表 1-6　液体环氧涂料内防腐层厚度及电火花试验规定

序号	检查项目	允许偏差		检查数量		检查方法
				范围	点数	
1	干膜厚度/μm	普通级	≥200	每根（节）管	两个断面，各 4 点	用测厚仪测量
		加强级	≥250			
		特加强级	≥300			
2	电火花试验漏点数	普通级	3	个/m	连续检测	用电火花检漏仪测量，检漏电压值根据涂层厚度按 5V/μm 计算，检漏仪探头移动速度不大于 0.3m/s
		加强级	1			
		特加强级	0			

注：1. 焊缝处的防腐层厚度不得低于管节防腐层规定厚度的 80%。
2. 凡漏点检测不合格的防腐层都应补涂，直至合格。

3. 质量验收应具备的资料

（1）验收批质量验收记录。

（2）原材料、构配件、设备进场验收记录。

（3）防腐材料合格证及复试报告。

（4）水泥合格证及复试报告、外加剂合格证及复试报告、砂子试验报告。

（5）水泥砂浆配合比试验报告。

（6）水泥砂浆抗压强度试验报告，水泥砂浆强度（性能）试验汇总表，水泥砂浆试块抗压强度统计、评定记录。

（7）防腐层质量检查记录。

（8）施工记录。

四、钢管外防腐层质量验收标准

1. 主控项目

（1）外防腐层材料（包括补口、修补材料）、结构等应符合国家相关标准的规定和设计要求。

检查方法：对照产品标准和设计文件，检查产品质量保证资料；检查成品管进场验收记录。

（2）外防腐层的厚度、电火花检漏、粘接力应符合表 1-7 的规定。

表 1-7 外防腐层厚度、电火花检漏、粘接力验收标准

序号	检查项目	允许偏差	检查数量			检查方法
			防腐成品管	补口	补伤	
1	厚度	符合规范第 5.4.9 条的相关规定	每 20 根 1 组（不足 20 根按 1 组），每组抽查 1 根。测管两端和中间共 3 个截面，每截面测互相垂直的 4 点	逐个检测，每个随机抽查 1 个截面，每个截面测互相垂直的 4 点	逐个检测，每处随机测 1 点	用测厚仪测量
2	电火花检漏		全数检查	全数检查	全数检查	用电火花检漏仪逐根连续测量
3	粘接力		每 20 根 1 组（不足 20 根按 1 组），每组抽 1 根，每根 1 处	每 20 个补口抽查 1 处	—	按规范的规定，用小刀切割观察

注：按组抽检时，若被检测点不合格，则该组应加倍抽检；若加倍抽检仍不合格，则该组为不合格。

2. 一般项目

（1）钢管表面除锈质量等级应符合设计要求。

检查方法：观察；检查防腐管生产厂提供的除锈等级报告，对照典型样板照片检查每个补口处的除锈质量，检查补口处除锈施工方案。

（2）管道外防腐层（包括补口、外伤）的外观质量应符合规范第 5.4.9 条相关规定。

检查方法：观察；检查施工记录。

（3）管体外防腐材料的搭接、补口搭接、补伤搭接应符合要求。

检查方法：观察；检查施工记录。

3. 质量验收应具备的资料

（1）验收批质量验收记录。

（2）原材料、构配件、设备进场验收记录。

（3）防腐材料合格证及复试报告。

（4）防腐层质量检查记录。

（5）施工记录。

五、钢管阴极保护工程质量验收标准

1. 主控项目

（1）钢管阴极保护所用的材料、设备应符合国家标准的规定和设计要求。

检查方法：对照产品相关标准和设计文件，检查产品质量保证资料；检查成品管进场验收记录。

（2）管道系统电绝缘性、电连续性经检测满足阴极保护的要求。

检查方法：全线检查；检查绝缘部位的绝缘测试记录、跨接线的连接记录；用电火花检漏仪、高阻电压表、兆欧表测电绝缘性，万用表测跨线等的电连续性。

(3) 阴极保护系统参数测试应符合下列规定：

① 设计无要求时，在施加阴极电流的情况下，测得管/地电位应小于或等于－850mV（相对于铜-饱和硫酸铜参比电极）；

② 管道表面与同土壤接触的稳定的参比电极之间阴极极化电位值最小为100mV；

③ 土壤或水中含有硫酸盐还原菌，且硫酸根含量大于0.5%时，通电保护电位应小于或等于－950mV（相对于铜-饱和硫酸铜参比电极）；

④ 被保护体埋置于干燥的或充气的高电阻率（大于500Ω·m）土壤中时，测得的极化电位小于或等于－750mV（相对于铜-饱和硫酸铜参比电极）。

检查方法：按国家现行标准《埋地钢质管道阴极保护参数测试方法》（SY/T 0023）的规定测试；检查阴极保护系统运行参数测试记录。

2. 一般项目

(1) 管道系统中阳极、辅助阳极安装应符合规范第5.4.13、5.4.14条规定。

检查方法：逐个检查；用钢尺或经纬仪、水准仪测量。

(2) 所有连接点应按规定做好防腐处理，与管道连接处的防腐材料应与管道相同。

检查方法：逐个检查；检查防腐材料质量合格证明、性能检验报告；检查施工记录、施工测试记录。

(3) 阴极保护系统的测试装置及附属设施安装应符合下列规定：

① 测试桩埋设位置应符合设计要求，顶面高出地面400mm以上；

② 电缆、引线铺设应符合设计要求，所有引线应保持一定松弛度，并连接可靠牢固；

③ 接线盒内各类电缆应接线正确，测试桩的舱门应启闭灵活、密封良好；

④ 检查片的材质应与被保护管道的材质相同，其制作尺寸、设置数量、埋设位置应符合设计要求，且埋深与管道底部相同，距管道外壁不小于300mm；

⑤ 参比电极的选用、埋设深度应符合设计要求。

检查方法：逐个观察（用钢尺量测辅助检查）；检查测试记录和测试报告。

3. 质量验收应具备的资料

(1) 验收批质量验收记录。

(2) 原材料、构配件、设备进场验收记录。

(3) 钢管阴极保护所用材料、设备的质量合格证明文件。

(4) 防腐材料合格证及复试报告。

(5) 绝缘测试记录。

(6) 施工记录。

六、球墨铸铁管接口连接质量验收标准

1. 主控项目

(1) 管节及管件的产品质量应符合规范第5.5.1条的规定。

检查方法：检查成品质量保证资料，检查成品管进场验收记录。

(2) 承插接口连接时，两管节中轴线应保持同心，承口、插口部位无破损、变形、开裂；插口推入深度应符合要求。

检查方法：逐个观察；检查施工记录。

（3）法兰接口连接时插口与承口法兰压盖的纵向轴线一致，连接螺栓终拧扭矩应符合设计或产品使用说明要求；接口连接后连接部位及连接件应无变形、破损。

检查方法：逐个接口检查，用扭矩扳手检查；检查螺栓拧紧记录。

（4）橡胶圈安装位置应准确，不得扭曲、外露；沿圆周各点应与承口端面等距，其允许偏差应为±3mm。

检查方法：观察，用探尺检查；检查施工记录。

2. 一般项目

（1）连接后管节间平顺，接口无突起、突弯、轴向位移现象。

检查方法：观察；检查施工测量记录。

（2）接口环向间隙应均匀，承插口间的纵向间隙不应小于3mm。

检查方法：观察，用塞尺、钢尺量测。

（3）法兰接口的压兰、螺栓、螺母等连接件规格型号应一致，采用钢制螺栓和螺母时，防腐处理应符合设计要求。

检查方法：逐个接口检查；检查螺栓和螺母质量合格证明书、性能检验报告。

（4）管道沿曲线安装时，接口转角应符合规范第5.5.8条规定。

检查方法：用直尺量测曲线段接口。

3. 质量验收应具备的资料

（1）验收批质量验收记录。

（2）原材料、构配件、设备进场验收记录。

（3）管材质量合格证明文件，接口材料的合格证、检验报告及抽检报告。

（4）施工记录。

七、钢筋混凝土管、预（自）应力混凝土管、预应力钢筒混凝土管接口连接质量验收标准

1. 主控项目

（1）管及管件、橡胶圈的产品质量应符合规范第5.6.1、5.6.2、5.6.5和5.7.1条规定。

检查方法：检查产品质量保证资料；检查成品管进场验收记录。

（2）柔性接口橡胶圈位置正确，无扭曲、外露现象；承口、插口无破损、开裂；双道橡胶圈单口水压试验合格。

检查方法：观察，用探尺检查；检查单口水压试验记录。

（3）刚性接口的强度符合设计要求，不得有开裂、空鼓、脱落现象。

检查方法：观察；检查水泥砂浆、混凝土试块的抗压强度试验报告。

2. 一般项目

（1）柔性接口的安装位置正确，其纵向间隙符合规范第5.6.9、5.7.2条相关规定。

检查方法：逐个检查，用钢尺量测；检查施工记录。

（2）刚性接口的宽度、厚度符合要求；其相邻管接口错口允许偏差：D_i 小于700mm时，应在施工中自检；D_i 大于700mm、小于或等于1000mm时，允许偏差应不大于3mm；D_i 大于1000mm时，允许偏差应不大于5mm。

检查方法：两井之间取 3 点，用钢尺、塞尺量测；检查施工记录。

(3) 管道沿曲线安装时，接口转角应符合规范第 5.6.9、5.7.5 条相关规定。

检查方法：用直尺量测曲线段接口。

(4) 管道接口的填缝应符合设计要求，密实、光洁、平整。

检查方法：观察，检查填缝材料质量保证资料、配合比记录。

3. 质量验收应具备的资料

(1) 验收批质量验收记录。

(2) 原材料、构配件、设备进场验收记录。

(3) 管节及管件、橡胶圈等产品质量合格证明文件。

(4) 水泥合格证及复试报告、外加剂合格证及复试报告、砂子试验报告、钢丝网质量合格证明文件。

(5) 砂子配合比试验报告。

(6) 砂浆试块强度试验报告、砂浆试块强度（性能）试验汇总表。

(7) 单口水压试验记录。

(8) 施工记录。

八、化学建材管接口连接质量验收标准

1. 主控项目

(1) 管节及管件、橡胶圈等的产品质量应符合规范第 5.8.1、5.9.1 条规定。

检查方法：检查产品质量保证资料；检查成品管进场验收记录。

(2) 承插、套筒式连接时，承口、插口部位及套筒连接紧密，无破损、变形、开裂等现象；插入后胶圈位置应正确，无扭曲等现象；双道橡胶圈的单口水压试验合格。

检查方法：逐个接口检查；检查施工方案及施工记录，单口水压试验记录；用钢尺、探尺量测。

(3) 聚乙烯管、聚丙烯管接口熔焊连接应符合下列规定：

① 焊缝应完整，无缺损和变形现象；焊缝连接应紧密，无气孔、鼓泡和裂缝；电熔连接的电阻丝不裸露。

② 熔焊焊缝焊接力学性能不低于母材。

③ 热熔对接连接后应形成凸缘，且凸缘形状大小均匀一致，无气孔、鼓泡和裂缝；接头处有沿管节圆周平滑对称的外翻边，外翻边最低处的深度不低于管节外表面；管壁内翻边应铲平；对接错边量不大于管材壁厚的 10%，且不大于 3mm。

检查方法：观察；检查熔焊连接工艺试验报告和焊接作业指导书，检查熔焊连接施工记录、熔焊外观质量检验记录、焊接力学性能检测报告。

检查数量：外观质量全数检查；熔焊焊缝焊接力学性能试验每 200 个接头不少于 1 组；现场进行破坏性检验或翻边切除检验（可任选一种）时，现场破坏性检验每 50 个接头不少于 1 个，现场内翻边切除检验每 50 个接头不少于 3 个；单位工程中接头数量不足 50 个时，仅做熔焊焊缝焊接力学性能试验，可不做现场检验。

(4) 卡箍连接、法兰连接、钢塑过渡接头连接时，应连接件齐全、位置正确、安装牢固，连接部位无扭曲、变形。

检查方法：逐个检查。

2. 一般项目

（1）承插、套筒式接口的插入深度应符合要求，相邻管口纵向间隙应不小于 10mm；环向间隙应均匀一致。

检查方法：逐口检查，用钢尺量测；检查施工记录。

（2）承插式管道沿曲线安装时的接口转角：玻璃钢管的不应大于规范第 5.8.3 条规定；聚乙烯管、聚丙烯管的接口转角应不大于 $1.5°$；硬聚氯乙烯管的接口转角应不大于 $1.0°$。

检查方法：用直尺量测曲线段接口；检查施工记录。

（3）熔焊连接设备的控制参数满足焊接工艺要求；设备与待连接管接触面无污物，设备及组合件组装正确、牢固、吻合；焊后冷却期间接口未受外力影响。

检查方法：观察，检查专用熔焊设备质量合格证明书、校检报告，检查熔焊记录。

（4）卡箍连接、法兰连接、钢塑过渡连接件的钢制部分以及钢制螺栓、螺母、垫圈的防腐要求应符合设计要求。

检查方法：逐个检查；检查产品质量合格证明书、检验报告。

3. 质量验收应具备的资料

（1）验收批质量验收记录。

（2）原材料、构配件、设备进场验收记录。

（3）管节及管件、橡胶圈等质量合格证明文件，连接件产品质量合格证明书、检验报告。

（4）熔焊连接工艺试验报告、焊接力学性能检测报告。

（5）单口水压试验记录。

（6）施工记录。

九、管道铺设质量验收标准

1. 主控项目

（1）管道埋设深度、轴线位置应符合设计要求，无压力管道严禁倒坡。

检查方法：检查施工记录、测量记录。

（2）刚性管道无结构贯通裂缝和明显缺损情况。

检查方法：观察，检查技术资料。

（3）柔性管道的管壁不得出现纵向隆起、环向扁平和其他变形情况。

检查方法：观察，检查施工记录、测量记录。

（4）管道铺设安装必须稳固，管道安装后应线形平直。

检查方法：观察，检查测量记录。

2. 一般项目

（1）管道内应光洁平整，无杂物、油污；管道无明显渗水和水珠现象。

检查方法：观察，渗漏水程度检查按规范附录 F 第 F.0.3 条执行。

（2）管道与井室洞口之间无渗漏水。

检查方法：逐井观察，检查施工记录。

（3）管道内外防腐层完整，无破损现象。

检查方法：观察，检查施工记录。

（4）钢管管道开孔应符合规范第 5.3.11 条的规定。

检查方法：逐个观察，检查施工记录。

(5) 闸阀安装应牢固，严密，启闭灵活，与管道轴线垂直。

检查方法：观察，检查施工记录。

(6) 管道铺设的允许偏差应符合表 1-8 的规定。

表 1-8　管道铺设的允许偏差

<table>
<tr><th rowspan="2">序号</th><th rowspan="2" colspan="2">检查项目</th><th rowspan="2" colspan="2">允许偏差/mm</th><th colspan="2">检查数量</th><th rowspan="2">检查方法</th></tr>
<tr><th>范围</th><th>点数</th></tr>
<tr><td rowspan="2">1</td><td rowspan="2" colspan="2">水平轴线</td><td>无压管道</td><td>15</td><td rowspan="6">每节管</td><td rowspan="6">1 点</td><td rowspan="2">经纬仪测量或挂中线用钢尺量测</td></tr>
<tr><td>压力管道</td><td>30</td></tr>
<tr><td rowspan="4">2</td><td rowspan="4">管底高程</td><td rowspan="2">$D_i \leqslant 1000$mm</td><td>无压管道</td><td>±10</td><td rowspan="4">水准仪测量</td></tr>
<tr><td>压力管道</td><td>±30</td></tr>
<tr><td rowspan="2">$D_i > 1000$mm</td><td>无压管道</td><td>±15</td></tr>
<tr><td>压力管道</td><td>±30</td></tr>
</table>

3. 质量验收应具备的资料

(1) 验收批质量验收记录。

(2) 隐蔽工程验收记录。

(3) 高程测量记录。

(4) 施工记录。

思考题

1. 开槽施工管道主体结构分部工程所含的分项工程验收批有哪些？

2. 管道基础验收批中所含主控项目、一般项目有哪些？质量验收应具备的资料有哪些？

3. 管道基础验收批所含检查项目垫层高程、混凝土平基高程、土（砂及砂砾）基础高程的检查数量如何规定？

4. 钢管接口连接验收批中所含主控项目、一般项目有哪些？质量验收应具备的资料有哪些？

5. 钢管内防腐层验收批中所含主控项目、一般项目有哪些？质量验收应具备的资料有哪些？

6. 钢管外防腐层验收批中所含主控项目、一般项目有哪些？质量验收应具备的资料有哪些？

7. 钢管阴极保护工程验收批中所含主控项目、一般项目有哪些？质量验收应具备的资料有哪些？

8. 球墨铸铁管接口连接验收批中所含主控项目、一般项目有哪些？质量验收应具备的资料有哪些？

9. 钢筋混凝土管、预（自）应力混凝土管、预应力钢筒混凝土管接口连接验收批中所含主控项目、一般项目有哪些？质量验收应具备的资料有哪些？

10. 化学建材接口连接验收批中所含主控项目、一般项目有哪些？质量验收应具备的资料有哪些？

11. 管道铺设验收批中所含主控项目、一般项目有哪些？质量验收应具备的资料有哪些？

12. 管道铺设验收批所含检查项目管底高程的检查数量如何规定？

第三节　不开槽施工管道主体结构

工作井的维护结构、井内结构施工质量验收标准应按现行国家标准《建筑地基基础工程施工质量验收规范》（GB 50202—2002）、《给水排水构筑物工程施工及验收规范》（GB 50141—2008）的相关规定执行。

一、工作井质量验收标准

1. 主控项目

（1）工程原材料、成品、半成品的产品质量应符合国家相关标准规定和设计要求。

检查方法：检查产品质量合格证、出厂检验报告和进场复验报告。

（2）工作井结构强度、刚度、尺寸应满足设计要求，结构无滴漏和线流现象。

检查方法：观察按规范附录 F 第 F. 0. 3 条规定逐座进行检查，检查施工记录。

（3）混凝土结构抗压强度等级、抗渗等级符合设计要求。

检查数量：每根钻孔灌柱桩、每幅地下连续墙混凝土为一个验收批，抗压强度、抗渗试块应各留置一组；沉井及其他现浇结构的同一配合比混凝土，每工作班且每浇筑 $100m^3$ 为一个验收批，抗压强度试块留置不应少于 1 组；每浇筑 $500m^3$ 混凝土抗渗试块留置不应少于 1 组。

检查方法：检查混凝土浇筑记录，检查试块的抗压强度、抗渗试验报告。

2. 一般项目

（1）结构无明显渗水和水珠现象。

检查方法：按规范附录 F 第 F. 0. 3 条的规定逐座观察。

（2）顶管顶进工作井、盾构始发工作井的后背墙应坚实、平整；后座与井壁后背墙联系紧密。

检查方法：逐个观察；检查相关施工记录。

（3）两导轨应顺直、平行、等高，盾构基座及导轨的夹角符合规定；导轨与基座连接应牢固可靠，不得在使用中产生位移。

检查方法：逐个观察、量测。

（4）工作井施工的允许偏差应符合表 1-9 的规定。

3. 质量验收应具备的资料

（1）验收批质量验收记录。

（2）隐蔽工程验收记录。

（3）原材料、构配件、设备进场验收记录。

（4）自拌混凝土：水泥合格证及复试报告、外加剂合格证及复试报告、碎石试验报告、砂子试验报告；商品混凝土：商品混凝土出厂合格证、出厂检验报告。

（5）混凝土配合比试验报告。

（6）混凝土抗压强度试验报告、混凝土抗渗性能试验报告、混凝土强度（性能）试验汇总表，混凝土试块抗压强度统计、评定记录。

表 1-9　工作井施工的允许偏差

序号	检查项目			允许偏差/mm	检查数量		检查方法
					范围	点数	
1	井内导轨安装	顶面高程	顶管、夯管	+3,0	每座	每根导轨 2 点	用水准仪测量、水平尺量测
			盾构	+5,0			
		中心水平位置	顶管、夯管	3		每根导轨 2 点	用经纬仪测量
			盾构	5			
		两轨间距	顶管、夯管	±2		2 个断面	用钢尺量测
			盾构	±5			
2	盾构后座管片	高程		±10	每环底部	1 点	用水准仪测量
		水平轴线		±10		1 点	
3	井尺寸	矩形	每侧长、宽	不小于设计要求	每座	2 点	挂中线用尺量测
		圆形	半径				
4	进、出井预留洞口		中心位置	20	每个	竖、水平各 1 点	用经纬仪测量
			内径尺寸	±20		垂直向各 1 点	用钢尺量测
5	井底板高程			±30	每座	4 点	用水准仪测量
6	顶管、盾构工作井后背墙		垂直度	0.1%H	每座	1 点	用垂线、角尺量测
			水平扭转度	0.1%L			

注：H 为后背墙的高度，mm；L 为后背墙的长度，mm。

（7）混凝土浇筑记录。

（8）高程测量记录。

（9）管内表面的结构展开图。

（10）施工记录。

二、顶管管道质量验收标准

1. 主控项目

（1）管节及附件等工程材料的产品质量应符合国家有关标准规定和设计要求。

检查方法：检查产品质量合格证明书、各项性能检验报告，检查产品制造原材料质量保证资料；检查产品进场验收记录。

（2）接口橡胶圈安装位置正确，无位移、脱落现象；钢管的接口焊接质量应符合规范第 5 章相关规定，焊缝无损探伤检验符合设计要求。

检查方法：逐个接口观察；检查钢管接口焊接检验报告。

（3）无压管道的管底坡度无明显反坡现象；曲线顶管的实际曲率半径符合设计要求。

检查方法：观察；检查顶进施工记录、测量记录。

（4）管道接口端部应无破损、顶裂现象，接口处无滴漏。

检查方法：逐节观察，其中渗漏水程度检查按规范附录 F 第 F.0.3 条执行。

2. 一般项目

（1）管道内应线形平顺，无突变、变形现象；一般缺陷部位，应修补密实、表面光洁；管道无明显渗水和水珠现象。

检查方法：按规范附录 F 第 F.0.3 条、附录 G 的规定逐节观察。

（2）管道与工作井出、进洞口的间隙连接牢固，洞口无渗漏水。

检查方法：观察每个洞口。

（3）钢管防腐层及焊缝处的外防腐层及内防腐层质量验收合格。

检查方法：观察；按规范第 5 章的相关规定进行检查。

（4）有内防腐层的钢筋混凝土管道防腐层应完整、附着紧密。

检查方法：观察。

（5）管道内应清洁，无杂物、油污。

检查方法：观察。

（6）顶管施工贯通后管道的允许偏差应符合表 1-10 的规定。

表 1-10　顶管施工贯通后管道的允许偏差

<table>
<tr><th rowspan="2">序号</th><th rowspan="2" colspan="3">检查项目</th><th rowspan="2">允许偏差/mm</th><th colspan="2">检查数量</th><th rowspan="2">检查方法</th></tr>
<tr><th>范围</th><th>点数</th></tr>
<tr><td rowspan="3">1</td><td rowspan="3">直线顶管水平轴线</td><td colspan="2">顶进长度<300m</td><td>50</td><td rowspan="7">每管节</td><td rowspan="7">1 点</td><td rowspan="3">用经纬仪测量或挂中线用尺量测</td></tr>
<tr><td colspan="2">300m≤顶进长度<1000m</td><td>100</td></tr>
<tr><td colspan="2">顶进长度≥1000m</td><td>$L/10$</td></tr>
<tr><td rowspan="4">2</td><td rowspan="4">直线顶管内底高程</td><td rowspan="2">顶进长度<300m</td><td>$D_i<1500$mm</td><td>+30，−40</td><td rowspan="2">用水准仪或水平仪测量</td></tr>
<tr><td>$D_i\geqslant 1500$mm</td><td>+40，−50</td></tr>
<tr><td colspan="2">300m≤顶进长度<1000m</td><td>+60，−80</td><td rowspan="2">用水准仪测量</td></tr>
<tr><td colspan="2">顶进长度≥1000m</td><td>+80，−100</td></tr>
<tr><td rowspan="6">3</td><td rowspan="6">曲线顶管水平轴线</td><td rowspan="3">$R\leqslant 150D_i$</td><td>水平曲线</td><td>150</td><td rowspan="6">每管节</td><td rowspan="6">1 点</td><td rowspan="6">用经纬仪测量</td></tr>
<tr><td>竖曲线</td><td>150</td></tr>
<tr><td>复合曲线</td><td>200</td></tr>
<tr><td rowspan="3">$R>150D_i$</td><td>水平曲线</td><td>150</td></tr>
<tr><td>竖曲线</td><td>150</td></tr>
<tr><td>复合曲线</td><td>150</td></tr>
<tr><td rowspan="6">4</td><td rowspan="6">曲线顶管内底高程</td><td rowspan="3">$R\leqslant 150D_i$</td><td>水平曲线</td><td>+100，−150</td><td rowspan="11">每管节</td><td rowspan="11">1 点</td><td rowspan="6">用水准仪测量</td></tr>
<tr><td>竖曲线</td><td>+150，−200</td></tr>
<tr><td>复合曲线</td><td>±200</td></tr>
<tr><td rowspan="3">$R>150D_i$</td><td>水平曲线</td><td>+100，−150</td></tr>
<tr><td>竖曲线</td><td>+100，−150</td></tr>
<tr><td>复合曲线</td><td>±200</td></tr>
<tr><td rowspan="2">5</td><td rowspan="2">相邻管间错口</td><td colspan="2">钢管、玻璃钢管</td><td>≤2</td><td rowspan="5">用钢尺量测，见规范第 4.6.3 条的有关规定</td></tr>
<tr><td colspan="2">钢筋混凝土管</td><td>15%壁厚，且≤20</td></tr>
<tr><td>6</td><td colspan="3">钢筋混凝土管曲线顶管相邻管间接口的最大间隙与最小间隙之差</td><td>$\leqslant\Delta S$</td></tr>
<tr><td>7</td><td colspan="3">钢管、玻璃钢管道竖向变形</td><td>$\leqslant 0.03D_i$</td></tr>
<tr><td>8</td><td colspan="3">对顶时两端错口</td><td>50</td></tr>
</table>

注：D_i 为管道内径，mm；L 为顶进长度，mm；ΔS 为曲线顶管相邻管节接口允许的最大间隙与最小间隙之差，mm；R 为曲线顶管的设计曲率半径，mm。

3. 质量验收应具备的资料

(1) 验收批质量验收记录。

(2) 隐蔽工程验收记录。

(3) 原材料、构配件、设备进场验收记录。

(4) 管节及附件、防腐层等产品质量合格证明书、各项性能检验报告；接口材料的合格证、检验报告及抽检报告；钢管阴极保护所用材料、设备的质量合格证明文件。

(5) 焊缝探伤试验报告。

(6) 焊缝质量综合评级汇总表。

(7) 绝缘测试记录。

(8) 防腐层质量检查记录。

(9) 管内表面的结构展开图。

(10) 管道顶进时地面沉降观测记录。

(11) 顶管工程顶进记录。

(12) 高程测量记录。

(13) 施工记录。

三、垂直顶升管道质量验收标准

1. 主控项目

(1) 管节及附件的产品质量应符合国家相关标准规定和设计要求。

检查方法：检查产品质量合格证明书、各项性能检验报告；检查产品制造原材料质量保证资料；检查产品进场验收记录。

(2) 管道直顺，无破损现象；水平特殊管节及相邻管节无变形、破损现象；顶升管道底座与水平特殊管节的连接符合设计要求。

检查方法：逐个观察，检查施工记录。

(3) 管道防水、防腐蚀处理符合设计要求；无滴漏和线流现象。

检查方法：逐个观察；检查施工记录，渗漏水程度检查按规范附录 F 第 F.0.3 执行。

2. 一般项目

(1) 管节接口连接件安装正确、完整。

检查方法：逐个观察；检查施工记录。

(2) 防水、防腐层完整，阴极保护装置符合设计要求。

检查方法：逐个观察，检查防水、防腐材料技术资料、施工记录。

(3) 管道无明显渗水和水珠现象。

检查方法：按规范附录 F 第 F.0.3 条规定逐节观察。

(4) 水平管道内垂直顶升施工的允许偏差应符合表 1-11 的规定。

3. 质量验收应具备的资料

(1) 验收批质量验收记录。

(2) 隐蔽工程验收记录。

(3) 原材料、构配件、设备进场验收记录。

表 1-11　水平管道内垂直顶升施工的允许偏差

<table>
<tr><th rowspan="2">序号</th><th rowspan="2" colspan="2">检查项目</th><th rowspan="2">允许偏差/mm</th><th colspan="2">检查数量</th><th rowspan="2">检查方法</th></tr>
<tr><th>范围</th><th>点数</th></tr>
<tr><td>1</td><td colspan="2">顶升管帽盖顶面高程</td><td>±20</td><td>每根</td><td>1点</td><td>用水准仪测量</td></tr>
<tr><td rowspan="2">2</td><td rowspan="2">顶升管管节安装</td><td>管节垂直度</td><td>≤1.5‰H</td><td rowspan="3">每节</td><td rowspan="3">各1点</td><td>用垂线量</td></tr>
<tr><td>管节连接端面平行度</td><td>≤1.5‰D_0，且≤2</td><td>用钢尺、角尺等量测</td></tr>
<tr><td>3</td><td colspan="2">顶升管节间错口</td><td>≤20</td><td>用钢尺量测</td></tr>
<tr><td>4</td><td colspan="2">顶升管道垂直度</td><td>0.5%H</td><td>每根</td><td>1点</td><td>用垂线量</td></tr>
<tr><td rowspan="2">5</td><td rowspan="2">顶升管的中心轴线</td><td>沿水平管纵向</td><td>30</td><td rowspan="2">顶头、底座管节</td><td rowspan="2">各1点</td><td rowspan="4">用经纬仪测量或钢尺量测</td></tr>
<tr><td>沿水平管横向</td><td>20</td></tr>
<tr><td rowspan="2">6</td><td rowspan="2">开口管顶升口中心轴线</td><td>沿水平管纵向</td><td>40</td><td rowspan="2">每处</td><td rowspan="2">1点</td></tr>
<tr><td>沿水平管横向</td><td>30</td></tr>
</table>

注：H 为垂直顶升管总长度，mm；D_0 为垂直顶升管外径，mm。

（4）管节及附件、防水、防腐层等产品质量合格证明书、各项性能检验报告；接口材料的合格证、检验报告及抽检报告；钢管阴极保护所用材料、设备的质量合格证明文件。

（5）焊缝探伤试验报告。

（6）焊缝质量综合评级汇总表。

（7）绝缘测试记录。

（8）防腐层质量检查记录。

（9）管内表面的结构展开图。

（10）高程测量记录。

（11）施工记录。

四、盾构管片制作质量验收标准

1. 主控项目

（1）工厂预制管片的产品质量应符合国家相关标准的规定和设计要求。

检查方法：检查产品质量合格证明书、各项性能检验报告，检查制造产品的原材料质量保证资料。

（2）现场制作的管片应符合下列规定：

① 原材料的产品应符合国家相关标准的规定和设计要求；

② 管片的钢模制作的允许偏差应符合表 1-12 的规定。

检查方法：检查产品质量合格证明书、各项性能检验报告、进场复验报告；管片的钢模制作的允许偏差应按表 1-12 的规定执行。

（3）管片的混凝土强度等级、抗渗等级符合设计要求。

检查方法：检查混凝土抗压强度、抗渗试块报告。

检查数量：同一配合比当天同一班组或每浇筑 5 环管片混凝土为一个验收批，留置抗压强度试块 1 组；每生产 10 环管片混凝土应留置抗渗试块 1 组。

（4）管片表面应平整，外观质量无严重缺陷、且无裂缝；铸铁管片或钢制管片无影响结构和拼装的质量缺陷。

表 1-12　管片的钢模制作的允许偏差

序号	检查项目	允许偏差	检查数量		检查方法
			范围	点数	
1	宽度	±0.4mm	每块钢模	6 点	用专用量规、卡尺及钢尺等量测
2	弧弦长	±0.4mm		2 点	
3	底座夹角	±1°		4 点	
4	纵环向芯棒中心距	±0.5mm		全检	
5	内腔高度	±1mm		3 点	

检查方法：逐个观察；检查产品进场验收记录。

(5) 单块管片尺寸的允许偏差应符合表 1-13 的规定。

表 1-13　单块管片尺寸的允许偏差

序号	检查项目	允许偏差/mm	检查数量		检查方法
			范围	点数	
1	宽度	±1	每块	内、外侧各 3 点	用卡尺、钢尺、直尺、角尺、专用弧形板量测
2	弧弦长	±1		两端面各 1 点	
3	管片的厚度	+3，−1		3 点	
4	环面平整度	0.2		2 点	
5	内、外环面与端面垂直度	1		4 点	
6	螺栓孔位置	±1		3 点	
7	螺栓孔直径	±1		3 点	

(6) 钢筋混凝土管片抗渗试验应符合设计要求。

检查方法：将单块管片旋转在专用试验架上，按设计要求水压恒压 2h，渗水深度不超过管片厚度的 1/5 为合格。

检查数量：工厂预制管片，每生产 50 环应抽查 1 块管片做抗渗试验；连续三次合格时则改为每生产 100 环抽查 1 块管片，再连续三次合格则最终改为 200 环抽查 1 块管片做抗渗试验；如果出现一次不合格，则恢复每 50 环抽查 1 块管片，并按上述抽查要求进行试验。

检查方法：按规范附录 F 第 F.0.3 条规定逐节观察。

现场生产管片，当天同一班组或每浇筑 5 环管片，应抽查 1 块管片做抗渗试验。

(7) 管片水平组合拼装检验应符合表 1-14 的规定。

表 1-14　管片水平组合拼装检验允许偏差

序号	检查项目	允许偏差/mm	检查数量		检查方法
			范围	点数	
1	环缝间隙	≤2	每条缝	6 点	插片检查
2	纵缝间隙	≤2		6 点	插片检查
3	成环后内径(不放衬垫)	±2	每环	4 点	用钢尺量测
4	成环后外径(不放衬垫)	+4，−2		4 点	用钢尺量测
5	纵、环向螺栓穿进后，螺栓杆与螺孔的间隙	$(D_1-D_2)<2$	每处	各 1 点	插钢丝检查

注：D_1 为螺孔直径，D_2 为螺栓杆直径，单位：mm。

检查数量：每套钢模（或铸铁、钢制管片）先生产 3 环进行水平拼装检验，合格后试生产 100 环再抽查 3 环进行水平拼装检验；合格后正式生产时，每生产 200 环应抽查 3 环进行水平拼装检验；管片正式生产后出现一次不合格时，则应加倍检验。

2. 一般项目

（1）钢筋混凝土管片无缺棱、掉边、麻面和露筋，表面无明显气泡和一般质量缺陷；铸铁管片或钢制管片防腐层完整。

检查方法：逐个观察；检查产品进场验收记录。

（2）管片预埋件齐全，预埋孔完整、位置正确。

检查方法：观察；检查产品进场验收记录。

（3）防水密封条安装凹槽表面光洁，线形直顺。

检查方法：逐个观察。

（4）管片的钢筋骨架制作的允许偏差应符合表 1-15 的规定。

表 1-15 钢筋混凝土管片的钢筋骨架制作的允许偏差

序号	检查项目	允许偏差/mm	检查数量		检查方法
			范围	点数	
1	主筋间距	±10	每榀	4 点	用卡尺、钢尺量测
2	骨架长、宽、高	+5，−10		各 2 点	
3	环、纵向螺栓孔	畅通、内圆面平整		每处 1 点	
4	主筋保护层	±3		4 点	
5	分布筋长度	±10		4 点	
6	分布筋间距	±5		4 点	
7	箍筋间距	±10		4 点	
8	预埋件位置	±5		每处 1 点	

3. 质量验收应具备的资料

（1）验收批质量验收记录。

（2）隐蔽工程验收记录。

（3）原材料、构配件、设备进场验收记录。

（4）预制管片：产品质量合格证明书、各项性能检验报告。

（5）现场制作管片：

① 水泥合格证及复试报告、外加剂合格证及复试报告、碎石试验报告、砂子试验报告。

② 混凝土配合比试验报告。

③ 混凝土抗压强度试验报告、混凝土抗渗性能试验报告、混凝土强度（性能）试验汇总表，混凝土试块抗压强度统计、评定记录。

（6）钢筋混凝土管片抗渗性能试验报告。

（7）施工记录。

五、盾构掘进和管片拼装质量验收标准

1. 主控项目

（1）管片防水密封条性能符合设计要求，粘贴牢固、平整、无缺损，防水垫圈无遗漏。

检查方法：逐个观察，检查防水密封条质量保证资料。

（2）环、纵向螺栓及连接件的力学性能符合设计要求；螺栓应全部穿入，拧紧力矩应符合设计要求。

检查方法：逐个观察；检查螺栓及连接件的材料质量保证资料、复试报告，检查拼装拧紧记录。

（3）钢筋混凝土管片拼装无内外贯穿裂缝，表面无大于 0.2mm 的推顶裂缝以及混凝土剥落和露筋现象；铸铁、钢制管片无变形、破损。

检查方法：逐片观察，用裂缝观察仪检查裂缝宽度。

（4）管道无线漏、滴漏水现象。

检查方法：按规范附录 F 第 F.0.3 条的规定，全数观察。

（5）管道线形平顺，无突变现象；圆环无明显变形。

检查方法：观察。

2. 一般项目

（1）管道无明显渗水。

检查方法：按规范附录 F 第 F.0.3 条规定全数观察。

（2）钢筋混凝土管片表面不宜有一般质量缺陷；铸铁、钢制管片防腐层完好。

检查方法：全数观察，其中一般质量缺陷判定按规范附录 G 规定执行。

（3）钢筋混凝土管片螺栓手孔封堵时不得有剥落现象，且封堵混凝土强度符合设计要求。

检查方法：观察；检查封堵混凝土抗压强度试块试验报告。

（4）管片在盾尾内管片拼装成环的允许偏差应符合表 1-16 的规定。

表 1-16　在盾尾内管片拼装成环的允许偏差

<table>
<tr><th rowspan="2">序号</th><th rowspan="2" colspan="2">检查项目</th><th rowspan="2">允许偏差/mm</th><th colspan="2">检查数量</th><th rowspan="2">检查方法</th></tr>
<tr><th>范围</th><th>点数</th></tr>
<tr><td>1</td><td colspan="2">环缝张开</td><td>≤2</td><td rowspan="7">每环</td><td rowspan="2">1</td><td>插片检查</td></tr>
<tr><td>2</td><td colspan="2">纵缝张开</td><td>≤2</td><td>插片检查</td></tr>
<tr><td>3</td><td colspan="2">衬砌环直径圆度</td><td>5‰D_i</td><td rowspan="3">4</td><td>用钢尺量测</td></tr>
<tr><td rowspan="2">4</td><td rowspan="2">相邻管片间的高差</td><td>环向</td><td>5</td><td rowspan="2">用钢尺量测</td></tr>
<tr><td>纵向</td><td>6</td></tr>
<tr><td>5</td><td colspan="2">成环环底高程</td><td>±100</td><td rowspan="2">1</td><td>用水准仪测量</td></tr>
<tr><td>6</td><td colspan="2">成环中心水平轴线</td><td>±100</td><td>用水准仪测量</td></tr>
</table>

注：环缝、纵缝张开的允许偏差仅指直线段。

（5）管道贯通后的允许偏差应符合表 1-17 的规定。

3. 质量验收应具备的资料

（1）验收批质量验收记录。

（2）隐蔽工程验收记录。

（3）原材料、构配件、设备进场验收记录。

（4）防水密封材料的产品合格证及性能检测报告、复试报告。

（5）螺栓及连接件的产品合格证及性能检测报告、复试报告。

表 1-17　管道贯通后的允许偏差

序号	检查项目		允许偏差/mm	检查数量		检查方法
				范围	点数	
1	相邻管片间的高差	环向	15	每 5 环	4	用钢尺量测
		纵向	20		1	插片检查
2	环缝张开		2			
3	纵缝张开		2			
4	衬砌环直径圆度		8‰D_i		4	用钢尺量测
5	管底高程	输水管道	±150		1	用水准仪测量
		套管或管廊	±100			
6	管道中心水平轴线		±150			用经纬仪测量

注：环缝、纵缝张开的允许偏差仅指直线段。

(6) 自拌混凝土：水泥合格证及复试报告、外加剂合格证及复试报告、碎石试验报告、砂子试验报告；商品混凝土：商品混凝土出厂合格证、出厂检验报告。

(7) 混凝土配合比试验报告。

(8) 混凝土抗压强度试验报告、混凝土强度（性能）试验汇总表，混凝土试块抗压强度统计、评定记录。

(9) 混凝土浇筑记录。

(10) 管内表面的结构展开图。

(11) 成环环底高程测量记录及竣工后管道轴线及管底高程测量记录。

(12) 施工记录。

六、盾构施工管道的钢筋混凝土二次衬砌质量验收标准

1. 主控项目

(1) 钢筋数量、规格应符合设计要求。

检查方法：检查每批钢筋的质量保证资料和进场复验报告。

(2) 混凝土强度等级、抗渗等级符合设计要求。

检查方法：检查混凝土抗压强度、抗渗试块报告。

检查数量：同一配合比，每连续浇筑一次混凝土为一验收批，应留置抗压、抗渗试块各1组。

(3) 混凝土外观质量无严重缺陷。

检查方法：按规范附录 G 的规定逐段观察；检查施工技术资料。

(4) 防水处理符合设计要求，管道无滴漏、线漏现象。

检查方法：按规范附录 F 第 F.0.3 条的规定观察；检查防水材料质量保证资料、施工记录、施工技术资料。

2. 一般项目

(1) 变形缝位置符合设计要求，且通缝、垂直。

检查方法：逐个观察。

(2) 拆模后无隐筋现象，混凝土不宜有一般质量缺陷。

检查方法：按规范附录G规定逐段观察；检查施工技术资料。

(3) 管道线形平顺，表面平整、光洁；管道无明显渗水现象。

检查方法：全数观察。

(4) 钢筋混凝土衬砌施工质量的允许偏差应符合表1-18的规定。

表1-18 钢筋混凝土衬砌施工质量的允许偏差

<table>
<tr><th rowspan="2">序号</th><th rowspan="2">检查项目</th><th rowspan="2">允许偏差/mm</th><th colspan="2">检查数量</th><th rowspan="2">检查方法</th></tr>
<tr><th>范围</th><th>点数</th></tr>
<tr><td>1</td><td>内径</td><td>±20</td><td rowspan="7">每榀</td><td>不少于1点</td><td rowspan="4">用钢尺量测</td></tr>
<tr><td>2</td><td>内衬壁厚</td><td>±15</td><td>不少于2点</td></tr>
<tr><td>3</td><td>主钢筋保护层厚度</td><td>±5</td><td>不少于4点</td></tr>
<tr><td>4</td><td>变形缝相邻高差</td><td>10</td><td>不少于1点</td></tr>
<tr><td>5</td><td>管底高程</td><td>±100</td><td rowspan="3">不少于1点</td><td>用水准仪测量</td></tr>
<tr><td>6</td><td>管道中心水平轴线</td><td>±100</td><td>用经纬仪测量</td></tr>
<tr><td>7</td><td>表面平整度</td><td>10</td><td>沿管道轴向用2m直尺量测</td></tr>
<tr><td>8</td><td>管道直顺度</td><td>15</td><td>每20m</td><td>1点</td><td>沿管道轴向用20m小线测</td></tr>
</table>

3. 质量验收应具备的资料

(1) 验收批质量验收记录。

(2) 隐蔽工程验收记录。

(3) 原材料、构配件、设备进场验收记录。

(4) 钢筋合格证及复试报告、施工前钢筋连接接头试验报告、施工过程中混凝土钢筋连接接头试验报告、钢筋连接材料合格证、防水材料的产品合格证及性能检测报告、复试报告。

(5) 自拌混凝土：水泥合格证及复试报告、外加剂合格证及复试报告、碎石试验报告、砂子试验报告；商品混凝土：商品混凝土出厂合格证、出厂检验报告。

(6) 混凝土配合比试验报告。

(7) 混凝土抗压强度试验报告、混凝土抗渗性能试验报告、混凝土强度（性能）试验汇总表，混凝土试块抗压强度统计、评定记录。

(8) 混凝土浇筑记录。

(9) 管内表面的结构展开图。

(10) 竣工后管道轴线及管底高程测量记录。

(11) 施工记录。

七、浅埋暗挖管道的土层开挖质量验收标准

1. 主控项目

(1) 开挖方法必须符合施工方案要求，开挖土层稳定。

检查方法：全过程检查；检查施工方案、施工技术资料、施工和监测记录。

(2) 开挖断面尺寸不得小于设计要求，且轮廓圆顺；若出现超挖，其超挖允许值不得

超出现行国家标准《地下铁道工程施工及验收规范》(GB 50299)规定。

检查方法：检查每个开挖断面；检查设计文件、施工方案、施工技术资料、施工记录。

2. 一般项目

(1) 土层开挖的允许偏差应符合表 1-19 的规定。

表 1-19 土层开挖的允许偏差

序号	检查项目	允许偏差/mm	检查数量		检查方法
			范围	点数	
1	轴线偏差	±30	每榀	4	挂中心线用尺量每侧 2 点
2	高程	±30	每榀	1	用水准仪测量

注：管道高度大于 3m 时，轴线偏差每侧测量 3 点。

(2) 小导管注浆加固质量符合设计要求。

检查方法：全过程检查，检查施工技术资料、施工记录。

3. 质量验收应具备的资料

(1) 验收批质量验收记录。

(2) 隐蔽工程验收记录。

(3) 原材料、构配件、设备进场验收记录。

(4) 施工记录。

八、浅埋暗挖管道初期衬砌质量验收标准

1. 主控项目

(1) 支护钢格栅、钢架的加工、安装应符合下列规定：

① 每批钢筋、型钢材料规格、尺寸、焊接质量应符合设计要求；

② 每榀钢格栅、钢架的结构形式，以及部件拼装整体结构尺寸应符合设计要求，且无变形。

检查方法：观察；检查材料质量保证资料，检查加工记录。

(2) 钢筋网安装应符合下列规定：

① 每批钢筋材料规格、尺寸应符合设计要求；

② 每片钢筋网加工、制作尺寸应符合设计要求，且无变形。

检查方法：观察；检查材料质量保证资料。

(3) 初期衬砌喷射混凝土应符合下列规定：

① 每批水泥、骨料、水、外加剂等原材料的产品质量应符合国家标准规定和设计要求；

② 混凝土抗压强度应符合设计要求。

检查方法：检查材料质量保证资料、混凝土试件抗压和抗渗试验报告。

检查数量：混凝土标准养护试块，同一配合比，管道拱部和侧墙每 20m 混凝土为一验收批，抗压强度试块各留置一组；同一配合比，每 40m 管道混凝土留置抗渗试块一组。

2. 一般项目

(1) 初期支护钢格栅、钢架的加工、安装应符合下列规定：

① 每榀钢格栅各节点连接必须牢固，表面无焊渣；

② 每榀钢格栅与壁面应楔紧，底脚支垫稳固，相邻格栅纵向连接必须绑扎牢固；

③ 钢格栅、钢架加工与安装允许偏差符合表 1-20 的规定。

表 1-20　钢格栅、钢架加工与安装允许偏差

序号	检查项目			允许偏差	检查数量		检查方法
					范围	点数	
1	加工	拱架（顶拱、墙拱）	矢高及弧长	+200mm	每榀	2	用钢尺量测
			墙架长度	+20mm		1	
			拱、墙架横断面（高、宽）	+100mm		2	
		格栅组装后外轮廓尺寸	高度	±30mm		1	
			宽度	±20mm		2	
			扭曲度	≤20mm		3	
2	安装		横向和纵向位置	横向±30mm 纵向±50mm		2	
			垂直度	5‰		2	用垂球及钢尺量测
			高程	±30mm		2	用水准仪测量
			与管道中线倾角	≤2°		1	用经纬仪测量
		间距	格栅	±100mm		每处 1	用钢尺量测
			钢架	±50mm		每处 1	

注：首榀钢格栅应经检验合格后，方可投入批量生产。

检查方法：观察；检查制造、加工记录，按表 1-20 的规定检查允许偏差。

（2）钢筋网安装应符合下列规定：

① 钢筋网必须与钢筋格栅、钢架或锚杆连接牢固；

② 钢筋网加工、铺设的允许偏差应符合表 1-21 的规定。

表 1-21　钢筋网加工、铺设的允许偏差

序号	检查项目		允许偏差/mm	检查数量		检查方法
				范围	点数	
1	钢筋网加工	钢筋间距	±10	片	2	用钢尺量测
		钢筋搭接长	±15			
2	钢筋网铺设	搭接长度	≥200	一榀钢拱架长度	4	用钢尺量测
		保护层	符合设计要求		2	用垂球及尺量测

检查方法：观察；按表 1-21 的规定检查允许偏差。

（3）初期衬砌喷射混凝土应符合下列规定：

① 喷射混凝土层表面应保持平顺、密实，无裂缝、无脱落、无漏喷、无露筋、无空鼓、无渗漏水现象；

② 初期衬砌喷射混凝土质量允许偏差符合表 1-22 的规定。

检查方法：观察；按表 1-22 的规定检查允许偏差。

表 1-22　初期衬砌喷射混凝土质量允许偏差

序号	检查项目	允许偏差	检查数量		检查方法
			范围	点数	
1	平整度	≤30mm	每 20m	2	用 2m 靠尺和塞尺量测
2	矢、弦比	≯1/6	每 20m	1 个断面	用尺量测
3	喷射混凝土层厚度	见表注 1	每 20m	1 个断面	钻孔法或其他有效方法，并见表注 2

注：1. 喷射混凝土层厚度允许偏差，60%以上检查点厚度不小于设计厚度，其余点处的最小厚度不小于设计厚度的 1/2；厚度总平均值不小于设计厚度。

2. 每 20m 管道检查一个断面，每断面从拱部中线开始，每间隔 2～3m 设一个点，但每一检查断面的拱部不应少于 3 个点，总计不应少于 5 个点。

3. 质量验收应具备的资料

（1）验收批质量验收记录。

（2）隐蔽工程验收记录。

（3）原材料、构配件、设备进场验收记录。

（4）钢筋、型钢材料合格证及复试报告、施工前钢筋连接接头试验报告、施工过程中钢筋连接接头试验报告、钢筋连接材料合格证。

（5）自拌混凝土：水泥合格证及复试报告、外加剂合格证及复试报告、碎石试验报告、砂子试验报告；商品混凝土：商品混凝土出厂合格证、出厂检验报告。

（6）混凝土配合比试验报告。

（7）混凝土抗压强度试验报告、混凝土抗渗性能试验报告、混凝土强度（性能）试验汇总表，混凝土试块抗压强度统计、评定记录。

（8）混凝土浇筑记录。

（9）高程测量记录。

（10）施工记录。

九、浅埋暗挖管道防水层质量验收标准

1. 主控项目

每批防水层及衬垫材料品种、规格必须符合设计要求。

检查方法：观察；检查产品质量合格证明、性能检验报告等。

2. 一般项目

（1）双焊缝焊接，焊缝宽度不小于 10mm，且均匀连续，不得有漏焊、假焊、焊焦、焊穿等现象。

检查方法：观察；检查施工记录。

（2）防水层铺设质量的允许偏差符合表 1-23 的规定。

3. 质量验收应具备的资料

（1）验收批质量验收记录。

（2）隐蔽工程验收记录。

（3）原材料、构配件、设备进场验收记录。

（4）防水层及衬垫材料的产品合格证及性能检验报告、复试报告。

（5）施工记录。

表 1-23　防水层铺设质量的允许偏差

序号	检查项目	允许偏差/mm	检查数量		检查方法
			范围	点数	
1	基面平整度	≤50	每 5m	2	用 2m 直尺量取最大值
2	卷材环向与纵向搭接宽度	≥100			用钢尺量测
3	衬垫搭接宽度	≥50			

注：本表防水层系低密度聚乙烯（LDPE）卷材。

十、浅埋暗挖管道二次衬砌质量验收标准

1. 主控项目

（1）原材料的产品质量保证资料应齐全，每生产批次的出厂质量合格证明书及各项性能检验报告应符合国家相关标准规定和设计要求。

检查方法：检查产品质量合格证明书、各项性能检验报告、进场复验报告。

（2）伸缩缝的设置必须根据设计要求，并应与初期支护变形缝位置重合。

检查方法：逐缝观察；对照设计文件检查。

（3）混凝土抗压、抗渗等级必须符合设计要求。

检查数量：

① 同一配比，每浇筑一次垫层混凝土为一验收批，抗压强度试块各留置一组；同一配比，每浇筑管道每 30m 混凝土为一验收批，抗压强度试块留置 2 组（其中 1 组作为 28d 强度）；如需要与结构同条件养护的试块，其留置组数可根据需要确定。

② 同一配比，每浇筑管道每 30m 混凝土为一验收批，留置抗渗试块 1 组。

检查方法：检查混凝土抗压、抗渗试件的试验报告。

2. 一般项目

（1）模板和支架强度、刚度和稳定性，外观尺寸、中线、标高、预埋件必须满足设计要求；模板接缝应拼装严密，不得漏浆；

检查方法：检查施工记录、测量记录。

（2）止水带安装牢固，浇筑混凝土时，不得产生移动、卷边、漏灰现象。

检查方法：逐个观察。

（3）混凝土表面光洁、密实，防水层完整不漏水。

检查方法：逐段观察。

（4）二次衬砌模板安装质量、混凝土施工的允许偏差应分别符合表 1-24、表 1-25 的规定。

表 1-24　二次衬砌模板安装质量的允许偏差

序号	检查项目	允许偏差	检查数量		检查方法
			范围	点数	
1	拱部高程(设计标高加预留沉降量)	±10mm	每 20m	1	用水准仪测量
2	横向(以中线为准)	±10mm	每 20m	2	用钢尺量测
3	侧模垂直度	≤3‰	每截面	2	垂球及钢尺量测
4	相邻两块模板表面高低差	≤2mm	每 5m	2	用尺量测取较大值

注：本表项目只适用分项工程检验，不适用分部及单位工程质量验收。

表 1-25　二次衬砌混凝土施工的允许偏差

序号	检查项目	允许偏差/mm	检查数量		检查方法
			范围	点数	
1	中线	≤30	每 5m	2	用经纬仪测量，每侧计 1 点
2	高程	+20，−30	每 20m	1	用水准仪测量

3. 质量验收应具备的资料

(1) 验收批质量验收记录。

(2) 隐蔽工程验收记录。

(3) 预检工程验收记录。

(4) 原材料、构配件、设备进场验收记录。

(5) 钢筋、型钢材料合格证及复试报告、施工前钢筋连接接头试验报告、施工过程中钢筋连接接头试验报告、钢筋连接材料合格证。

(6) 自拌混凝土：水泥合格证及复试报告、外加剂合格证及复试报告、碎石试验报告、砂子试验报告；商品混凝土：商品混凝土出厂合格证、出厂检验报告。

(7) 混凝土配合比试验报告。

(8) 混凝土抗压强度试验报告、混凝土抗渗性能试验报告、混凝土强度（性能）试验汇总表，混凝土试块抗压强度统计、评定记录。

(9) 混凝土浇筑记录。

(10) 高程测量记录。

(11) 施工记录。

十一、定向钻施工管道质量验收标准

1. 主控项目

(1) 管节、防腐层等工程材料的产品质量应符合国家相关标准规定和设计要求。

检查方法：检查产品质量保证资料；检查产品进场验收记录。

(2) 管节组对拼装、钢管外防腐层（包括焊口、补口）的质量检验（验收）合格。

检查方法：管节及接口全数观察；按规范第 5 章相关规定进行检查。

(3) 钢管接口焊接，聚乙烯管、聚丙烯管接口熔焊检验符合设计要求，管道预水压试验合格。

检查方法：接口逐个观察；检查焊接检验报告和管道预水压试验记录，其中管道预水压试验按规范第 7.1.7 条第 7 款规定执行。

(4) 管段回拖后的线形应平顺，无突变、变形现象，实际曲率半径符合设计要求。

检查方法：观察；检查钻进、扩孔、回拖施工记录、探测记录。

2. 一般项目

(1) 导向孔钻进、扩孔、管段回拖及钻进泥浆（液）等符合施工方案要求。

检查方法：检查施工方案，检查相关施工记录和泥浆（液）性能检验记录。

(2) 管段回拖力、扭矩、回拖速度应符合施工方案要求，回拖力无突升或突降现象。

检查方法：观察；检查施工方案，检查回拖记录。

(3) 布管和发送管段时，钢管防腐层无损伤，管段无变形；回拖后拉出暴露的管段防腐层结构应完整、附着紧密。

检查方法：观察。

(4) 定向钻施工管道的允许偏差应符合表1-26的规定。

表1-26 定向钻施工管道的允许偏差

<table>
<tr><th rowspan="2">序号</th><th rowspan="2" colspan="3">检查项目</th><th rowspan="2">允许偏差/mm</th><th colspan="2">检查数量</th><th rowspan="2">检查方法</th></tr>
<tr><th>范围</th><th>点数</th></tr>
<tr><td rowspan="2">1</td><td rowspan="2">入土点位置</td><td colspan="2">平面轴向、平面横向</td><td>20</td><td rowspan="6">每入、出土点</td><td rowspan="6">各1点</td><td rowspan="6">用经纬仪、水准仪测量、用钢尺量测</td></tr>
<tr><td colspan="2">垂直向高程</td><td>±20</td></tr>
<tr><td rowspan="4">2</td><td rowspan="4">出土点位置</td><td colspan="2">平面轴向</td><td>500</td></tr>
<tr><td colspan="2">平面横向</td><td>$1/2D_i$</td></tr>
<tr><td rowspan="2">垂直向高程</td><td>压力管道</td><td>$\pm 1/2D_i$</td></tr>
<tr><td>无压管道</td><td>±20</td></tr>
<tr><td rowspan="3">3</td><td rowspan="3">管道位置</td><td colspan="2">水平轴线</td><td>$1/2D_i$</td><td rowspan="3">每节管</td><td rowspan="3">不少于1点</td><td rowspan="3">用导向探测仪检查</td></tr>
<tr><td rowspan="2">管道内底高程</td><td>压力管道</td><td>$\pm 1/2D_i$</td></tr>
<tr><td>无压管道</td><td>+20，−30</td></tr>
<tr><td rowspan="2">4</td><td rowspan="2">控制井</td><td colspan="2">井中心轴向、横向位置</td><td>20</td><td rowspan="2">每座</td><td rowspan="2">各1点</td><td rowspan="2">用经纬仪、水准仪测量、钢尺量测</td></tr>
<tr><td colspan="2">井内洞口中心位置</td><td>20</td></tr>
</table>

注：D_i 为管道内径，mm。

3. 质量验收应具备的资料

(1) 验收批质量验收记录。

(2) 隐蔽工程验收记录。

(3) 原材料、构配件、设备进场验收记录。

(4) 管材质量合格证明文件；接口材料的合格证、检验报告及抽检报告；防腐材料合格证及复试报告；钢管阴极保护所用材料、设备的质量合格证明文件。

(5) 焊缝探伤试验报告。

(6) 焊缝质量综合评级汇总表。

(7) 防腐层质量检查记录。

(8) 泥浆（液）性能检验记录。

(9) 钻进、扩孔、回拖施工记录、探测记录。

(10) 绝缘测试记录。

(11) 高程测量记录。

(12) 施工记录。

十二、夯管施工管道质量验收标准

1. 主控项目

(1) 管节、焊材、防腐层等工程材料的产品应符合国家相关标准规定和设计要求。

检查方法：检查产品质量合格证明书、各项性能检验报告，检查产品制造原材料质量保证资料；检查产品进场验收记录。

(2) 钢管组对拼接、外防腐层（包括焊口、补口）的质量检验（验收）合格；钢管接口焊接检验符合设计要求。

检查方法：全数观察；按规范第 5 章相关规定进行检查，检查焊接检验报告。

（3） 管道线形应平顺，无变形、裂缝、突起、突弯、破损现象；管道无明显渗水现象。

检查方法：观察，其中渗漏水程度按规范附录 F 第 F.0.3 条规定观察。

2. 一般项目

（1） 管内应清理干净，无杂物、余土、污泥、油污等；内防腐层的质量经检验（验收）合格。

检查方法：观察；按规范第 5 章的相关规定进行内防腐层检查。

（2） 夯出的管节外防腐结构层完整、附着紧密，无明显划伤、破损等现象。

检查方法：观察；检查施工记录。

（3） 夯入的起始管节，其轴向水平位置、管中心高程的允许偏差应控制在±20mm 范围内。

检查方法：用经纬仪、水准仪测量；检查施工记录。

（4） 夯锤的锤击力、夯进速度应符合施工方案要求；承受锤击的管的端部无变形、开裂、残缺等现象，并满足接口组对焊接的要求。

检查方法：逐节检查；用钢尺、卡尺、焊缝量规等测量管端部；检查施工技术方案，检查夯进施工记录。

（5） 夯管贯通后的管道的允许偏差应符合表 1-27 的规定。

表 1-27　夯管贯通后的管道的允许偏差

序号	检查项目		允许偏差/mm	检查数量		检查方法
				范围	点数	
1	轴线水平位移		80	每管节	1 点	用经纬仪测量或挂中线用钢尺量测
2	管道内底高程	D_i<1500mm	40			用水准仪测量
		D_i≥1500mm	60			
3	相邻管间错口		≤2			用钢尺量测

注：1. D_i 为管道内径，mm。

2. D_i≤700mm 时，检查项目 1 和 2 可直接测量管道两端，检查项目 3 可检查施工记录。

3. 质量验收应具备的资料

（1） 验收批质量验收记录。

（2） 隐蔽工程验收记录。

（3） 原材料、构配件、设备进场验收记录。

（4） 管材质量合格证明文件；接口材料的合格证、检验报告及抽检报告；防腐材料合格证及复试报告；钢管阴极保护所用材料、设备的质量合格证明文件。

（5） 焊缝探伤试验报告。

（6） 焊缝质量综合评级汇总表。

（7） 防腐层质量检查记录。

（8） 绝缘测试记录。

（9） 管内表面的结构展开图。

（10） 夯进施工记录。

(11) 高程测量记录。

(12) 施工记录。

思考题

1. 工作井所含主控项目、一般项目有哪些？质量验收应具备的资料有哪些？

2. 顶管管道所含主控项目、一般项目有哪些？质量验收应具备的资料有哪些？

3. 垂直顶升管道所含主控项目、一般项目有哪些？质量验收应具备的资料有哪些？

4. 盾构管片制作所含主控项目、一般项目有哪些？质量验收应具备的资料有哪些？

5. 盾构掘进和管片拼装所含主控项目、一般项目有哪些？质量验收应具备的资料有哪些？

6. 盾构施工管道的钢筋混凝土二次衬砌所含主控项目、一般项目有哪些？质量验收应具备的资料有哪些？

7. 浅埋暗挖管道的土层开挖所含主控项目、一般项目有哪些？质量验收应具备的资料有哪些？

8. 浅埋暗挖管道初期衬砌所含主控项目、一般项目有哪些？质量验收应具备的资料有哪些？

9. 浅埋暗挖管道防水层所含主控项目、一般项目有哪些？质量验收应具备的资料有哪些？

10. 浅埋暗挖管道二次衬砌所含主控项目、一般项目有哪些？质量验收应具备的资料有哪些？

11. 定向钻施工管道所含主控项目、一般项目有哪些？质量验收应具备的资料有哪些？

12. 夯管施工管道所含主控项目、一般项目有哪些？质量验收应具备的资料有哪些？

第四节　沉管和桥管施工主体结构

一、沉管基槽浚挖及管基处理质量验收标准

1. 主控项目

(1) 沉管基槽中心位置和浚挖深度符合设计要求。

检查方法：检查施工测量记录、浚挖记录。

(2) 沉管基槽处理、管基结构形式应符合设计要求。

检查方法：可由潜水员水下检查；检查施工记录、施工资料。

2. 一般项目

(1) 浚挖成槽后基槽应稳定，沉管前基底回淤量不大于设计和施工方案要求，基槽边坡不陡于规范的有关规定。

检查方法：检查施工记录、施工技术资料；必要时水下检查。

(2) 管基处理所用的工程材料规格、数量等符合设计要求。

检查方法：检查施工记录、施工技术资料。

（3）沉管基槽浚挖及管基处理的允许偏差应符合表 1-28 的规定。

表 1-28　沉管基槽浚挖及管基处理的允许偏差

<table>
<tr><th rowspan="2">序号</th><th rowspan="2" colspan="2">检查项目</th><th rowspan="2">允许偏差/mm</th><th colspan="2">检查数量</th><th rowspan="2">检查方法</th></tr>
<tr><th>范围</th><th>点数</th></tr>
<tr><td rowspan="2">1</td><td rowspan="2">基槽底部高程</td><td>土</td><td>0，−300</td><td rowspan="9">每 5～10m 取一个断面</td><td rowspan="4">基槽宽度不大于 5m 时测 1 点；基槽宽度大于 5m 时测不少于 2 点</td><td rowspan="7">用回声测深仪、多波束仪、测深图检查；或用水准仪、经纬仪测量，用钢尺量测定位标志，潜水员检查</td></tr>
<tr><td>石</td><td>0，−500</td></tr>
<tr><td rowspan="2">2</td><td rowspan="2">整平后基础顶面高程</td><td>压力管道</td><td>0，−200</td></tr>
<tr><td>无压管道</td><td>0，−100</td></tr>
<tr><td>3</td><td colspan="2">基槽底部宽度</td><td>不小于规定</td><td rowspan="5">1 点</td></tr>
<tr><td>4</td><td colspan="2">基槽水平轴线</td><td>100</td></tr>
<tr><td>5</td><td colspan="2">基础宽度</td><td>不小于设计要求</td></tr>
<tr><td rowspan="2">6</td><td rowspan="2">整平后基础平整度</td><td>砂基础</td><td>50</td><td rowspan="2">潜水员检查，用刮平尺量测</td></tr>
<tr><td>砾石基础</td><td>150</td></tr>
</table>

3. 质量验收应具备的资料

（1）验收批质量验收记录。

（2）隐蔽工程验收记录。

（3）原材料、构配件、设备进场验收记录。

（4）管基处理所用的工程材料产品质量合格证明文件，各项性能检验报告。

（5）高程测量记录。

（6）施工记录。

二、组对拼装管道（段）的沉放质量验收标准

1. 主控项目

（1）管节、防腐层等工程材料的产品质量保证资料齐全，各项性能检验报告应符合相关国家相关标准的规定和设计要求。

检查方法：检查产品质量合格证明书、各项性能检验报告，检查产品制造原材料质量保证资料，检查产品进场验收记录。

（2）陆上组对拼装管道（段）的接口连接和钢管防腐层（包括焊口、补口）的质量经验收合格；钢管接口焊接、聚乙烯管、接口熔焊检验符合设计要求，管道预水压试验合格。

检查方法：管道（段）及接口全数观察，按规范第 5 章的相关规定进行检查；检查焊接检验报告和管道预水压试验记录，其中管道预水压试验按规范第 7.1.7 条第 7 款的规定执行。

（3）管道（段）下沉均匀、平稳，无轴向扭曲、环向变形和明显轴向突弯等现象；水上、水下接口连接质量经检验符合设计要求；

检查方法：观察；检查沉放施工记录及相关检测记录；检查水上、水下的接口连接检验报告。

2. 一般项目

（1）沉放前管道（段）及防腐层无损伤、无变形。

检查方法：观察，检查施工记录。

（2）对于分段沉放管道，其水上、水下的接口防腐质量检验合格。

检查方法：逐个检查接口连接及防腐的施工记录、检验记录。

（3）沉放后管底与沟底接触均匀和紧密。

检查方法：检查沉放记录；必要时由潜水员检查。

（4）沉管下沉铺设的允许偏差应符合表1-29的规定。

表1-29 沉管下沉铺设的允许偏差

序号	检查项目		允许偏差/mm	检查数量		检查方法
				范围	点数	
1	管道高程	压力管道	0,−200	每10m	1点	用回声测深仪、多波束仪、测深图检查;或用水准仪、经纬仪测量,钢尺量测定位标志
		无压管道	0,−100			
2	管道水平轴线位置		管道水平轴线位置	每10m	1点	

3. 质量验收应具备的资料

（1）验收批质量验收记录。

（2）隐蔽工程验收记录。

（3）原材料、构配件、设备进场验收记录。

（4）管节、防腐层等产品质量合格证明书、各项性能检验报告；接口材料的合格证、检验报告及抽检报告。

（5）焊缝探伤试验报告。

（6）焊缝质量综合评级汇总表。

（7）水压试验报告。

（8）防腐层质量检查记录。

（9）高程测量记录。

（10）施工记录。

三、沉放的预制钢筋混凝土管节制作质量验收标准

1. 主控项目

（1）原材料的产品质量保证资料齐全，各项性能检验报告应符合国家相关标准的规定和设计要求。

检查方法：检查产品质量合格证明书、各项性能检验报告、进场复验报告。

（2）钢筋混凝土管节制作中的钢筋、模板、混凝土质量经验收合格。

检查方法：按国家有关规范的规定和设计要求进行检查。

（3）混凝土强度、抗渗性能应符合设计要求。

检查方法：检查混凝土浇筑记录，检查试块的抗压强度、抗渗试验报告。

检查数量：底板、侧墙、顶板、后浇带等每部位的混凝土，每工作班不应少于1组，且每浇筑$100m^3$为一验收批，抗压强度试块留置不应少于1组，每浇筑$500m^3$混凝土及每后浇带为一验收批，抗渗试块留置不应少于1组。

（4）混凝土管节无严重质量缺陷。

检查方法：按规范附录G的规定进行观察，对可见的裂缝用裂缝观察仪检测；检查技术处理方案。

（5）管节抗渗检验时无线流、滴漏和明显渗水现象；经检测平均渗漏量满足设计要求。

检查方法：逐节检查；进行预水压渗漏试验；检查渗漏检验记录。

2. 一般项目

(1) 混凝土重度应符合设计要求，其允许偏差为：+0.01t/m，−0.02t/m。

检查方法：检查混凝土试块重度检测报告，检查原材料质量保证资料、施工记录等。

(2) 预制结构的外观质量不宜有一般缺陷，防水层结构符合设计要求。

检查方法：观察；按规范附录G的规定检查，检查施工记录。

(3) 钢筋混凝土管节预制的允许偏差应符合表1-30的规定。

表1-30 钢筋混凝土管节预制的允许偏差

序号	检查项目		允许偏差/mm	检查数量		检查方法
				范围	点数	
1	外包尺寸	长	±10	每10m	各4点	用钢尺量测
		宽	±10			
		高	±5			
2	结构厚度	底板、顶板	±5	每部位	各4点	
		侧墙	±5			
3	断面对角线尺寸差		0.5%L	两端面	各2点	
4	管节内净空尺寸	净宽	±10	每10m	各4点	
		净高	±10			
5	顶板、底板、外侧墙的主钢筋保护层厚度		±5	每10m	各4点	
6	平整度		5	每10m	各2点	用2m直尺量测
7	垂直度		10	每10m	各2点	用垂线测

注：L为断面对角线长，mm。

3. 质量验收应具备的资料

(1) 验收批质量验收记录。

(2) 原材料、构配件、设备进场验收记录。

(3) 钢材、防水材料等产品合格证及复试报告、施工前钢筋连接接头试验报告、施工过程中钢筋连接接头试验报告、钢筋连接材料合格证。

(4) 自拌混凝土：水泥合格证及复试报告、外加剂合格证及复试报告、碎石试验报告、砂子试验报告；商品混凝土：商品混凝土出厂合格证、出厂检验报告。

(5) 混凝土配合比试验报告。

(6) 混凝土抗压强度试验报告、混凝土抗渗性能试验报告、混凝土强度（性能）试验汇总表，混凝土试块抗压强度统计、评定记录。

(7) 混凝土浇筑记录。

(8) 施工记录。

四、沉放预制钢筋混凝土管节接口预制加工（水力压接法）质量验收标准

1. 主控项目

(1) 端部钢壳材质、焊缝质量等级应符合设计要求。

检查方法：检查钢壳制造材料的质量保证资料、焊缝质量检验报告。

（2）端部钢壳端面加工成型的允许偏差应符合表1-31的规定。

表1-31　端部钢壳端面加工成型的允许偏差

序号	检查项目	允许偏差/mm	检查数量		检查方法
			范围	点数	
1	不平整度	<5，且每延米内<1	每个钢壳的钢板面、端面	每2m各1点	用2m直尺量测
2	垂直度	<5		两侧、中间各1点	用垂线吊测全高
3	端面竖向倾斜度	<5	每个钢壳	两侧、中间各2点	全站仪测量或吊垂线测端面上下外缘两点之差

（3）专用的柔性接口橡胶圈材质及相关性能应符合相关规范规定和设计要求，其外观质量应符合表1-32的规定。

表1-32　橡胶圈外观质量要求

缺陷名称	中间部分	边翼部分
气泡	直径≤1mm气泡，不超过3处/m	直径≤2mm气泡，不超过3处/m
杂质	面积≤4mm^2气泡，不超过3处/m	面积≤8mm^2气泡，不超过3处/m
凹痕	不允许	允许有深度不超过0.5mm、面积不大于10mm^2的凹痕，不超过2处/m
接缝	不允许有裂口及“海绵”现象；高度≤1.5mm凸起，不超过2处/m	
中心偏心	中心孔周边对称部位厚度差不超过1mm	

检查方法：观察；检查每批橡胶圈的质量合格证明、性能检验报告。

2. 一般项目

（1）按设计要求进行端部钢壳制作与安装。

检查方法：逐个观察；检查钢壳的制作与安装记录。

（2）钢壳防腐处理符合设计要求。

检查方法：观察；检查钢壳防腐材料的质量保证资料，检查除锈、涂装记录。

（3）柔性接口橡胶圈安装位置正确，安装完成后处于松弛状态，并完整地附着在钢端面上。

检查方法：逐个观察。

3. 质量验收应具备的资料

（1）验收批质量验收记录。

（2）原材料、构配件、设备进场验收记录。

（3）钢壳制造材料、防腐材料及柔性接口橡胶圈等产品质量合格证明书、各项性能检验报告。

（4）焊缝质量检验报告。

（5）焊缝质量综合评级汇总表。

（6）施工记录。

五、预制钢筋混凝土管的沉放质量验收标准

1. 主控项目

（1）沉放前、后管道无变形、受损；沉放及接口连接后管道无滴漏、线漏和明显渗水现象。

检查方法：观察，按规范附录 F 第 F.0.3 条的规定检查渗漏水程度；检查管道沉放、接口连接施工记录。

(2) 沉放后，对于无裂缝设计的沉管严禁有任何裂缝；对于有裂缝设计的沉管，其表面裂缝宽度、深度应符合设计要求。

检查方法：观察，对可见的裂缝用裂缝观察仪检测；检查技术处理方案。

(3) 接口连接形式符合设计文件要求；柔性接口无渗水现象；混凝土刚性接口密实、无裂缝、无滴漏、线漏和明显渗水现象。

检查方法：逐个观察；检查技术处理方案。

2. 一般项目

(1) 管道及接口防水处理符合设计要求。

检查方法：观察；检查防水处理施工记录。

(2) 管节下沉均匀、平稳，无轴向扭曲、环向变形、纵向弯曲等现象。

检查方法：观察；检查沉放施工记录。

(3) 管道与沟底接触均匀和紧密。

检查方法：潜水员检查；检查沉放施工及测量记录。

(4) 钢筋混凝土管沉放允许偏差应符合表 1-33 的规定。

表 1-33　钢筋混凝土管沉放允许偏差

序号	检查项目		允许偏差/mm	检查数量		检查方法
				范围	点数	
1	管道高程	压力管道	0，−200	每 10m	1 点	用水准仪、经纬仪、测深仪测量或全站仪测量
		无压管道	0，−100			
2	沉放后管节四角高差		50	每管节	4 点	
3	管道水平轴线位置		50	每 10m	1 点	
4	接口连接的对接错口		20	每接口每面	各 1 点	用钢尺量测

3. 质量验收应具备的资料

(1) 验收批质量验收记录。

(2) 隐蔽工程验收记录。

(3) 管内表面的结构展开图。

(4) 高程测量记录。

(5) 施工记录。

六、沉管的稳管及回填质量验收标准

1. 主控项目

(1) 稳管、管基二次处理、回填时所用的材料应符合设计要求。

检查方法：观察；检查材料相关的质量保证资料。

(2) 稳管、管基二次处理、回填应符合设计要求，管道未发生漂浮和位移现象。

检查方法：观察；检查稳管、管基二次处理、回填施工记录。

2. 一般项目

(1) 管道未受外力影响而发生变形、破坏。

检查方法：观察。

（2）二次处理后管基承载力符合设计要求。

检查方法：检查二次处理检验报告及记录。

（3）基槽回填应两侧均匀，管顶回填高度符合设计要求。

检查方法：观察，用水准仪或测深仪每10m测1点，检测回填高度；检查回填施工、检测记录。

3. 质量验收应具备的资料

（1）验收批质量验收记录。

（2）隐蔽工程验收记录。

（3）管基承载力检验报告。

（4）原材料、构配件、设备进场验收记录。

（5）稳管、管基二次处理、回填时所用的材料等产品质量合格证明书、各项性能检验报告。

（6）高程测量记录。

（7）施工记录。

桥管管道的基础、下部结构工程的施工质量应按国家现行标准《城市桥梁工程施工与质量验收规范》（CJJ 2—2008）的相关规定和设计要求验收。

七、桥管管道质量验收标准

1. 主控项目

（1）管材、防腐层等工程材料的产品质量保证资料齐全，各项性能检验报告应符合相关国家标准的规定和设计要求。

检查方法：检查产品质量合格证明书、各项性能检验报告，检查产品制造原材料质量保证资料，检查产品进场验收记录。

（2）钢管组对拼装和防腐层（包括焊口、补口）的质量经验收合格；钢管接口焊接检验符合设计要求。

检查方法：管节及接口全数观察；按规范第5章的相关规定进行检查，检查焊接检验报告。

（3）钢管预拼装尺寸的允许偏差应符合表1-34的规定。

表1-34 钢管预拼装尺寸的允许偏差

检查项目	允许偏差/mm	检查数量		检查方法
		范围	点数	
长度	±3	每件	2点	用钢尺量测
管口端面圆度	$D_0/500$，且≤5	每端面	1点	
管口端面与管道轴线的垂直度	$D_0/500$，且≤3	每端面	1点	用焊缝量规测量
侧弯曲矢高	$L/1500$，且≤5	每件	1点	用拉线、吊线和钢尺量测
跨中起拱度	$\pm L/5000$	每件	1点	
对口错边	$t/10$，且≤2	每件	3点	用焊缝量规、游标卡尺测量

注：L为管道长度，mm；t为管道壁厚，mm。

（4）桥管位置符合设计要求，安装方式正确，且安装牢固、结构可靠、管道无变形和裂缝现象。

检查方法：观察，检查相关施工记录。

2. 一般项目

（1）桥管基础、下部结构工程的施工质量经验收合格。

检查方法：按国家有关规范的规定和设计要求进行检查，检查其施工验收记录。

（2）管道安装条件检查经验收合格，满足安装要求。

检查方法：观察；检查施工方案、管道安装条件交接验收记录。

（3）桥管钢管分段拼装焊接时，接口的坡口加工、焊缝质量等级应符合焊接工艺和设计要求。

检查方法：观察；检查接口的坡口加工记录、焊缝质量检验报告。

（4）管道支架规格、尺寸等应符合设计要求，支架应安装牢固、位置正确，工作状况及性能符合设计文件和产品安装说明的要求。

检查方法：观察；检查相关质量保证及技术资料、安装记录、检验报告等。

（5）桥管管道安装的允许偏差应符合表 1-35 的规定。

表 1-35　桥管管道安装的允许偏差

序号	检查项目		允许偏差/mm	检查数量		检查方法
				范围	点数	
1	支架	顶面高程	±5	每件	1 点	用水准仪测量
		中心位置(轴向、横向)	10		各 1 点	用经纬仪测量，或挂中线用钢尺量测
		水平度	$L/1500$		2 点	用水准仪测量
2	管道水平轴线位置		10	每跨	2 点	用经纬仪测量
3	管道中部垂直上拱矢高		10		1 点	用水准仪测量，或拉线和钢尺量测
4	支架地脚螺栓(锚栓)中心位移		5	每件	1 点	用经纬仪测量，或挂中线用钢尺量测
5	活动支架的偏移量		符合设计要求			用钢尺量测
6	弹簧支架	工作圈数	≤半圈			观察检查
		在自由状态下，弹簧各圈节距	≤平均节距 10%			用钢尺量测
		两端支承面与弹簧轴线垂直度	≤自由高度 10%			挂中线用钢尺量测
7	支架处的管道顶部高程		±10			用水准仪测量

注：L 为支架底座的边长，mm。

（6）钢管涂装材料、涂层厚度及附着力符合设计要求；涂层外观应均匀，无褶皱、空泡、凝块、透底等现象，与钢管表面附着紧密，色标符合规定。

检查方法：观察；用 5～10 倍的放大镜检查；用测厚仪量测厚度。

检查数量：涂层干膜厚度每 5m 测 1 个断面，每个断面测相互垂直的 4 个点；其实测厚度平均值不得低于设计要求，且小于设计要求厚度的点数不应大于 10%，最小实测厚度不应低于设计要求的 90%。

3. 质量验收应具备的资料

（1）验收批质量验收记录。

（2）隐蔽工程验收记录。

（3）原材料、构配件、设备进场验收记录。

（4）管材、防腐层等产品质量合格证明书、各项性能检验报告；接口材料的合格证、检验报告及抽检报告。

（5）焊缝探伤试验报告。

（6）焊缝质量综合评级汇总表。

（7）防腐层质量检查记录。

（8）高程测量记录。

（9）施工记录。

思考题

1. 土石方与地基处理分部工程所含的分项工程验收批有哪些？

2. 沉管基槽浚挖及管基处理所含主控项目、一般项目有哪些？质量验收应具备的资料有哪些？

3. 沉放的预制钢筋混凝土管节制作所含主控项目、一般项目有哪些？质量验收应具备的资料有哪些？

4. 沉放预制钢筋混凝土管节接口预制加工（水力压接法）所含主控项目、一般项目有哪些？质量验收应具备的资料有哪些？

5. 预制钢筋混凝土管的沉放所含主控项目、一般项目有哪些？质量验收应具备的资料有哪些？

6. 沉管的稳管及回填所含主控项目、一般项目有哪些？质量验收应具备的资料有哪些？

7. 桥管管道所含主控项目、一般项目有哪些？质量验收应具备的资料有哪些？

第五节　管道附属构筑物

一、井室质量验收标准

1. 主控项目

（1）所用的原材料、预制构件的质量应符合国家有关标准的规定和设计要求。

检查方法：检查产品质量合格证明书、各项性能检验报告、进场验收记录。

（2）砌筑水泥砂浆强度、结构混凝土强度符合设计要求。

检查方法：检查水泥砂浆强度、混凝土抗压强度试块试验报告。

检查数量：每 $50m^3$ 砌体或混凝土每浇筑 1 个台班一组试块。

（3）砌筑结构应灰浆饱满、灰缝平直，不得有通缝、瞎缝；预制装配式结构应坐浆、灌浆饱满密实，无裂缝；混凝土结构无严重质量缺陷；井室无渗水、水珠现象。

检查方法：逐个观察。

2. 一般项目

（1）井壁抹面应密实平整，不得有空鼓、裂缝等现象；混凝土无明显的一般质量缺陷；井室无明显湿渍现象。

检查方法：逐个观察。

（2）井内部构造符合设计和水力工艺要求，且部位位置及尺寸正确，无建筑垃圾等杂物；检查井流槽应平顺、圆滑、光洁。

检查方法：逐个观察。

（3）井室内踏步位置正确、牢固。

检查方法：逐个观察，用钢尺测量。

（4）井盖、座规格符合设计要求，安装稳固。

检查方法：逐个观察。

（5）井室的允许偏差应符合表 1-36 的规定。

表 1-36　井室的允许偏差

<table>
<tr><th rowspan="2">序号</th><th rowspan="2" colspan="3">检查项目</th><th rowspan="2">允许偏差/mm</th><th colspan="2">检查数量</th><th rowspan="2">检查方法</th></tr>
<tr><th>范围</th><th>点数</th></tr>
<tr><td>1</td><td colspan="3">平面轴线位置（轴向、垂直轴向）</td><td>15</td><td rowspan="13">每座</td><td>2</td><td>用钢尺量测、经纬仪测量</td></tr>
<tr><td>2</td><td colspan="3">结构断面尺寸</td><td>+10，0</td><td>2</td><td>用钢尺量测</td></tr>
<tr><td rowspan="2">3</td><td rowspan="2">井室尺寸</td><td colspan="2">长、宽</td><td rowspan="2">±20</td><td rowspan="2">2</td><td rowspan="2">用钢尺量测</td></tr>
<tr><td colspan="2">直径</td></tr>
<tr><td rowspan="2">4</td><td rowspan="2">井口高程</td><td colspan="2">农田或绿地</td><td>+20</td><td rowspan="2">1</td><td rowspan="6">用水准仪测量</td></tr>
<tr><td colspan="2">路面</td><td>与道路规定一致</td></tr>
<tr><td rowspan="4">5</td><td rowspan="4">井底高程</td><td rowspan="2">开槽法管道铺设</td><td>$D_i \leq 1000$mm</td><td>±10</td><td rowspan="4">2</td></tr>
<tr><td>$D_i \gt 1000$mm</td><td>±15</td></tr>
<tr><td rowspan="2">不开槽法管道铺设</td><td>$D_i \lt 1500$mm</td><td>+10，−20</td></tr>
<tr><td>$D_i \geq 1500$mm</td><td>+20，−40</td></tr>
<tr><td>6</td><td>踏步安装</td><td colspan="2">水平及垂直间距、外露长度</td><td>+10</td><td rowspan="3">1</td><td rowspan="3">用尺量测偏差较大值</td></tr>
<tr><td>7</td><td>脚窝</td><td colspan="2">高、宽、深</td><td>+10</td></tr>
<tr><td>8</td><td colspan="3">流槽宽度</td><td>+10</td></tr>
</table>

3. 质量验收应具备的资料

（1）验收批质量验收记录。

（2）隐蔽工程验收记录。

（3）原材料、构配件、设备进场验收记录。

（4）水泥合格证及复试报告、外加剂合格证及复试报告、碎石试验报告、砂子试验报告、砌筑材料质量合格证明文件。

（5）混凝土配合比试验报告、砂浆配合比试验报告。

（6）混凝土抗压强度试验报告、混凝土强度（性能）试验汇总表，混凝土试块抗压强度统计、评定记录，砂浆试块强度试验报告、砂浆试块强度（性能）试验汇总表，砂浆试块抗压强度统计、评定记录。

(7) 混凝土浇筑记录、混凝土测温记录。

(8) 高程测量记录。

(9) 施工记录。

二、雨水口及支、连管质量验收标准

1. 主控项目

(1) 所用的原材料、预制构件的质量应符合国家有关标准的规定和设计要求。

检查方法：检查产品质量合格证明书、各项性能检验报告、进场验收记录。

(2) 雨水口位置正确，深度符合设计要求，安装不得歪扭。

检查方法：逐个观察，用水准仪、钢尺量测。

(3) 井框、井箅应完整、无损，安装平稳、牢固；支、连管应直顺，无倒坡、错口及破损现象。

检查数量：全数观察。

(4) 井内、连接管道内无线漏、滴漏现象。

检查数量：全数观察。

2. 一般项目

(1) 雨水口砌筑勾缝应直顺、坚实，不得漏勾、脱落；内、外壁抹面平整光洁。

检查数量：全数观察。

(2) 支、连管内清洁、流水通畅，无明显渗水现象。

检查数量：全数观察。

(3) 雨水口、支管的允许偏差应符合表1-37的规定。

表1-37 雨水口、支管的允许偏差

<table>
<tr><th rowspan="2">序号</th><th rowspan="2">检查项目</th><th rowspan="2">允许偏差/mm</th><th colspan="2">检查数量</th><th rowspan="2">检查方法</th></tr>
<tr><th>范围</th><th>点数</th></tr>
<tr><td>1</td><td>井框、井箅吻合</td><td>≤10</td><td rowspan="6">每座</td><td rowspan="6">1点</td><td rowspan="6">用钢尺量测较大值（高度、深度亦可用水准仪测量）</td></tr>
<tr><td>2</td><td>井口与路面高差</td><td>−5，0</td></tr>
<tr><td>3</td><td>雨水口位置与道路边线平行</td><td>≤10</td></tr>
<tr><td rowspan="2">4</td><td rowspan="2">井内尺寸</td><td>长、宽：+20，0</td></tr>
<tr><td>深：0，−20</td></tr>
<tr><td>5</td><td>井内支、连管管口底高度</td><td>0，−20</td></tr>
</table>

3. 质量验收应具备的资料

(1) 验收批质量验收记录。

(2) 隐蔽工程验收记录。

(3) 原材料、构配件、设备进场验收记录。

(4) 雨水口及支、连管原材料、预制构件产品质量合格证明书、各项性能检验报告。

(5) 雨水口基础施工及砌筑：

① 水泥合格证及复试报告、外加剂合格证及复试报告、碎石试验报告、砂子试验报告、砌筑材料试验报告。

② 混凝土配合比试验报告、砂浆配合比试验报告。

③ 混凝土抗压强度试验报告、混凝土强度（性能）试验汇总表，混凝土试块抗压强度统计、评定记录；砂浆强度试验报告、砂浆试块强度（性能）试验汇总表，砂浆试块强度统计、评定记录。

④ 混凝土浇筑记录、混凝土测温记录。

（6）施工记录。

三、支墩质量验收标准

1. 主控项目

（1）所用的原材料质量应符合国家有关标准的规定和设计要求。

检查方法：检查产品质量合格证明书、各项性能检验报告、进场验收记录。

（2）支墩地基承载力、位置符合设计要求；支墩无位移、沉降。

检查方法：全数观察；检查施工记录、施工测量记录、地基处理技术资料。

（3）砌筑水泥砂浆强度、结构混凝土强度符合设计要求。

检查方法：检查水泥砂浆强度、混凝土抗压强度试块试验报告。

检查数量：每 $50m^3$ 砌体或混凝土每浇筑 1 个台班一组试块。

2. 一般项目

（1）混凝土支墩应表面平整、密实；砖砌支墩应灰缝饱满，无通缝现象，其表面抹灰应平整、密实。

检查方法：逐个观察。

（2）支墩支承面与管道外壁接触紧密，无松动、滑移现象。

检查方法：全数观察。

（3）管道支墩的允许偏差应符合表 1-38 的规定。

表 1-38 管道支墩的允许偏差

序号	检查项目	允许偏差/mm	检查数量		检查方法
			范围	点数	
1	平面轴线位置(轴向、垂直轴向)	15	每座	2	用钢尺量测或用经纬仪测量
2	支撑面中心高程	±15		1	用水准仪测量
3	结构断面尺寸(长、宽、厚)	+10,0		3	用钢尺量测

3. 质量验收应具备的资料

（1）验收批质量验收记录。

（2）隐蔽工程验收记录。

（3）原材料、构配件、设备进场验收记录。

（4）水泥合格证及复试报告、外加剂合格证及复试报告、碎石试验报告、砂子试验报告、砌筑材料试验报告。

（5）混凝土配合比试验报告、砂浆配合比试验报告。

（6）混凝土抗压强度试验报告、混凝土强度（性能）试验汇总表，混凝土试块抗压强度统计、评定记录，砂浆强度试验报告、砂浆试块强度（性能）试验汇总表，砂浆试块强度统计、评定记录。

（7）混凝土浇筑记录、混凝土测温记录。

（8）高程测量记录。

（9）施工记录。

思考题

1. 土石方与地基处理分部工程所含的分项工程验收批有哪些？

2. 井室验收批中所含主控项目、一般项目有哪些？质量验收应具备的资料有哪些？

3. 井室验收批所含检查项目砌筑水泥砂浆强度、结构混凝土强度的检查数量如何规定？

4. 雨水口及支、连管验收批中所含主控项目、一般项目有哪些？质量验收应具备的资料有哪些？

5. 支墩验收批中所含主控项目、一般项目有哪些？质量验收应具备的资料有哪些？

6. 支墩验收批所含检查项目支撑面中心高程的检查数量如何规定？

第六节　管道功能性试验

一、一般规定

（1）给排水管道安装完成后应按下列要求进行管道功能性试验：

① 压力管道应按本节二的规定进行压力管道水压试验，试验分为预试验和主试验阶段；试验合格的判定依据分为允许压力降值和允许渗水量值，按设计要求确定；设计无要求时，应根据工程实际情况，选用其中一项值或同时采用两项值作为试验合格的最终判定依据。

② 无压管道应按本节三、四的规定进行管道的严密性试验，严密性试验分为闭水试验和闭气试验，按设计要求确定；设计无要求时，应根据实际情况选择闭水试验或闭气试验进行管道功能性试验。

③ 压力管道水压试验进行实际渗水量测定时，宜采用注水法试验。

（2）管道功能性试验涉及水压、气压作业时，应有安全防护措施，作业人员应按相关安全作业规程进行操作。管道水压试验和冲洗消毒排出的水，应及时排放至规定地点，不得影响周围环境和造成积水，并应采取措施确保人员、交通通行和附近设施的安全。

（3）压力管道水压试验或闭水试验前，应做好水源的引接、排水的疏导等方案。

（4）向管道内注水应从下游缓慢注入，注入时在试验管段上游的管顶及管段中的高点应设置排气阀，将管道内的气体排除。

（5）冬季进行压力管道水压或闭水试验时，应采取防冻措施。

（6）单口水压试验合格的大口径球墨铸铁管、玻璃钢管、预应力钢筒混凝土管或预应力混凝土管等管道，设计无要求时应符合下列要求：

① 压力管道可免去预试验阶段，而直接进入主试验阶段；

② 无压管道应认同严密性试验合格，无须进行闭水或闭气试验。

（7）全断面整体现浇的钢筋混凝土无压管渠处于地下水位以下时，除设计要求外，管渠的混凝土强度、抗渗性能检验合格，并按规范附录 F 的规定进行检查符合设计要求时，可不必进行闭水试验。

（8）管道采用两种（或两种以上）管材时，宜按不同管材分别进行试验；不具备分别试验的条件必须组合试验，且设计无具体要求时，应采用不同管材的管段中试验控制最严的标准进行试验。

（9）管道的试验长度除规范规定和设计另有要求外，压力管道水压试验的管段长度不宜大于1.0km；无压力管道的闭水试验，条件允许时可一次试验不超过5个连续井段；对于无法分段试验的管道，应由工程有关方面根据工程具体情况确定。

（10）给水管道必须水压试验合格，并网运行前进行冲洗与消毒，经检验水质达到标准后，方可允许并网通水投入运行。

（11）污水、雨污水合流管道及湿陷土、膨胀土、流砂地区的雨水管道，必须经严密性试验合格后方可投入运行。

二、压力管道水压试验

（1）水压试验前，施工单位应编制试验方案，其内容应包括：

① 后背及堵板的设计；

② 进水管路、排气孔及排水孔的设计；

③ 加压设备、压力计的选择及安装的设计；

④ 排水疏导措施；

⑤ 升压分级的划分及观测制度的规定；

⑥ 试验管段的稳定措施和安全措施。

（2）试验管段的后背应符合下列规定：

① 后背应设在原状土或人工后背上，土质松软时应采取加固措施；

② 后背墙面应平整并与管道轴线垂直。

（3）采用钢管、化学建材管的压力管道，管道中最后一个焊接接口完毕1h以上方可进行水压试验。

（4）水压试验管道内径大于或等于600mm时，试验管段端部的第一个接口应采用柔性接口，或采用特制的柔性接口堵板。

（5）水压试验采用的设备、仪表规格及其安装应符合下列规定：

① 采用弹簧压力计时，精度不低于1.5级，最大量程宜为试验压力的1.3～1.5倍，表壳的公称直径不宜小于150mm，使用前经校正并具有符合规定的检定证书；

② 水泵、压力计应安装在试验段的两端部与管道轴线相垂直的支管上。

（6）开槽施工管道试验前，附属设备安装应符合下列规定：

① 非隐蔽管道的固定设施已按设计要求安装合格；

② 管道附属设备已按要求紧固、锚固全长；

③ 管件的支墩、锚固设施混凝土强度已达到设计强度；

④ 未设置支墩、锚固设施的管件，应采取加固措施并检查合格。

（7）水压试验前，管道回填土应符合下列规定：

① 管道安装检查合格后；应按规范第4.5.1条第1款的规定回填土；

② 管道顶部回填土宜留出接口位置以便检查渗漏处。

（8）水压试验前准备工作应符合下列规定：

① 试验管段所有敞口应封闭，不得有渗漏水现象；

② 试验管段不得用闸阀作堵板，不得含有消火栓、水锤消除器、安全阀等附件；

③ 水压试验前应清除管道内的杂物。

(9) 试验管段注满水后，宜在不大于工作压力条件下充分浸泡后再进行水压试验，浸泡时间应符合表 1-39 的规定。

表 1-39　压力管道水压试验前浸泡时间

管材种类	管道内径 D_i/mm	浸泡时间/h
球墨铸铁管(有水泥砂浆衬里)	D_i	≥24
钢管(有水泥砂浆衬里)	D_i	≥24
化学建材管	D_i	≥24
现浇钢筋混凝土管渠	$D_i \leqslant 1000$	≥48
	$D_i > 1000$	≥72
预(自)应力混凝土管、预应力钢筒混凝土管	$D_i \leqslant 1000$	≥48
	$D_i > 1000$	≥72

(10) 水压试验应符合下列规定：

① 试验压力按表 1-40 选择确定。

表 1-40　压力管道水压试验的试验压力

管材种类	工作压力 P/MPa	试验压力/MPa
钢管	P	$P+0.5$,且不小于 0.9
球墨铸铁管	≤0.5	$2P$
	>0.5	$P+0.5$
预(自)应力混凝土管、预(自)应力钢筒混凝土管	≤0.6	$1.5P$
	>0.6	$P+0.3$
现浇钢筋混凝土管渠	≥0.1	$1.5P$
化学建材管	≥0.1	$1.5P$,且不小于 0.8

② 预试验阶段　将管道内水压缓慢地升至试验压力并稳压 30min，其间如有压力下降可注水补压，但不得高于试验压力；检查管道接口、配件等处有无漏水、损坏现象；有漏水、损坏现象时应及时停止试压，查明原因并采取相应措施后重新试压。

③ 主试验阶段　停止注水补压，稳定 15min；当 15min 后压力下降不超过表 1-41 中所列允许压力降数值时，将试验压力降至工作压力并保持恒压 30min，进行外观检查若无漏水现象，则水压试验合格。

表 1-41　试验管道水压试验的允许压力降　　单位：MPa

管材种类	试验压力	允许压力降
钢管	$P+0.5$,且不小于 0.9	0.03
球墨铸铁管	$2P$	
	$P+0.5$	
预(自)应力混凝土管、预应力钢筒混凝土管	$1.5P$	
	$P+0.3$	
现浇钢筋混凝土管渠	$1.5P$	
化学建材管	$1.5P$,且不小于 0.8	0.02

④ 管道升压时，管道的气体应排除；升压过程中，发现弹簧压力计表针摆动、不稳，且升压较慢时，应重新排气后升压。

⑤ 应分级升压，每升一级应检查后背、支墩、管身及接口，无异常现象时再继续升压。

⑥ 水压试验过程中，后背顶撑、管道两端严禁站人。

⑦ 水压试验时，严禁修补缺陷；遇有缺陷时，应做出标记，卸压后修补。

（11）压力管道采用允许渗水量进行最终合格判定依据时，实测渗水量应小于或等于表 1-42 的规定及下列公式规定的允许渗水量。

表 1-42　压力管道水压试验的允许渗水量

管道内径 D_i/mm	允许渗水量/[L/(min·km)]		
	焊接接口钢管	球墨铸铁管、玻璃钢管	预(自)应力混凝土管、预应力钢筒混凝土管
100	0.28	0.70	1.40
150	0.42	1.05	1.72
200	0.56	1.40	1.98
300	0.85	1.70	2.42
400	1.00	1.95	2.80
600	1.20	2.40	3.14
800	1.35	2.70	3.96
900	1.45	2.90	4.20
1000	1.50	3.00	4.42
1200	1.65	3.30	4.70
1400	1.75	—	5.00

① 当管道内径大于表 1-42 的规定时，实测渗水量应小于或等于按下列公式计算的允许渗水量：

钢管：
$$q=0.05\sqrt{D_i} \tag{1-1}$$

球墨铸铁管（玻璃钢管）：
$$q=0.01\sqrt{D_i} \tag{1-2}$$

预（自）应力混凝土管、预应力钢筒混凝土管：
$$q=0.14\sqrt{D_i} \tag{1-3}$$

② 现浇钢筋混凝土管渠实测渗水量应小于或等于按下式计算的允许渗水量：
$$q=0.014\sqrt{D_i} \tag{1-4}$$

③ 硬聚氯乙烯管实测渗水量应小于或等于按下式计算的允许渗水量：
$$q=3(D_i/25)(P/0.3\alpha)\times 1/1440 \tag{1-5}$$

式中　q——允许渗水量，L/(min·km)；

D_i——管道内径，mm；

P——压力管道的工作压力，MPa；

α——温度-压力折减系数，当试验水温为 0～25℃时，α 取 1，当试验水温为 25～35℃时，α 取 0.8，当试验水温为 35～45℃时，α 取 0.63。

（12）聚乙烯管、聚丙烯管及其复合管的水压试验除应符合上文第（10）条的规定外，其预试验、主试验阶段应按下列规定执行：

① 预试验阶段　按上文“（10）②”的规定完成后，应停止注水补压并稳定 30min；当

30min 后压力下降不超过试验压力的 70%，则预试验结束；否则重新注水补压并稳定 30min 再进行观测，直至 30min 后压力下降不超过试验压力的 70%。

② 主试验阶段应符合下列规定：

a. 在预试验阶段结束后，迅速将管道泄水降压，降压量为试验压力的 10%～15%；其间应准确计量降压所泄出的水量（ΔV），并按下式计算允许泄出的最大水量 ΔV_{max}：

$$\Delta V_{max}=1.2V\Delta P(1/E_w+D_i/e_nE_p) \tag{1-6}$$

式中 V——试压管段总容积，L；

ΔP——降压量，MPa；

E_w——水的体积模量，MPa，不同水温时 E_w 值按表 1-43 采用；

E_p——管材弹性模量，MPa，与水温及试压时间有关；

D_i——管材内径，mm；

e_n——管材公称壁厚，m。

ΔV 小于或等于 ΔV_{max} 时，则按下文的 b、c、d 项进行作业；ΔV 大于 ΔV_{max} 时应停止试压，排除管内过量空气再从预试验阶段开始重新试验。

表 1-43　温度与体积模量的关系

温度/℃	体积模量/MPa	温度/℃	体积模量/MPa
5	2080	20	2170
10	2110	25	2210
15	2140	30	2230

b. 每隔 3min 记录一次管道剩余压力，应记录 30min；30min 内管道剩余压力有上升趋势时，则水压试验结果合格。

c. 30min 内管道剩余压力无上升趋势时，则应持续观察 60min；整个 90min 内压力下降不超过 0.02MPa，则水压试验结果合格。

d. 主试验阶段上述两条均不能满足时，则水压试验结果不合格，应查明原因并采取相应措施后再重新组织试压。

（13）大口径球墨铸铁管、玻璃钢管及预应力钢筒混凝土管道接口单口水压试验应符合下列规定：

① 安装时应注意将单口水压试验用的进水口（管材出厂时已加工）置于管道顶部。

② 管道接口连接完毕后进行单口水压试验，试验压力为管道设计压力的 2 倍，且不得小于 0.2MPa。

③ 试压采用手提式打压泵，管道连接后将试压嘴固定在管道承口的试压孔上，连接试压泵，将压力升至试验压力，恒压 2min，无压力降为合格。

④ 试压合格后，取下试压嘴，在试压孔上拧上 M10×20mm 不锈钢螺栓并拧紧。

⑤ 水压试验时应先排净水压腔内的空气。

⑥ 单口试压不合格且确认是接口漏水时，应马上拔出管节，找出原因，重新安装，直至符合要求为止。

三、无压管道的闭水试验

（1）闭水试验法应按设计要求和试验方案进行。

（2）试验管段应按井距分隔，抽样选取，带井试验。

（3）无压管道闭水试验时，试验管段应符合下列规定：

① 管道及检查井外观质量已验收合格；

② 管道未回填土且沟槽内无积水；

③ 全部预留孔应封堵，不得渗水；

④ 管道两端堵板承载力经核算应大于水压力的合力，除预留进出水管外，应封堵坚固，不得渗水；

⑤ 顶管施工，其注浆孔封堵且管口按设计要求处理完毕，地下水位于管底以下。

（4）管道闭水试验应符合下列规定：

① 试验段上游设计水头不超过管顶内壁时，试验水头应以试验段上游管顶内壁加 2m 计；

② 试验段上游设计水头超过管顶内壁时，试验水头应以试验段上游设计水头加 2m 计；

③ 计算出的试验水头小于 10m，但已超过上游检查井井口时，试验水头应以上游检查井井口高度为准；

④ 管道闭水试验应按规范附录 D（闭水试验法）进行。

（5）管道闭水试验时，应进行外观检查，不得有漏水现象，且符合下列规定，管道闭水试验为合格：

① 实测渗水量小于或等于表 1-44 规定的允许渗水量。

② 管道内径大于表 1-44 的规定时，实测渗水量应小于或等于按下式计算的允许渗水量：

$$q = 1.25\sqrt{D_i} \tag{1-7}$$

表 1-44　无压管道闭水试验的允许渗水量

管材	管道内径 D_i/mm	允许渗水量/[m^3/(24h·km)]
钢筋混凝土管	200	17.60
	300	21.62
	400	25.00
	500	27.95
	600	30.60
	700	33.00
	800	35.35
	900	37.50
	1000	39.52
	1100	41.45
	1200	43.30
	1300	45.00
	1400	46.70
	1500	48.40
	1600	50.00
	1700	51.50
	1800	53.00
	1900	54.48
	2000	55.90

③ 异型截面管道的允许渗水量可按周长折算为圆形管道计。

④ 化学建材管道的实测渗水量应小于或等于按下式计算的允许渗水量：

$$q=0.0046D_i \tag{1-8}$$

式中 q——允许渗水量，$m^3/(24h \cdot km)$；

D_i——管道内径，mm。

(6) 管道内径大于 700mm 时，可按管道井段数量抽样选取 1/3 进行试验；试验不合格时，抽样井段数量应在原抽样基础上加倍进行试验。

(7) 不开槽施工的内径大于或等于 1500mm 的钢筋混凝土管道，设计无要求且地下水位高于管道顶部时，可采用内渗法测渗水量；渗漏水量量测方法按规范附录 F 的规定进行，符合下列规定时，则管道抗渗性能满足要求，不必再进行闭水试验：

① 管壁不得有线流、滴漏现象；

② 对有水珠、渗水部位应进行抗渗处理；

③ 管道内渗水量允许值 $q \leqslant 2L/(m^2 \cdot d)$。

四、无压管道的闭气试验

(1) 闭气试验是适用于混凝土类的无压管道在回填土前进行的严密性试验。

(2) 闭气试验时，地下水位应低于管外底 150mm，环境温度为 -15～50℃。

(3) 闭气试验合格标准应符合下列规定：

① 规定标准闭气试验时间符合表 1-45 的规定，管内实测气体压力 $P \geqslant 1500Pa$，则管道闭气试验合格。

表 1-45 钢筋混凝土无压管道闭气检验规定标准闭气时间

管道 DN/mm	管内气体压力/Pa		规定标准闭气时间 S
	起点压力	终点压力	
300	—	—	1′45″
400			2′30″
500	2000	≥1500	3′15″
600			4′45″
700			6′15″
800			7′15″
900			8′30″
1000			10′30″
1100			12′15″
1200			15′
1300			16′45″
1400			19′
1500			20′45″
1600			22′30″
1700			24′
1800			25′45″
1900			28′
2000			30′
2100			32′30″
2200			35′

② 被检测管道内径大于或等于1600mm时，应记录测试时管内气体温度（℃）的起始值 T_1 及终止值 T_2，并将达到标准闭气时间时膜盒表显示的管内压力值 P 记录下来，用下列公式加以修正，修正后管内气体压降值为 ΔP：

$$\Delta P=103300-(P+101300)(273+T_1)/(273+T_2)$$

ΔP 如果小于500Pa，管道闭气试验合格。

③ 管道闭气试验不合格时，应进行漏气检查、修补后复检。

④ 闭气试验装置及程序见规定附录E。

五、给水管道冲洗与消毒

（1）给水管道冲洗与消毒应符合下列要求：

① 给水管道严禁取用污染水源进行水压试验、冲洗，施工管段与污染水水域较近时，必须严格控制污染水进入管道；如不慎污染管道，应由水质检测部门对管道污染水进行化验，并按其要求在管道并网运行前进行冲洗与消毒；

② 管道冲洗与消毒应编制实施方案；

③ 施工单位应在建设单位、管理单位的配合下进行冲洗与消毒；

④ 冲洗时，应避开用水高峰，冲洗流速不小于1.0m/s，连续冲洗。

（2）给水管道冲洗消毒准备工作应符合下列规定：

① 用于冲洗管道的清洁水源已经确定；

② 消毒方法和用品已经确定，并准备就绪；

③ 排水管道已安装完毕，并保证畅通、安全；

④ 冲洗管段末端已设置方便、安全的取样口；

⑤ 照明和维护等措施已经落实。

（3）管道冲洗与消毒应符合下列规定：

① 管道第一次冲洗应用清洁水冲洗至出水口水样浊度小于3NTU为止，冲洗流速应大于1.0m/s。

② 管道第二次冲洗应在第一次冲洗后，用有效氯离子含量不低于20mg/L的清洁水浸泡24h后，再用清洁水进行第二次冲洗直至水质检测、管理部门取样化验合格为止。

思考题

1. 压力管道的水压试验要求有哪些？

2. 无压管道的严密性试验要求有哪些？

第二章

市政工程施工质量验收系列规范配套表格的应用

学习目标

◎ 熟悉施工现场质量管理检查记录的填写。

◎ 熟悉验收批质量检验记录的填写；熟悉分项工程质量检验记录的填写。

◎ 熟悉分部（子分部）工程质量检验记录的填写。

◎ 熟悉单位（子单位）工程质量竣工验收记录的填写。

一、施工现场质量管理检查记录

施工现场质量管理检查记录见表2-1。

1. 表头的填写

“工程名称”栏，应填写工程名称的全称，与合同文件一致。

“施工许可证号”栏，填写当地建设行政主管部门或有关部门核发的施工许可证的编号。

“建设单位”“设计单位”“监理单位”“施工单位”栏，分别填写合同文件中各方的全称。各方的项目负责人、总监理工程师、项目负责人、项目技术负责人应分别取得各方法定代表人的书面委托，上述人员的名字，可由填表人填写，无须本人签名。

2. 检查项目部分

（1）项目部质量管理体系　主要包括：质量方针和目标管理、质量管理组织机构、质量例会制度、质量信息管理和质量管理改进等。

（2）现场质量责任制　主要包括：①人员任命与职责分工文件。②公司对项目负责人的授权文件、项目负责人签署的工程质量终身责任承诺书。③人员签字与照片文件。④项目负责人、项目技术负责人、项目施工负责人；技术员、施工员、质检员、安全员、资料员；预算员、材料员、试验员、测量员、机械员、标准员；施工班组长、作业人员等的质量责任制。⑤质量责任的落实规定，定期检查及有关人员奖罚制度。⑥技术交底制度。

（3）主要专业工种操作岗位证书　包括特种作业人员和测量工、钢筋工、木工等普通专业工种人员的岗位证书。

（4）分包单位管理制度　包括分包合同、对分包单位的质量安全管理制度等。

（5）图纸会审记录　包括完整的设计文件、审图报告及相应的设计回复资料、设计交底记录、图纸会审记录及相应的设计答复资料等；建设、施工、监理、设计项目负责人均应参加设计交底与图纸会审。设计文件应加盖审图章。

（6）地质勘察资料　有勘察单位出具的工程地质勘察报告。

表 2-1　施工现场质量管理检查记录

GB 50300—2013　　　　　　　　　　　　　　　　　　　　　　　　　开工日期：

工程名称			施工许可证号	
建设单位			项目负责人	
设计单位			项目负责人	
监理单位			总监理工程师	
施工单位		项目负责人		项目技术负责人	

序号	项　　目	主要内容
1	项目部质量管理体系	
2	现场质量责任制	
3	主要专业工种操作岗位证书	
4	分包单位管理制度	
5	图纸会审记录	
6	地质勘察资料	
7	施工技术标准	
8	施工组织设计、施工方案编制及审批	
9	物资采购管理制度	
10	施工设施和机械设备管理制度	
11	计量设备配备	
12	检测试验管理制度	
13	工程质量检查验收制度	
14		
自检结果： 施工单位项目负责人： 年　月　日		检查结论： 总监理工程师： （建设单位项目负责人） 年　月　日

（7）施工技术标准　包括施工工艺标准、验收标准、标准图集等，要求施工有明确的依据，能满足本工程施工需要。

（8）施工组织设计、施工方案编制与审批　要求有针对性，有编制、审核、批准人签名，经总监理工程师审批。

（9）物资采购管理制度　包括采购制度、进场验收制度、台账等。

（10）施工设施和机械设备管理制度　包括安装、检测、备案、维保与拆卸等。

（11）计量设备配备　要求计量准确。

（12）检测试验管理制度　包括检测仪器设备配置、材料设备进场检验制度、见证取样送检制度、试块留置方案、检测试验计划等。

(13) 工程质量检查验收制度　包括自检与交接检制度、项目周检制度、质检员日检制度、质量问题整改制度、缺陷修补方案、施工过程质量控制制度等。

3.“检查结论”栏

总监理工程师或建设单位项目负责人对以上内容检查认可合格后，在“检查结论”栏填写“现场质量管理制度基本完善”的结论，并签名。

此表的填写和确认时间是在开工之前，这是开工后工程得以顺利进行和工程质量得到保证的基础，若经总监理工程师或建设单位项目负责人检查认为不合格的，施工单位必须如期改正，否则不准开工。

二、验收批质量验收记录

验收批质量验收记录见表 2-2。标准用语：评定用“符合要求”，验收用“合格”。各层次验收均按此用语。

1. 验收批的编号

表的左上角为本验收批质量验收所执行的规范编号，如“GB 50268—2008”，表示执行国家标准《给水排水管道工程施工及验收规范》(GB 50268—2008)。

表的右上角有编号，如“给排水质检表 编号：________”。其意义为：“给排水质检表”——给水排水管道工程施工质量验收表格；编号为同一分项同一验收内容不同验收批的顺序号，由施工单位项目部的资料编制人员编号，考虑到整体道路工程或长输管道工程里程较长等的分项工程可能含有数量很多的验收批，一般填写 3 位编码的顺序号，如 001。

2. 表头部分的填写

“工程名称”栏，按合同文件上单位工程名称的全称填写。

“施工单位”栏，填写施工单位全称，与合同章名称一致。

“分部工程名称”及“分项工程名称”栏，按表 2-2 划定的分部（子分部）工程名称及分项工程名称填写。

“验收部位”栏，填写所验收验收批的范围，如“K2＋010～K2＋100 北侧给水管”等。

“工程数量”栏，填写能反映所验收验收批范围的工程量，如验收部位：K2＋010～K2＋100 北侧雨水管，工程数量：长 90m，宽 1.6m。

“项目经理”“技术负责人”栏，填写合同中指定的项目负责人、项目技术负责人。

“施工员”“施工班组长”栏，按实际情况填写。

以上内容由施工单位统一填写，表头部分所填写的姓名不需本人签名，由填表人统一填写，以便明确责任，体现责任的可追溯性。

3.“质量验收规范规定的检查项目及验收标准”栏

这是本验收批所执行的专业质量验收规范规定的具体质量要求，包括验收规范中主控项目、一般项目的全部内容以及每个项目的具体验收指标（合格标准、检查方法、检查数量）。

4.“施工单位检查评定记录”栏

按以下几种情况分别填写：

① 对定性项目，符合表中合格标准的打“√”，不符合的打“×”。

② 对定量项目，直接填写抽测数据。

表 2-2　管道基础验收批质量验收记录

GB 50268—2008　　　　　　　　　　　　　　　　给排水质检表　编号：0 0 1

工程名称	×××市×××道路工程		
施工单位	×××市政集团工程有限责任公司		
分部工程名称	预制管开槽施工主体结构	分项工程名称	管道基础
验收部位	K2＋010～K2＋100 北侧雨水管	工程数量	长 90m，宽 1.6m
项目经理	潘××	技术负责人	项××
施工员	施××	施工班组长	张××

质量验收规范规定的检查项目及验收标准				检查方法	施工单位检查评定记录	监理（建设）单位验收记录
主控项目	1	原状地基承载力	符合设计要求	观察，检查地基处理强度或承载力检验报告、复合地基承载力检验报告	√	合格
主控项目	2	混凝土基础强度	符合设计要求	符合现行国家标准《混凝土强度检验评定标准》GB/T 50107 的有关规定	—	—
主控项目	3	砂石基础压实度	符合设计要求或规范的规定	检查砂石材料的质量保证资料、压实度试验报告	√	合格

质量验收规范规定的检查项目及验收标准						检查数量	施工单位检查评定记录：实测值或偏差值/mm 1	2	3	4	5	6	7	8	9	10	应测点数	合格点数	合格率/%	监理（建设）单位验收记录
一般项目	1 管道基础的允许偏差/mm	垫层	中线每侧宽度		≥设计值(800)	每个验收批，每10m测1点，且不少于3点	807	802	802	807	804	817	807	817	806	815	10	10	100	合格
一般项目	1 管道基础的允许偏差/mm	垫层	高程	压力管道	±30												—	—	—	—
一般项目	1 管道基础的允许偏差/mm	垫层	高程	无压管道	√0，−15		−5	−11	−4	−4	−10	−5	−8	−2	−5	−3	10	10	100	合格
一般项目	1 管道基础的允许偏差/mm	垫层	厚度		≥设计值(300)		301	304	318	311	317	312	300	305	304	319	10	10	100	合格
一般项目	1 管道基础的允许偏差/mm	混凝土基础、管座	平基	中线每侧宽度	＋10，0															—
一般项目	1 管道基础的允许偏差/mm	混凝土基础、管座	平基	高程	0，−15															—
一般项目	1 管道基础的允许偏差/mm	混凝土基础、管座	平基	厚度	≥设计值															—
一般项目	1 管道基础的允许偏差/mm	混凝土基础、管座	管座	肩宽	＋10，−5															—
一般项目	1 管道基础的允许偏差/mm	混凝土基础、管座	管座	肩高	±20															—
一般项目	1 管道基础的允许偏差/mm	土（砂及砂砾）基础	高程	压力管道	±30															—
一般项目	1 管道基础的允许偏差/mm	土（砂及砂砾）基础	高程	无压管道	0，−15															—
一般项目	1 管道基础的允许偏差/mm	土（砂及砂砾）基础	平基厚度		≥设计值															—
一般项目	1 管道基础的允许偏差/mm	土（砂及砂砾）基础	土弧基础腋角高度		≥设计值															—
一般项目	2	原状地基、砂石基础与管道外壁间接触均匀，无空隙				观察，检查施工记录	√													合格
一般项目	3	混凝土基础外光内实，无严重缺陷；混凝土基础的钢筋数量、位置正确				观察，检查钢筋质量保证资料，检查施工记录	—													—

施工单位检查评定结果	主控项目全部符合要求，一般项目满足规范要求，本验收批符合要求 项目专业质量检查员：　　年　月　日
监理（建设）单位验收结论	主控项目全部合格，一般项目满足规范要求，本验收批合格 监理工程师： （建设单位项目专业技术负责人）　　年　月　日

③ 对既有定性又有定量内容的项目，各个子项目质量均符合表中合格标准的打“√”，否则打“×”。

④ 一般项目中，对合格点有数据要求的项目，一般必须有80%以上检测点的实测值在允许偏差范围内，超出的点，其偏差不得超出允许偏差值的1.5倍，否则判为不合格。实测数值在允许偏差范围内填光身数字，如5等；超出允许偏差范围的数值则打上圈，如⑦等。

⑤ 有混凝土、砂浆强度等级要求的验收批，按规定制取试件后，可填写试件编号，其他内容先行验收，署验收当日日期，各方签名确认。待试件试验报告出来后，结果合格则验收记录自动生效，不合格的处理后重新验收。

5.“施工单位检查评定结果”栏

由专业质量检查员逐项检查主控项目和一般项目的所有内容，确认符合规范要求后，填写“主控项目全部符合要求，一般项目满足规范要求，本验收批符合要求”的结论，签名后，交监理工程师或建设单位项目专业技术负责人验收。

6.“监理（建设）单位验收记录”栏

监理（建设）单位对主控项目、一般项目逐项验收。对符合合格标准的项目，填写“合格”。有不合格项的验收批，由施工单位整改合格后再验收，然后形成记录。

7.“监理（建设）单位验收结论”栏

监理工程师或建设单位项目专业技术负责人逐项检查主控项目、一般项目所有内容，全部合格后，填写“主控项目全部合格，一般项目满足规范要求，本验收批合格”的结论，并签名。该验收批通过验收。

三、分项工程质量验收记录

分项工程验收是在验收批验收合格的基础上进行的，起到一个归纳整理的作用，是一个统计过程，一般没有实体验收的内容。分项工程质量验收记录见表2-3。

分项工程标题栏：按表2-2的划分填上所验收分项工程的名称。

表头的填写：应与验收批的一致，由施工单位统一填写。

分项工程的编号：按表2-2，同一分部工程的分项工程，按01、02等顺序编排。

“验收批名称、部位”栏由施工单位填写（若一张表容纳不下，可续表），经逐项检查确认符合要求后，在“施工单位检查评定结果”相应栏中填写“合格”，施工单位的项目专业技术负责人检查无误后，在“检查结论”栏中填写“所含验收批无遗漏，各验收批所覆盖的区段和所含内容无遗漏，全部符合要求，本分项符合要求”的结论，签名后交监理单位或建设单位验收。

表 2-3　管道基础分项工程质量验收记录

GB 50268—2008　　　　　　　　　　　　　　　　　　　　给排水质检表　编号：01

<table>
<tr><td>工程名称</td><td>×××市×××道路工程</td><td>分部工程名称</td><td>管道基础</td><td>验收批数</td><td>32</td></tr>
<tr><td>施工单位</td><td>×××市政集团工程有限责任公司</td><td>项目经理</td><td>潘××</td><td>项目技术负责人</td><td>项××</td></tr>
<tr><td>分包单位</td><td>—</td><td>分包单位负责人</td><td>—</td><td>施工班组长</td><td>张××</td></tr>
<tr><td>序号</td><td colspan="2">验收批名称、部位</td><td colspan="2">施工单位检查评定结果</td><td>监理(建设)单位验收结论</td></tr>
<tr><td>1</td><td colspan="2">K2＋000～K2＋120 北侧给水管管道基础</td><td colspan="2">合格</td><td rowspan="19">所含验收批无遗漏，各验收批所覆盖的区段和所含内容无遗漏，所查验收批全部合格</td></tr>
<tr><td>2</td><td colspan="2">K2＋120～K2＋240 北侧给水管管道基础</td><td colspan="2">合格</td></tr>
<tr><td>3</td><td colspan="2">K2＋240～K2＋360 北侧给水管管道基础</td><td colspan="2">合格</td></tr>
<tr><td>4</td><td colspan="2">K2＋360～K2＋480 北侧给水管管道基础</td><td colspan="2">合格</td></tr>
<tr><td>5</td><td colspan="2">K2＋480～K2＋600 北侧给水管管道基础</td><td colspan="2">合格</td></tr>
<tr><td>6</td><td colspan="2">K2＋600～K2＋720 北侧给水管管道基础</td><td colspan="2">合格</td></tr>
<tr><td>7</td><td colspan="2">K2＋720～K2＋856.60 北侧给水管管道基础</td><td colspan="2">合格</td></tr>
<tr><td>8</td><td colspan="2">K2＋000～K2＋120 南侧给水管管道基础</td><td colspan="2">合格</td></tr>
<tr><td>9</td><td colspan="2">K2＋120～K2＋240 南侧给水管管道基础</td><td colspan="2">合格</td></tr>
<tr><td>10</td><td colspan="2">K2＋240～K2＋360 南侧给水管管道基础</td><td colspan="2">合格</td></tr>
<tr><td>11</td><td colspan="2">K2＋360～K2＋480 南侧给水管管道基础</td><td colspan="2">合格</td></tr>
<tr><td>12</td><td colspan="2">K2＋480～K2＋600 南侧给水管管道基础</td><td colspan="2">合格</td></tr>
<tr><td>13</td><td colspan="2">K2＋600～K2＋720 南侧给水管管道基础</td><td colspan="2">合格</td></tr>
<tr><td>14</td><td colspan="2">K2＋720～K2＋856.60 南侧给水管管道基础</td><td colspan="2">合格</td></tr>
<tr><td>15</td><td colspan="2">K2＋010～K2＋100 北侧雨水管管道基础</td><td colspan="2">合格</td></tr>
<tr><td>…</td><td colspan="2">…</td><td colspan="2">合格</td></tr>
<tr><td>28</td><td colspan="2">K2＋715～K2＋889 南侧雨水管管道基础</td><td colspan="2">合格</td></tr>
<tr><td>…</td><td colspan="2">…</td><td colspan="2">合格</td></tr>
<tr><td>32</td><td colspan="2">K2＋690 综合管沟管道基础</td><td colspan="2">合格</td></tr>
<tr><td>检查结论</td><td colspan="2">所含验收批无遗漏，各验收批所覆盖的区段和所含内容无遗漏，全部符合要求，本分项符合要求

施工项目
技术负责人：
年　月　日</td><td>验收结论</td><td colspan="2">本分项合格

监理工程师：
（建设单位项目专业技术负责人）
年　月　日</td></tr>
</table>

监理单位的专业监理工程师（或建设单位的专业技术负责人）对施工单位所列的验收批名称、部位审查，并检查是否有遗漏。检查合格后，在“监理（建设）单位验收结论”栏中填写“所含验收批无遗漏，各验收批所覆盖的区段和所含内容无遗漏，所查验收批全部合格”，最后在“验收结论”栏填写“本分项合格”的结论，并签名。

四、子分部工程质量验收记录

验收子分部工程时，要核查其所包括的分项是否齐全，是否全部合格，还要核查质量控制资料、安全和功能项目的检测报告是否齐全并合格，需验收观感质量的要验收观感质量等。子分部工程的质量验收，除了做好资料的整理和统计工作之外，尚需进行规定项目的检测。

下面以表 2-4 和表 2-5 为例讲解。

表 2-4　化学建材管子分部工程质量验收记录（一）

GB 50268—2008　　　　给排水质检表　编号：0 4

工程名称	×××市×××道路工程				分部工程名称	预制管开槽施工主体结构
施工单位	×××市政集团工程有限责任公司		项目经理	潘××	项目技术负责人	项××
分包单位	—		分包项目经理	—	分包技术负责人	—
序号	分项工程名称	验收批数		施工单位检查评定	监理(建设)单位验收意见	
1	管道基础	32		合格	所含分项无遗漏并全部合格，本子分部合格，同意验收	
2	管道铺设	32		合格		
3	管道接口连接	32		合格		
质量控制资料		共 10 项，经审查符合要求 10 项，经核定符合规范要求 0 项				
安全和功能检验(检测)报告		共核查 6 项，符合要求 6 项，经返工处理符合要求 0 项				
观感质量验收		共抽查 9 项，符合要求 9 项，不符合要求 0 项				
		观感质量评价(好、一般、差)：好				
验收单位	分包单位	项目经理				年　月　日
	施工单位	项目经理				年　月　日
	设计单位	项目负责人				年　月　日
	监理单位	项目负责人				年　月　日
	建设单位	项目负责人(专业技术负责人)				年　月　日

表 2-5　化学建材管子分部工程质量验收记录（二）

GB 50268—2008　　　　　　　　　　　　　　　　给排水质检表　附表

序号	检查内容	份数	监理（建设）单位检查意见
1	施工组织设计（施工方案）、专题施工方案及批复	2	√
2	图纸会审、施工技术交底	3	√
3	质量事故（问题）处理	—	—
4	材料、设备进场验收	4	√
5	工程会议纪要	2	√
6	测量复核记录	64	√
7	预检工程检查记录	—	—
8	施工日记	2	√
9	管节、管件、管道设备及管配件等合格证	4	√
10	钢材、焊材、水泥、砂石、橡胶止水圈、混凝土、砖、混凝土外加剂、钢制构件、混凝土预制构件合格证及试验报告	3	√
11	防腐质量检查记录	—	—
12	接口组对拼装、焊接、栓接、熔接记录	—	—
13	隐蔽工程验收记录	66	√
14	分项工程质量验收记录	3	√
15	管道接口连接质量检测（钢管焊接无损探伤检验、法兰或压兰螺栓拧紧力矩检测、熔焊检验）	2	√
16	混凝土强度、混凝土抗渗、混凝土抗冻、砂浆强度、钢筋焊接试验报告	4	√
17	地基承载力检验报告	29	√
18	管道吹（冲）洗记录/消毒检测报告	4	√
19	压力管道水压试验记录（注水法试验记录）	2	√
20	无压力管道严密性试验记录（管道闭水或闭气试验记录表）	4	√
检查人： 年　月　日			

注：检查意见分两种：合格打“√”，不合格打“×”。

子分部工程的编号：

按表 2-2，同一分部工程的子分部工程，按 01、02 等顺序编排。

表头的填写：应与验收批的一致，由施工单位统一填写。

验收内容如下：

1. 分项工程核查

“分项工程名称”，以工程的实际情况按表 2-2 填写。在“验收批数”栏分别填写各分项工程的验收批数（可从相应的《分项工程质量验收记录》中得到）。在“施工单位检查评定”栏，由施工单位填写自行检查评定的结果，逐项查阅全部所含分项验收记录，确认合格的，在栏内填写“合格”，有不合格分项的不能交监理单位或建设单位验收，应进行返修直至符合要求后再提交验收。

2. 质量控制资料核查

“质量控制资料”栏指属于质量控制资料的检查项，可按《子分部工程质量验收记录》的附表逐项检查，施工单位将符合要求的资料数量填入《子分部工程质量验收记录》的附表相应的“份数”栏内，填写完后送监理单位或建设单位验收，监理或建设单位组织核查，确认资料合格且齐全后，在《子分部工程质量验收记录》的附表“监理（建设）单位检查意见”栏内打“√”，资料不齐全或不合格的打“×”，有打“×”项目的应重新验收并重新形成验收记录，完成后，由监理或建设单位在“质量控制资料”栏中填写“共×项，经查符合要求×项，经核定符合规范要求×项”的结论。

3. 安全和功能检验（检测）报告核查

“安全和功能检验（检测）报告”栏指属于安全功能检验（检测）报告的检查项，可按《子分部工程质量验收记录》的附表逐项检查，施工单位将符合要求的检验报告数量填入《子分部工程质量验收记录》的附表相应的“份数”栏内，填写完后送监理单位或建设单位验收，监理或建设单位组织核查。核查时注意：应在本子分部检测的项目是否都做了检测；每份检测报告、每个检测项目的检测方法及程序是否符合有关标准规定；所有该检测的技术指标是否已全部检测；检测结果是否达到规范的要求；检测报告的审批程序和签字是否完整。检查合格的，在《子分部工程质量验收记录》的附表“监理（建设）单位检查意见”栏内打“√”，资料不齐全或不合格的打“×”，有打“×”项目的应重新验收并重新形成验收记录，完成后，由监理或建设单位在“安全和功能检验（检测）报告”栏中填写“共核查×项，符合要求×项，经返工处理符合要求×项”的结论。

4. 观感质量验收

观感质量由总监理工程师或建设单位项目专业负责人组织施工单位进行验收，在听取参加验收人员意见的基础上，以总监理工程师或建设单位项目专业负责人为主导，共同确定对质量的评价——“好”“一般”“差”，并在“观感质量验收”栏内填写。观感质量评价为“差”的项目，应进行返修，若确难修理的，只要不影响结构安全和使用功能，可协商接收，并在“监理（建设）单位验收意见”栏中注明。

5.“监理（建设）单位验收意见”栏

由总监理工程师或建设单位项目专业负责人填写，表中所有内容，包括所有分项、质量控制资料、安全和功能检验（检测）报告、观感质量验收等，经审查确认全部合格后，在栏内填写“所含分项无遗漏并全部合格，本子分部合格，同意验收”的结论。

6. **验收人员签字认可**

施工单位项目经理、总监理工程师或建设单位项目专业负责人亲笔签名，以示负责，体现质量责任的可追溯性。《子分部工程质量验收记录》的附表“检查人”一栏由监理或建设单位检查资料的人员亲笔签名。

五、分部工程质量验收记录

验收分部工程时，要核查其所包括的子分部（或分项）是否齐全、是否全部合格，还要核查质量控制资料、安全和功能项目的检测报告是否齐全并合格，需验收观感质量的要验收观感质量等。分部工程的质量验收，除了做好资料的整理和统计工作之外，尚需进行规定项目的检测。

下面以表 2-6 为例讲解。

表 2-6　预制管开槽施工主体结构分部工程质量验收记录

GB 50268—2008　　　　给排水质检表　编号：0 2

<table>
<tr><td>工程名称</td><td colspan="3">×××市×××道路工程</td><td>项目经理</td><td>潘××</td></tr>
<tr><td>施工单位</td><td colspan="3">×××市政集团工程有限责任公司</td><td>项目技术负责人</td><td>项××</td></tr>
<tr><td>分包单位</td><td colspan="3">—</td><td>分包技术负责人</td><td>—</td></tr>
<tr><td>序号</td><td>子分部工程名称</td><td>分项工程数</td><td colspan="2">施工单位检查评定</td><td>验收组验收意见</td></tr>
<tr><td>1</td><td>混凝土类管道</td><td>3</td><td colspan="2">合格</td><td rowspan="8">所含子分部无遗漏并全部合格，本分部合格，同意验收</td></tr>
<tr><td>2</td><td>化学建材管</td><td>3</td><td colspan="2">合格</td></tr>
<tr><td></td><td></td><td></td><td colspan="2"></td></tr>
<tr><td></td><td></td><td></td><td colspan="2"></td></tr>
<tr><td></td><td></td><td></td><td colspan="2"></td></tr>
<tr><td></td><td></td><td></td><td colspan="2"></td></tr>
<tr><td></td><td></td><td></td><td colspan="2"></td></tr>
<tr><td></td><td></td><td></td><td colspan="2"></td></tr>
<tr><td colspan="2">质量控制资料</td><td colspan="4">共 20 项，经审查符合要求 20 项，经核定符合规范要求 0 项</td></tr>
<tr><td colspan="2">安全和功能检验(检测)报告</td><td colspan="4">共核查 9 项，符合要求 9 项，经返工处理符合要求　0　项</td></tr>
<tr><td colspan="2" rowspan="2">观感质量验收</td><td colspan="4">共抽查 12 项，符合要求 12 项，不符合要求 0 项</td></tr>
<tr><td colspan="4">观感质量评价(好、一般、差)：好</td></tr>
<tr><td>施工单位</td><td colspan="2">项目经理：
(公章)
年　月　日</td><td>监理单位</td><td colspan="2">总监理工程师：
(公章)
年　月　日</td></tr>
<tr><td>建设单位</td><td colspan="2">项目负责人：
(公章)
年　月　日</td><td>设计单位</td><td colspan="2">项目设计负责人：
(公章)
年　月　日</td></tr>
</table>

分部工程的编号：

按表 2-2，以 01、02 等顺序编排。如路基按 01，基层按 02 等。

表头的填写：应与验收批的一致，由施工单位统一填写。

验收内容的填写：

1. 分部工程含有多个子分部工程

子分部工程名称，以工程的实际情况按表 2-2 填写。“分项工程数”栏，可从相应的子分部工程质量检验记录中统计填写。“施工单位检查评定”栏填写施工单位自行检查评定的结果，符合要求的填写“合格”，有不符合要求的不能交验收组验收，应返修至符合要求后再提交验收。

“质量控制资料”“安全和功能检验（检测）报告”“观感质量验收”栏，可对所含子分部的质量检验记录的相应内容进行统计整理，由施工单位填写，验收组复核并对本分部做出观感质量评价，等级分为“好”“一般”“差”三种。

以上内容由总监理工程师或建设单位项目专业技术负责人组织验收组审查，符合要求后在“验收组验收意见”栏内填写“所含子分部无遗漏并全部合格，本分部合格，同意验收”的结论。

参加验收的单位签章认可：参与工程量建设责任单位的有关人员亲笔签名，并加盖单位公章。

2. 分部工程含有多个分项工程

同子分部。

六、单位（子单位）工程质量竣工验收记录

单位（子单位）工程质量竣工验收记录共 4 张表，分别是单位（子单位）工程质量竣工验收记录表——汇总表 质检表（一）、单位（子单位）工程质量控制资料核查表 质检表（二）、单位（子单位）工程结构安全和使用功能性检测记录表 质检表（三）、单位（子单位）工程观感质量核查表 质检表（四）（注：城镇道路工程只有汇总表）。

单位（子单位）工程由竣工验收组验收。竣工验收组由建设单位组织，成员为建设单位、监理单位、勘察单位、设计单位、施工单位各方的项目负责人，验收的组织者是建设单位的项目负责人。汇总表由验收组成员、各参建方负责人亲笔签名并加盖公章，质检表（二）、（三）、（四）由施工单位项目经理和总监理工程师（或建设单位项目负责人）亲笔签名认可。

下面以表 2-7～表 2-10 为例讲解。

汇总表表头部分的填写与分部（子分部）的相似，如无子单位工程，就无须填写子单位工程内容名称。

验收内容如下：

1. 分部工程核查

由施工单位进行统计并填写，再由项目经理提交监理（建设）单位验收。经验收组成员核查无误后，由监理（建设）单位填写质检表（一）“验收结论”栏，并下“所含分部无遗漏并全部合格，同意验收”的结论。

表 2-7　单位（子单位）工程质量竣工验收记录表

汇　总　表

GB 50268—2008　　　　　　　　　　　　　　　　　　　　给排水质检表（一）

<table>
<tr><td>工程名称</td><td>×××市×××道路工程</td><td>工程类型</td><td>给水排水工程</td><td>工程造价</td><td></td></tr>
<tr><td>施工单位</td><td>×××市政集团工程有限责任公司</td><td>技术负责人</td><td></td><td>开工日期</td><td>年　月　日</td></tr>
<tr><td>项目经理</td><td>潘××</td><td>项目技术负责人</td><td>项××</td><td>竣工日期</td><td>年　月　日</td></tr>
<tr><td>序号</td><td>项目</td><td colspan="2">验收记录</td><td colspan="2">验收结论</td></tr>
<tr><td>1</td><td>分部工程</td><td colspan="2">共 3 分部，经查 3 分部
符合标准及设计要求 3 分部</td><td colspan="2">所含分部无遗漏并全部合格，
同意验收</td></tr>
<tr><td>2</td><td>质量控制
资料核查</td><td colspan="2">共 41 项；
经审查符合要求 41 项；
经核定符合规范要求 0 项</td><td colspan="2">情况属实，同意验收</td></tr>
<tr><td>3</td><td>安全和主要使用功能
核查及抽查结果</td><td colspan="2">共核查 14 项，符合要求 14 项；
共抽查 14 项，符合要求 14 项；
经返工处理符合要求 0 项</td><td colspan="2">情况属实，同意验收</td></tr>
<tr><td>4</td><td>观感质量检验</td><td colspan="2">共抽查 22 项；
符合要求 22 项；
不符合要求 0 项</td><td colspan="2">总体评价：好，同意验收</td></tr>
<tr><td>5</td><td>综合验收结论</td><td colspan="4">本单位工程符合设计和规范要求，工程质量合格</td></tr>
<tr><td>参加验收单位</td><td>建设单位
（公章）
单位（项目）负责人
年　月　日</td><td>监理单位
（公章）
总监理工程师
年　月　日</td><td>施工单位
（公章）
单位负责人
年　月　日</td><td colspan="2">设计单位
（公章）
单位（项目）负责人
年　月　日</td></tr>
</table>

表 2-8　单位（子单位）工程质量控制资料核查表

GB 50268—2008　　　　　　　　　　　　　　　　　　　　　　　　给排水质检表（二）

工程名称		×××市×××道路工程	施工单位	×××市政集团工程有限责任公司	
序号	资料名称		施工单位统计份数	监理（建设）单位核查意见	核查人
1	材质质量保证资料	①管节、管件、管道设备及管配件等；②防腐层材料、阴极保护设备及材料；③钢材、焊材、水泥、砂石、橡胶止水圈、混凝土、砖、混凝土外加剂、钢制构件、混凝土预制构件	13	√	
2	施工检测	①管道接口连接质量检测（钢管焊接无损探伤检验、法兰或压兰螺栓拧紧力矩检测、熔焊检验）；②内外防腐层（包括补口、补伤）防腐检测；③预水压试验；④混凝土强度、混凝土抗渗、混凝土抗冻、砂浆强度、钢筋焊接；⑤回填土压实度；⑥柔性管道环向变形检测；⑦不开槽施工土层加固、支护及施工变形等测量；⑧管道设备安装测试；⑨阴极保护安装测试；⑩桩基完整性检测、地基处理检测	69	√	
3	结构安全和使用功能性检测	①管道水压试验；②给水管道冲洗消毒；③管道位置及高程；④浅埋暗挖管道、盾构管片拼装变形测量；⑤混凝土结构管道渗漏水调查；⑥管道及抽升泵站设备（或系统）调试、电气设备电试；⑦阴极保护系统测试；⑧桩基动测、静载试验	195	√	
4	施工测量	①控制桩（副桩）、永久（临时）水准点测量复核；②施工放样复核；③竣工测量	11	√	
5	施工技术管理	①施工组织设计（施工方案）、专题施工方案及批复；②焊接工艺评定及作业指导书；③图纸会审、施工技术交底；④设计变更、技术联系单；⑤质量事故（问题）处理；⑥材料、设备进场验收；计量仪器校核报告；⑦工程会议纪要；⑧施工日记	15	√	
6	验收记录	①验收批、分项、分部（子分部）、单位（子单位）工程质量验收记录；②隐蔽验收记录	578	√	
7	施工记录	①接口组对拼装、焊接、栓接、熔接；②地基基础、地层等加固处理；③桩基成桩；④支护结构施工；⑤沉井下沉；⑥混凝土浇筑；⑦管道设备安装；⑧顶进（掘进、钻进、夯进）；⑨沉管沉放及桥管吊装；⑩焊条烘焙、焊接热处理；⑪防腐层补口补伤等	72	√	
8	竣工图		20	√	

结论：

资料基本齐全，能反映工程质量情况，达到保证结构安全和使用功能的要求，同意验收

施工单位项目经理　　　　　　　　　　　　总监理工程师
　　　　　　　　　　　　　　　　　　　　（建设单位项目负责人）

年　月　日　　　　　　　　　　　　　　　　　　年　月　日

表 2-9　单位（子单位）工程结构安全和使用功能性检测记录表

GB 50268—2008　　　　给排水质检表（三）

工程名称	×××市×××道路工程	施工单位	×××市政集团工程有限责任公司		
序号	安全和功能检查项目	份数	核查意见	抽查结果	核查人
1	压力管道水压试验(无压力管道严密性试验)记录	20	√	符合要求	
2	给水管道冲洗消毒记录及报告	4	√	符合要求	
3	阀门安装及运行功能调试报告及抽查检验	2	√	符合要求	
4	其他管道设备安装调试报告及功能检测	—	—	—	
5	管道位置高程及管道变形测量及汇总	141	√	符合要求	
6	阴极保护安装及系统测试报告及抽查检验	—	—	—	
7	防腐绝缘检测汇总及抽查检验	—	—	—	
8	钢管焊接无损检测报告汇总	—	—	—	
9	混凝土试块抗压强度试验汇总	57	√	符合要求	
10	混凝土试块抗渗、抗冻试验汇总	—	—	—	
11	地基基础加固检测报告	—	—	—	
12	桥管桩基础动测或静载试验报告	—	—	—	
13	混凝土结构管道渗漏水调查记录	1	√	符合要求	
14	抽升泵站的地面建筑	—	—	—	
15	其他	—	—	—	
结论： 安全和功能检验记录无遗漏，检测报告结论满足要求，主要功能抽查结果全部合格 施工单位项目经理 年　月　日			总监理工程师 （建设单位项目负责人） 年　月　日		

注：抽升泵站的地面建筑宜符合现行国家标准《建筑工程施工质量验收统一标准》（GB 50300）的有关规定。

表 2-10 单位（子单位）工程观感质量核查表

GB 50268—2008　　　　给排水质检表（四）

工程名称	×××市×××道路工程	施工单位	×××市政集团工程有限责任公司

序号		检查项目	抽查质量情况										质量评价		
													好	一般	差
1	管道工程	管道、管道附件位、附属构筑物位置	√	√	√	√	√	√	√	√	√	√	△		
2		管道设备	√	√	√	√	√	√	√	√	√	√	△		
3		附属构筑物	√	√	√	√	√	√	√	√	√	√	△		
4		大口径管道（渠、廊）；管道内部、管廊内管道安装													
5		地上管道（桥管、架空管、虹吸管）及承重结构													
6		回填土	√	√	√	√	√	√	√	√	√	√	△		
7	顶管、盾构、浅埋暗挖、定向钻、夯管	管道结构													
8		防水、防腐													
9		管缝（变形缝）													
10		进、出洞口													
11		工作坑（井）													
12		管道线形													
13		附属构筑物													
14	抽升泵站	下部结构													
15		地面建筑													
16		水泵机电设备、管道安装及基础支架													
17		防水、防腐													
18		附属设施、工艺													
观感质量综合评价			好												

结论：

同意验收

施工单位项目经理　　　　总监理工程师
（建设单位项目负责人）

年　月　日　　　　年　月　日

注：地面建筑宜符合现行国家标准《建筑工程施工质量验收统一标准》（GB 50300）的有关规定。

2. 质量控制资料核查

按质检表（二）所列资料目录，由施工单位进行统计并填写，提交监理（建设）单位验收。质量控制资料在分部（子分部）工程验收中已经审查过，在单位（子单位）工程验收中将最重要的质量控制资料再复查一次，可按分部（子分部）工程所记录的资料进行统计，然后填入质检表（二）“施工单位统计份数”栏内。总监理工程师或建设单位项目负责人组织核查无误后，在质检表（二）“监理（建设）单位核查意见”栏内逐项打“√”，或填入符合要求的份数，核查人亲笔签名，在“结论”栏内填写“资料基本齐全，能反映工程质量情况，达到保证结构安全和使用功能的要求，同意验收”。同时在质检表（一）“验收结论”对应栏内填写结论“情况属实，同意验收”。

3. 安全和主要使用功能核查及抽查结果的核查

按质检表（三），这个项目包括两方面的内容：一是在分部（子分部）已进行了安全和功能检测的项目，由施工单位统计整理，并在表中“份数”栏内填入数字，交监理（建设）单位核查，核查其检测报告、检测结论是否符合要求，由核查人在“核查意见”栏内打“√”，或填入符合要求的份数；二是在竣工验收中进行功能抽查的项目，拟抽查的项目由验收组协商确定，一般抽查对质量及检测报告的结论有疑义的项目和在竣工后方能形成使用功能的项目。抽查合格后，验收组将“符合要求”报告的结论填写到“抽查结果”栏内（如果个别项目的抽测结果达不到设计要求，应进行返工处理直至符合要求）；然后由总监理工程师或建设单位项目负责人在结论栏内填写“安全和功能检验记录无遗漏，检测报告结论满足要求，主要功能抽查结果全部合格”。同时，施工单位在质检表（一）“施工单位对安全和功能检验（检测）及抽查情况的统计”栏内填入对质检表（三）的统计数字，由监理或建设单位核实后，在质检表（一）“验收结论”对应栏内填写“情况属实，同意验收”的结论。

4. 观感质量验收

按质检表（四）所列内容验收，实际是复查各分部（子分部）工程验收后到工程竣工这一时段的质量变化及成品保护，并对在分部（子分部）工程验收时尚未形成观感质量的项目进行验收。验收由建设单位组织，将抽查质量情况记录在“抽查质量情况”栏内：好的点打“√”，一般的点打“○”，差的点打“×”，根据这些点的记录在“质量评价”栏内对该项目做出“好”“一般”“差”的评价（在相应的评价结论格内打“△”）。最后以总监理工程师或建设单位项目负责人的意见为主导意见，在“观感质量综合评价”栏给工程做出“好”“一般”“差”的总体评价，并在“验收结论”对应栏填写“同意验收”字样。如有质量评价为“差”的项目，应进行返修，若因条件限制不能返修的，只要不影响结构安全和使用功能，可协商接收并在“结论”栏中注明。同时，施工单位在质检表（一）“施工单位对观感质量验收情况的统计”栏内的第1项填入对质检表（四）的统计数字，第2项可查阅各分部工程质量验收记录后填写，交监理或建设单位核实后在质检表（一）“验收结论”对应栏内填写“好（或一般、差）”的总体评价和“同意验收（让步接收）”的结论。

以上四个内容完成并经验收组共同确认后，由建设单位在质检表（一）“综合验收结论”栏内填写“本单位（或子单位）工程符合设计和规范要求，工程质量合格”的最终验收结论。

验收合格后，竣工验收组成员签名，四方质量责任主体有关负责人签名，署验收日期并加盖单位公章确认。

第三章

施工质量文件的形成及归档整理

学习目标

◎ 熟悉施工质量文件的形成。

◎ 熟悉归档文件质量要求。

◎ 熟悉道路工程文件归档整理。

第一节　施工质量文件的形成

工程施工阶段所形成的质量文件称为施工质量文件，由施工单位按照合同约定的提交份数及提交时间等收集和整理。

1. 施工技术文件的形成（图 3-1）

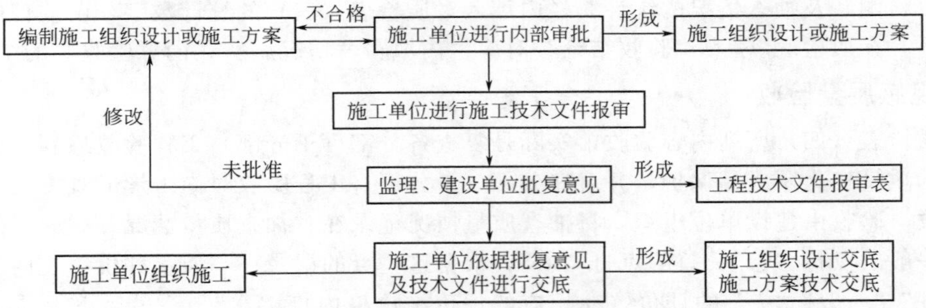

图 3-1　施工技术文件的形成

2. 施工物资文件的形成（图 3-2）

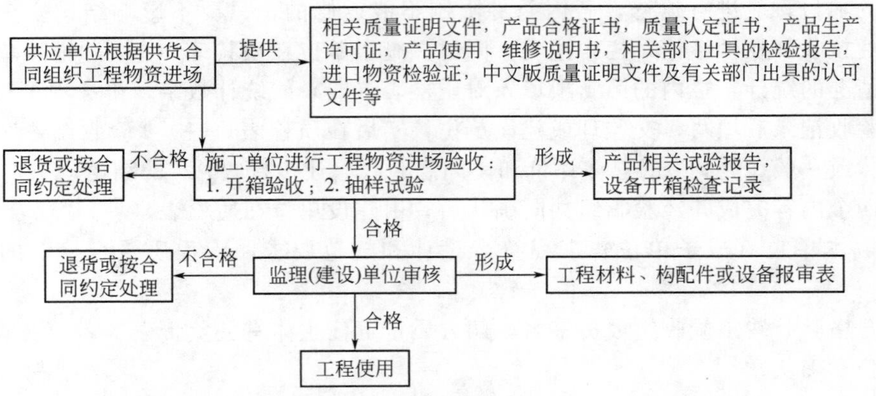

图 3-2　施工单位施工物资文件的形成

3. 验收批质量验收文件的形成（图 3-3）

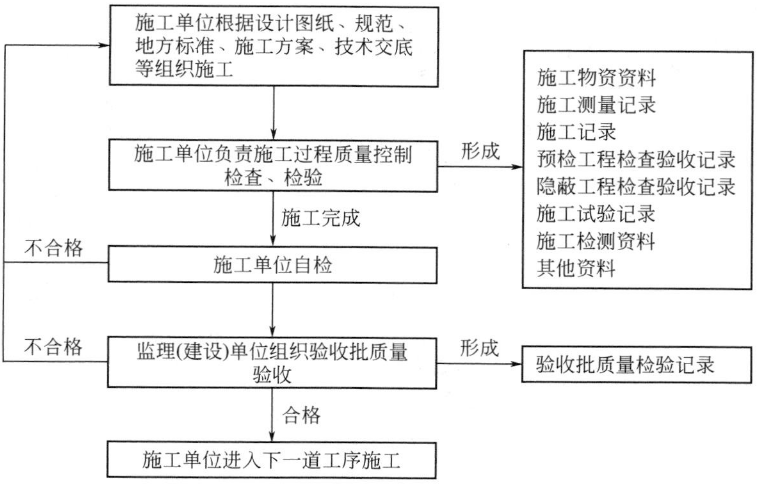

图 3-3　验收批质量验收文件的形成

4. 分项工程质量验收文件的形成（图 3-4）

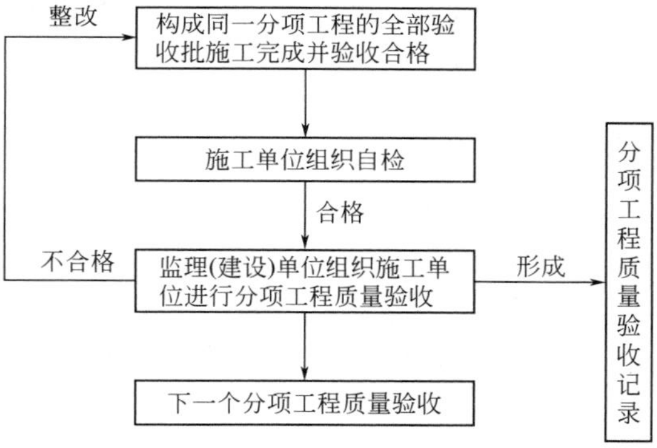

图 3-4　分项工程质量验收文件的形成

5. 分部（子分部）工程质量验收文件的形成（图 3-5）

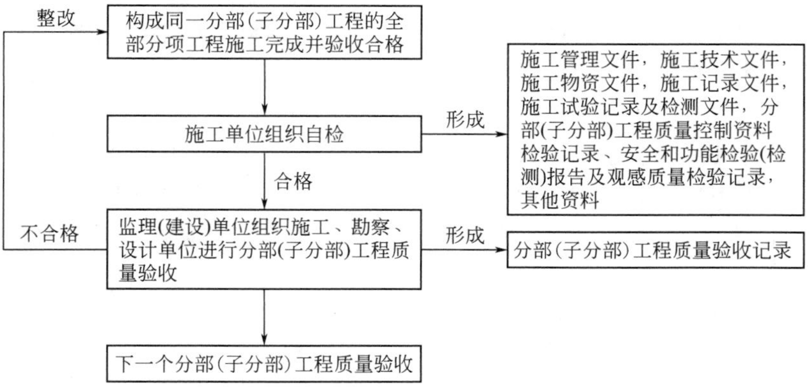

图 3-5　分部（子分部）工程质量验收文件的形成

6. 单位（子单位）工程竣工验收文件的形成（图 3-6）

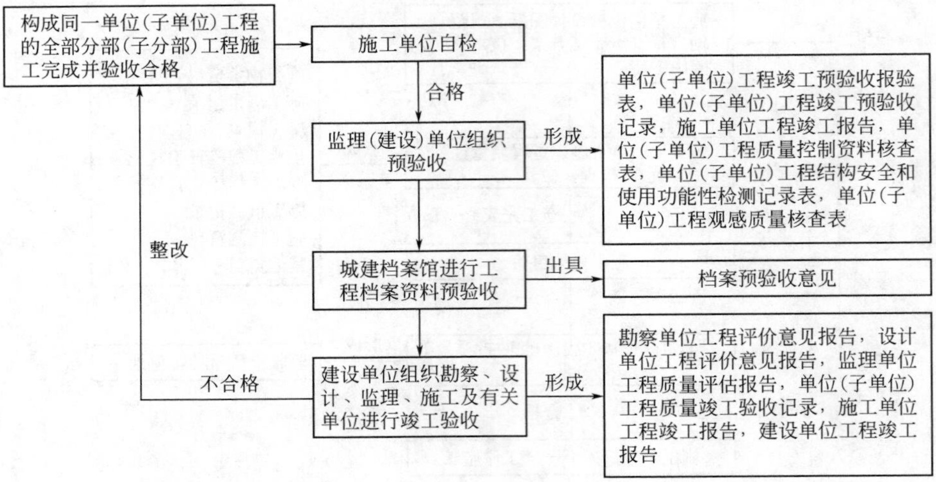

图 3-6　单位（子单位）工程竣工验收文件的形成

第二节　施工质量文件的归档整理

一、归档文件质量要求

根据《建设工程文件归档规范》（GB/T 50328—2014）的规定，建设工程文件的归档整理应符合下列规定：

（1）归档的纸质工程文件应为原件。

（2）工程文件的内容及其深度应符合国家现行有关工程勘察、设计、施工、监理等标准的规定。

（3）工程文件的内容必须真实、准确，应与工程实际相符合。

（4）工程文件应采用碳素墨水、蓝黑墨水等耐久性强的书写材料，不得使用红色墨水、纯蓝墨水、圆珠笔、复写纸、铅笔等易褪色的书写材料。计算机输出的文字和图件应使用激光打印机，不应使用色带式打印机、水性墨打印机和热敏打印机。

（5）工程文件应字迹清楚，图样清晰，图表整洁，签字盖章手续应完备。

（6）工程文件中文字材料幅面尺寸规格宜为 A4（297mm×210mm）幅面。图纸宜采用国家标准图幅。

（7）工程文件的纸张应采用能长期保存的韧力大、耐久性强的纸张。

（8）所有竣工图均应加盖竣工图章（如图 3-7 所示），竣工图章的基本内容包括：

①“竣工图”字样、施工单位、编制人、审核人、技术负责人、编制日期、监理单位、现场监理、总监。

② 竣工图章尺寸应为：50mm×80mm。

③ 竣工图章应使用不易褪色的印泥，应盖在图标栏上方空白处。

（9）竣工图的绘制与改绘应符合国家现行有关制图标准的规定。

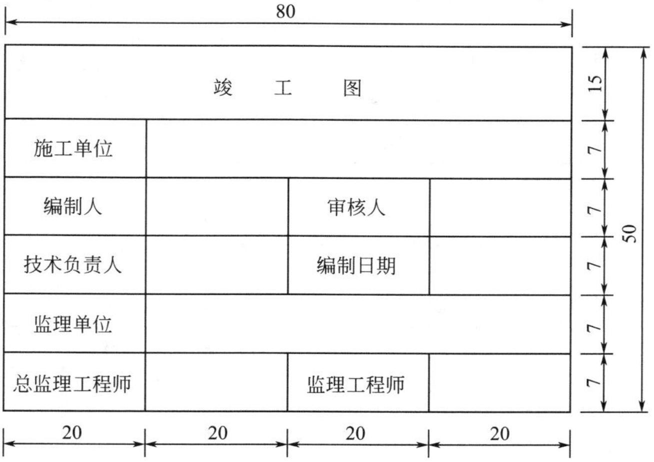

图 3-7　竣工图章（50mm×80mm）

二、归档整理

根据《建设工程文件归档规范》（GB/T 50328—2014）的规定，将移交城建档案馆的给水排水管道工程文件列于表 3-1 地下管线工程文件归档范围，表中施工文件（C 类）部分由施工单位按施工质量文件的形成过程收集和整理，收集和整理的原则是遵循自然形成的规律，收集齐全、整理有序，便于查阅。表中其他内容为各方质量责任主体须移交城建档案馆的文件，由各方按要求自行整理。

表 3-1　地下管线工程文件归档范围

类别	归档文件	保存单位				
		建设单位	设计单位	施工单位	监理单位	城建档案馆
工程准备阶段文件（**A** 类）						
A1	立项文件					
1	项目建议书批复文件及项目建议书	▲				▲
2	可行性研究报告批复文件及可行性研究报告	▲				▲
3	专家论证意见、项目评估文件	▲				▲
4	有关立项的会议纪要、领导批示	▲				▲
A2	建设用地、拆迁文件					
1	选址申请及选址规划意见通知书	▲				▲
2	建设用地批准书	▲				▲
3	拆迁安置意见、协议、方案等	▲				△
4	建设用地规划许可证及其附件	▲				▲
5	土地使用证明文件及其附件	▲				▲
6	建设用地钉桩通知单	▲				▲

续表

类别	归档文件	保存单位				
		建设单位	设计单位	施工单位	监理单位	城建档案馆
	工程准备阶段文件(A类)					
A3	勘察、设计文件					
1	工程地质勘察报告	▲	▲			▲
2	水文地质勘察报告	▲	▲			▲
3	初步设计文件(说明书)	▲	▲			
4	设计方案审查意见	▲	▲			▲
5	人防、环保、消防等有关主管部门(对设计方案)审查意见	▲	▲			▲
6	设计计算书	▲	▲			△
7	施工图设计文件审查意见	▲	▲			▲
8	节能设计备案文件	▲				▲
A4	招投标文件					
1	勘察、设计招投标文件	▲	▲			
2	勘察、设计合同	▲	▲			▲
3	施工招投标文件	▲		▲	△	
4	施工合同	▲		▲	△	▲
5	工程监理招投标文件	▲			▲	
6	监理合同	▲			▲	▲
A5	开工审批文件					
1	建设工程规划许可证及其附件	▲		△	△	▲
2	建设工程施工许可证	▲		▲	▲	▲
A6	工程造价文件					
1	工程投资估算材料	▲				
2	工程设计概算材料	▲				
3	招标控制价格文件	▲				
4	合同价格文件	▲		▲		△
5	结算价格文件	▲		▲		△
A7	工程建设基本信息					
1	工程概况信息表	▲		△		▲
2	建设单位工程项目负责人及现场管理人员名册	▲				▲
3	监理单位工程项目总监及监理人员名册	▲			▲	▲
4	施工单位工程项目经理及质量管理人员名册	▲		▲		▲
	监理文件(**B**类)					
B1	监理管理文件					
1	监理规划	▲			▲	▲
2	监理实施细则	▲		△	▲	▲

续表

类别	归档文件	保存单位				
		建设单位	设计单位	施工单位	监理单位	城建档案馆
监理文件(B 类)						
B1	监理管理文件					
3	监理月报	△			▲	
4	监理会议纪要	▲		△	▲	
5	监理工作日志				▲	
6	监理工作总结				▲	▲
7	工作联系单	▲		△	△	
8	监理工程师通知	▲		△	△	△
9	监理工程师通知回复单	▲		△	△	△
10	工程暂停令	▲		△	△	▲
11	工程复工报审表	▲		▲	▲	▲
B2	进度控制文件					
1	工程开工报审表	▲		▲	▲	▲
2	施工进度计划报审表	▲		△	△	
B3	质量控制文件					
1	质量事故报告及处理资料	▲		▲	▲	▲
2	旁站监理记录	△		△	▲	
3	见证取样和送检人员备案表	▲		▲	▲	
4	见证记录	▲		▲	▲	
B4	造价控制文件					
1	工程款支付	▲		△	△	
2	工程款支付证书	▲		△	△	
3	工程变更费用报审表	▲		△	△	
4	费用索赔申请表	▲		△	△	
5	费用索赔审批表	▲		△	△	
B5	工期管理文件					
1	工程延期申请表	▲		▲	▲	▲
2	工程延期审批表	▲			▲	▲
B6	监理验收文件					
1	工程竣工移交书	▲		▲	▲	▲
2	监理资料移交书	▲			▲	
施工文件(C 类)						
C1	施工管理文件					
1	工程概况表	▲		▲	▲	△
2	施工现场质量管理检查记录			△	△	

续表

类别	归 档 文 件	保存单位				
		建设单位	设计单位	施工单位	监理单位	城建档案馆
施工文件(C类)						
C1	施工管理文件					
3	企业资质证书及相关专业人员岗位证书	△		△	△	△
4	分包单位资质报审表	▲		▲	▲	
5	建设单位质量事故勘查记录	▲		▲	▲	▲
6	建设工程质量事故报告书	▲		▲	▲	▲
7	施工检测计划	△		△	△	
8	见证试验检测汇总表	▲		▲	▲	▲
9	施工日志			▲		
C2	施工技术文件					
1	工程技术文件报审表	△		△	△	
2	施工组织设计及施工方案	△		△	△	△
3	危险性较大分部分项工程施工方案	△		△	△	
4	技术交底记录	△		△		
5	图纸会审记录	▲	▲	▲	▲	▲
6	设计变更通知单	▲	▲	▲	▲	▲
7	工程洽商记录(技术核定单)	▲	▲	▲	▲	▲
C3	进度造价文件					
1	工程开工报审表	▲	▲	▲	▲	△
2	工程复工报审表	▲	▲	▲	▲	△
3	施工进度计划报审表			△	△	
4	施工进度计划			△	△	
5	人、机、料动态表			△	△	
6	工程延期申请表	▲		▲	▲	△
7	工程款支付申请表	▲		△	△	
8	工程变更费用报审表	▲		△	△	
9	费用索赔申请表	▲		△	△	
C4	施工物资文件					
	出厂质量证明文件及检测报告					
1	水泥产品合格证、出厂检验报告	△		▲	▲	△
2	各类砌块、砖块合格证、出厂检验报告			▲	▲	
3	砂、石料产品合格证、出厂检验报告	△		▲	▲	
4	钢材产品合格证、出厂检验报告	△		▲	▲	△
5	粉煤灰产品合格证、出厂检验报告	△		▲	▲	
6	混凝土外加剂产品合格证、出厂检验报告	△		▲	△	

续表

类别	归档文件	保存单位				
		建设单位	设计单位	施工单位	监理单位	城建档案馆
施工文件(C类)						
C4	施工物资文件					
7	商品混凝土产品合格证	▲		▲	△	△
8	商品混凝土出厂检验报告	△		▲	△	
9	预制构件产品合格证、出厂检验报告	△		▲	△	
10	管道构件产品合格证、出厂检验报告	▲		▲	△	▲
11	检查井盖、井框出厂检验报告	△		▲	△	
12	其他施工物资产品合格证、出厂检验报告					
	进场检验通用表格					
1	材料、构配件进场验收记录			△	△	
2	设备开箱检验记录			△	△	
3	设备及管道附件试验记录	▲		▲	△	
	进场复试报告					
1	主要材料、半成品、构配件、设备进场复检汇总表	▲		▲	▲	△
2	见证取样送检检验成果汇总表			△	▲	
3	钢材进场复试报告	▲		▲	▲	△
4	水泥进场复试报告	▲		▲	▲	△
5	各类砌块、砖块进场复试报告	▲		▲	▲	△
6	砂、石进场复试报告	▲		▲	▲	△
7	粉煤灰进场复试报告	▲		▲	▲	△
8	混凝土外加剂进场复试报告	△		▲	▲	△
9	混凝土构件复检报告	▲		▲	△	▲
10	其他物资进场复试报告					
C5	施工记录文件					
1	测量交接桩记录	▲		▲	△	▲
2	工程定位测量记录	▲		▲	△	▲
3	水准点复测记录	▲		▲	△	▲
4	导线点复测记录	▲		▲	△	▲
5	测量复核记录	▲		▲	△	▲
6	沉降观测记录	▲		▲	△	▲
7	隐蔽工程检查验收记录	▲		▲	▲	▲
8	工程预检记录	▲		△	△	
9	中间检查交接记录	▲		▲	△	▲
10	水泥混凝土浇筑施工记录	▲		▲	△	▲

续表

类别	归 档 文 件	保存单位				
		建设单位	设计单位	施工单位	监理单位	城建档案馆
	施工文件（C类）					
C5	施工记录文件					
11	预应力筋张拉记录	▲		▲	△	△
12	给水管道冲洗消毒记录	▲		▲	△	△
13	设备、钢构件、管道防腐层质量检查记录	▲		▲	△	
14	箱涵、管道顶进施工记录	▲		▲	△	▲
15	构件吊装施工记录	▲		▲	△	
16	补偿器安装记录	▲		▲	△	
17	其他施工记录文件					
C6	施工试验记录及检测文件					
1	击实试验报告	▲		▲	△	▲
2	地基钎探报告	▲		▲	△	▲
3	管道沟槽回填土压实度检验汇总表	▲		▲	△	▲
4	管道沟槽回填土压实度检验报告	▲		▲	△	▲
5	管道沟槽回填土压实度检验报告	▲		▲		
6	填土含水率检验记录	▲		▲	△	△
7	石灰（水泥）剂量检验报告	▲		▲	△	△
8	水泥混凝土强度检验汇总表	▲		▲	△	△
9	水泥混凝土抗压强度统计评定表	▲		▲	△	△
10	混凝土抗压强度检验报告	▲		▲	△	△
11	混凝土抗渗性能检验报告	▲		▲	△	△
12	混凝土配合比设计报告	▲		▲	△	
13	砂浆试块强度检验汇总表	▲		▲	△	△
14	砌体砂浆抗压强度统计评定表	▲		▲	△	△
15	砂浆抗压强度检验报告	▲		▲	△	△
16	砂浆配合比设计报告	▲		▲	△	△
17	焊缝质量综合评价汇总表	▲		▲	△	▲
18	焊缝质量检测报告	▲		▲	△	▲
19	钢筋焊接连接接头检验报告	▲		▲	△	▲
20	钢筋机械连接接头检验报告	▲		▲	△	▲
21	无压管道闭水试验记录	▲		▲	△	△
22	压力管道水压试验记录表	▲		▲	△	▲
23	压力管道强度及严密性实验记录	▲		▲	△	▲
24	阀门安装强度及严密性试验记录	▲		▲	△	
25	管道通球试验记录	▲		▲	△	▲

续表

类别	归档文件	保存单位				
		建设单位	设计单位	施工单位	监理单位	城建档案馆
施工文件(C类)						
C6	施工试验记录及检测文件					
26	设备试运行记录	▲		▲	△	△
27	设备调试记录	▲		▲	△	△
28	其他施工试验记录与检测文件					
C7	施工质量验收文件					
1	土方工程分部(子分部)工程质量验收记录	▲		▲	▲	▲
2	土方工程验收批质量验收记录	▲		△	△	
3	管道主体工程分部(子分部)分项工程质量验收记录	▲		▲	▲	▲
4	管道工程验收批质量验收记录	▲		△	△	
5	附属构筑物工程分部(子分部)分项工程质量验收记录	▲		▲	▲	▲
6	附属构筑物工程验收批质量验收记录	▲		△	△	
7	管道工程各分部分项工程质量验收记录	▲		▲	△	
8	其他施工质量验收记录					
C8	施工验收文件					
1	单位(子单位)工程竣工预验收报验表	▲		▲	▲	△
2	单位(子单位)工程质量竣工验收记录	▲	▲	▲	▲	▲
3	单位(子单位)工程质量控制资料核查记录	▲		▲	▲	▲
4	单位(子单位)工程安全和功能检验资料核查及主要功能抽查记录	▲		▲	▲	▲
5	单位(子单位)工程外观质量检查记录	▲		▲	▲	▲
6	施工资料移交书	▲		▲		△
7	其他施工验收文件					
竣工图(D类)						
1	地下管线竣工图	▲		▲		▲
2	地下管线工程竣工测量成果文件	▲		▲	△	▲
工程竣工文件(E类)						
E1	竣工验收与备案文件					
1	勘察单位工程评价意见报告	▲		△	△	▲
2	设计单位工程评价意见报告	▲	▲	△	△	▲
3	施工单位工程竣工报告	▲		▲	△	▲
4	监理单位工程质量评估报告	▲		△	▲	▲
5	建设单位工程竣工报告	▲		▲	△	▲
6	工程竣工验收会议纪要	▲	▲	▲	▲	▲
7	专家组竣工验收意见	▲	▲	▲	▲	▲
8	工程竣工验收证书	▲	▲	▲	▲	▲

续表

类别	归档文件	保存单位				
		建设单位	设计单位	施工单位	监理单位	城建档案馆
工程竣工文件(E类)						
E1	竣工验收与备案文件					
9	规划、消防、环保等部门出具的认可或准许使用文件	▲	▲	▲	▲	▲
10	市政工程质量保修单	▲	▲	▲	△	▲
11	市政基础设施工程竣工验收与备案表	▲	▲	▲	▲	▲
12	地下管线工程档案预验收意见	▲				▲
13	城建档案移交书	▲				▲
14	其他工程竣工验收与备案文件					
E2	竣工决算文件					
1	施工决算文件	▲		▲		△
2	监理决算文件	▲			▲	△
E3	工程声像文件					
1	开工前原貌、施工阶段、竣工新貌照片	▲		△	△	▲
2	工程建设过程的录音、录像文件(重大工程)	▲		△	△	▲
E4	其他工程文件					

注：表中符号“▲”表示必须归档保存；“△”表示选择性归档保存。

下篇

第四章 给水排水管道案例工程

学习目标

◎ 掌握给排水管道工程验收批划分方法。
◎ 掌握单位工程施工管理资料所含内容。
◎ 掌握土石方与地基处理分部工程质量验收应具备的资料及验收资料填写。
◎ 掌握预制管开槽施工主体结构分部工程质量验收应具备的资料及验收资料填写。
◎ 掌握管道附属构筑物分部工程质量验收应具备的资料及验收资料填写。
◎ 掌握给排水管道工程的竣工验收文件所含内容及验收文件填写。

第一节 验收批划分方案

施工前，施工单位应根据施工组织设计确定的质量保证计划，确定工程质量控制的单位工程、分部工程、分项工程和验收批（见表4-1），报监理工程师批准后执行，并作为施工质量控制的基础。

表4-1 验收批划分方案

序号	分部工程	子分部工程	分项工程	验收批	验收批划分部位
1	土石方	—	沟槽开挖	沟槽开挖	K2＋020～K2＋110 北侧污水管
					K2＋110～K2＋230 北侧污水管
					K2＋230～K2＋350 北侧污水管
					K2＋350～K2＋470 北侧污水管
					K2＋470～K2＋590 北侧污水管
					K2＋590～K2＋710 北侧污水管
					K2＋710～K2＋856 北侧污水管
					K2＋020～K2＋110 南侧污水管
					K2＋110～K2＋230 南侧污水管

续表

序号	分部工程	子分部工程	分项工程	验收批	验收批划分部位
1	土石方	—	沟槽开挖	沟槽开挖	K2+230～K2+350 南侧污水管
					K2+350～K2+470 南侧污水管
					K2+470～K2+590 南侧污水管
					K2+590～K2+710 南侧污水管
					K2+710～K2+861 南侧污水管
					K2+010～K2+100 北侧雨水管
					K2+100～K2+220 北侧雨水管
					K2+220～K2+340 北侧雨水管
					K2+340～K2+460 北侧雨水管
					K2+460～K2+580 北侧雨水管
					K2+580～K2+708 北侧雨水管
					K2+708～K2+884 北侧雨水管
					K2+010～K2+100 南侧雨水管
					K2+100～K2+220 南侧雨水管
					K2+220～K2+340 南侧雨水管
					K2+340～K2+460 南侧雨水管
					K2+460～K2+580 南侧雨水管
					K2+580～K2+715 南侧雨水管
					K2+715～K2+889 南侧雨水管
					K2+000～K2+120 北侧给水管
					K2+120～K2+240 北侧给水管
					K2+240～K2+360 北侧给水管
					K2+360～K2+480 北侧给水管
					K2+480～K2+600 北侧给水管
					K2+600～K2+720 北侧给水管
					K2+720～K2+856.60 北侧给水管
					K2+000～K2+120 南侧给水管
					K2+120～K2+240 南侧给水管
					K2+240～K2+360 南侧给水管
					K2+360～K2+480 南侧给水管
					K2+480～K2+600 南侧给水管
					K2+600～K2+720 南侧给水管
					K2+720～K2+856.60 南侧给水管
					K2+150 综合管沟
					K2+330 综合管沟
					K2+510 综合管沟
					K2+690 综合管沟
			沟槽支撑	沟槽支护	K2+010～K2+100 北侧雨水管
					K2+100～K2+220 北侧雨水管
					K2+220～K2+340 北侧雨水管
					K2+340～K2+460 北侧雨水管
					K2+460～K2+580 北侧雨水管
					K2+580～K2+708 北侧雨水管

续表

序号	分部工程	子分部工程	分项工程	验收批	验收批划分部位
1	土石方	—	沟槽支撑	沟槽支护	K2+708～K2+884 北侧雨水管
					K2+010～K2+100 南侧雨水管
					K2+100～K2+220 南侧雨水管
					K2+220～K2+340 南侧雨水管
					K2+340～K2+460 南侧雨水管
					K2+460～K2+580 南侧雨水管
					K2+580～K2+715 南侧雨水管
					K2+715～K2+889 南侧雨水管
			沟槽回填	沟槽回填	K2+020～K2+110 北侧污水管
					K2+110～K2+230 北侧污水管
					K2+230～K2+350 北侧污水管
					K2+350～K2+470 北侧污水管
					K2+470～K2+590 北侧污水管
					K2+590～K2+710 北侧污水管
					K2+710～K2+856 北侧污水管
					K2+020～K2+110 南侧污水管
					K2+110～K2+230 南侧污水管
					K2+230～K2+350 南侧污水管
					K2+350～K2+470 南侧污水管
					K2+470～K2+590 南侧污水管
					K2+590～K2+710 南侧污水管
					K2+710～K2+861 南侧污水管
					K2+010～K2+100 北侧雨水管
					K2+100～K2+220 北侧雨水管
					K2+220～K2+340 北侧雨水管
					K2+340～K2+460 北侧雨水管
					K2+460～K2+580 北侧雨水管
					K2+580～K2+708 北侧雨水管
					K2+708～K2+884 北侧雨水管
					K2+010～K2+100 南侧雨水管
					K2+100～K2+220 南侧雨水管
					K2+220～K2+340 南侧雨水管
					K2+340～K2+460 南侧雨水管
					K2+460～K2+580 南侧雨水管
					K2+580～K2+715 南侧雨水管
					K2+715～K2+889 南侧雨水管
					K2+000～K2+120 北侧给水管

续表

序号	分部工程	子分部工程	分项工程	验收批	验收批划分部位
1	土石方	—	沟槽回填	沟槽回填	K2＋120～K2＋240 北侧给水管
					K2＋240～K2＋360 北侧给水管
					K2＋360～K2＋480 北侧给水管
					K2＋480～K2＋600 北侧给水管
					K2＋600～K2＋720 北侧给水管
					K2＋720～K2＋856.60 北侧给水管
					K2＋000～K2＋120 南侧给水管
					K2＋120～K2＋240 南侧给水管
					K2＋240～K2＋360 南侧给水管
					K2＋360～K2＋480 南侧给水管
					K2＋480～K2＋600 南侧给水管
					K2＋600～K2＋720 南侧给水管
					K2＋720～K2＋856.60 南侧给水管
					K2＋150 综合管沟
					K2＋330 综合管沟
					K2＋510 综合管沟
					K2＋690 综合管沟
2	预制管开槽施工主体结构	混凝土类管道	管道基础	管道基础	K2＋020～K2＋110 北侧污水管
					K2＋110～K2＋230 北侧污水管
					K2＋230～K2＋350 北侧污水管
					K2＋350～K2＋470 北侧污水管
					K2＋470～K2＋590 北侧污水管
					K2＋590～K2＋710 北侧污水管
					K2＋710～K2＋856 北侧污水管
					K2＋020～K2＋110 南侧污水管
					K2＋110～K2＋230 南侧污水管
					K2＋230～K2＋350 南侧污水管
					K2＋350～K2＋470 南侧污水管
					K2＋470～K2＋590 南侧污水管
					K2＋590～K2＋710 南侧污水管
					K2＋710～K2＋861 南侧污水管
			管道铺设	管道铺设	K2＋020～K2＋110 北侧污水管
					K2＋110～K2＋230 北侧污水管
					K2＋230～K2＋350 北侧污水管
					K2＋350～K2＋470 北侧污水管
					K2＋470～K2＋590 北侧污水管
					K2＋590～K2＋710 北侧污水管

续表

<table>
<tr><th>序号</th><th>分部工程</th><th>子分部工程</th><th>分项工程</th><th>验收批</th><th>验收批划分部位</th></tr>
<tr><td rowspan="37">2</td><td rowspan="37">预制管开槽施工主体结构</td><td rowspan="22">混凝土类管道</td><td rowspan="8">管道铺设</td><td rowspan="8">管道铺设</td><td>K2+710～K2+856 北侧污水管</td></tr>
<tr><td>K2+020～K2+110 南侧污水管</td></tr>
<tr><td>K2+110～K2+230 南侧污水管</td></tr>
<tr><td>K2+230～K2+350 南侧污水管</td></tr>
<tr><td>K2+350～K2+470 南侧污水管</td></tr>
<tr><td>K2+470～K2+590 南侧污水管</td></tr>
<tr><td>K2+590～K2+710 南侧污水管</td></tr>
<tr><td>K2+710～K2+861 南侧污水管</td></tr>
<tr><td rowspan="14">钢筋混凝土管接口连接</td><td rowspan="14">钢筋混凝土管接口连接</td><td>K2+020～K2+110 北侧污水管</td></tr>
<tr><td>K2+110～K2+230 北侧污水管</td></tr>
<tr><td>K2+230～K2+350 北侧污水管</td></tr>
<tr><td>K2+350～K2+470 北侧污水管</td></tr>
<tr><td>K2+470～K2+590 北侧污水管</td></tr>
<tr><td>K2+590～K2+710 北侧污水管</td></tr>
<tr><td>K2+710～K2+856 北侧污水管</td></tr>
<tr><td>K2+020～K2+110 南侧污水管</td></tr>
<tr><td>K2+110～K2+230 南侧污水管</td></tr>
<tr><td>K2+230～K2+350 南侧污水管</td></tr>
<tr><td>K2+350～K2+470 南侧污水管</td></tr>
<tr><td>K2+470～K2+590 南侧污水管</td></tr>
<tr><td>K2+590～K2+710 南侧污水管</td></tr>
<tr><td>K2+710～K2+861 南侧污水管</td></tr>
<tr><td rowspan="15">化学建材管</td><td rowspan="15">管道基础</td><td rowspan="15">管道基础</td><td>K2+010～K2+100 北侧雨水管</td></tr>
<tr><td>K2+100～K2+220 北侧雨水管</td></tr>
<tr><td>K2+220～K2+340 北侧雨水管</td></tr>
<tr><td>K2+340～K2+460 北侧雨水管</td></tr>
<tr><td>K2+460～K2+580 北侧雨水管</td></tr>
<tr><td>K2+580～K2+708 北侧雨水管</td></tr>
<tr><td>K2+708～K2+884 北侧雨水管</td></tr>
<tr><td>K2+010～K2+100 南侧雨水管</td></tr>
<tr><td>K2+100～K2+220 南侧雨水管</td></tr>
<tr><td>K2+220～K2+340 南侧雨水管</td></tr>
<tr><td>K2+340～K2+460 南侧雨水管</td></tr>
<tr><td>K2+460～K2+580 南侧雨水管</td></tr>
<tr><td>K2+580～K2+715 南侧雨水管</td></tr>
<tr><td>K2+715～K2+889 南侧雨水管</td></tr>
<tr><td>K2+000～K2+120 北侧给水管</td></tr>
</table>

续表

序号	分部工程	子分部工程	分项工程	验收批	验收批划分部位
2	预制管开槽施工主体结构	化学建材管	管道基础	管道基础	K2+120～K2+240 北侧给水管
					K2+240～K2+360 北侧给水管
					K2+360～K2+480 北侧给水管
					K2+480～K2+600 北侧给水管
					K2+600～K2+720 北侧给水管
					K2+720～K2+856.60 北侧给水管
					K2+000～K2+120 南侧给水管
					K2+120～K2+240 南侧给水管
					K2+240～K2+360 南侧给水管
					K2+360～K2+480 南侧给水管
					K2+480～K2+600 南侧给水管
					K2+600～K2+720 南侧给水管
					K2+720～K2+856.60 南侧给水管
					K2+150 综合管沟
					K2+330 综合管沟
					K2+510 综合管沟
					K2+690 综合管沟
			管道铺设	管道铺设	K2+010～K2+100 北侧雨水管
					K2+100～K2+220 北侧雨水管
					K2+220～K2+340 北侧雨水管
					K2+340～K2+460 北侧雨水管
					K2+460～K2+580 北侧雨水管
					K2+580～K2+708 北侧雨水管
					K2+708～K2+884 北侧雨水管
					K2+010～K2+100 南侧雨水管
					K2+100～K2+220 南侧雨水管
					K2+220～K2+340 南侧雨水管
					K2+340～K2+460 南侧雨水管
					K2+460～K2+580 南侧雨水管
					K2+580～K2+715 南侧雨水管
					K2+715～K2+889 南侧雨水管
					K2+000～K2+120 北侧给水管
					K2+120～K2+240 北侧给水管
					K2+240～K2+360 北侧给水管
					K2+360～K2+480 北侧给水管
					K2+480～K2+600 北侧给水管
					K2+600～K2+720 北侧给水管

续表

序号	分部工程	子分部工程	分项工程	验收批	验收批划分部位
2	预制管开槽施工主体结构	化学建材管	管道铺设	管道铺设	K2+720～K2+856.60 北侧给水管
					K2+000～K2+120 南侧给水管
					K2+120～K2+240 南侧给水管
					K2+240～K2+360 南侧给水管
					K2+360～K2+480 南侧给水管
					K2+480～K2+600 南侧给水管
					K2+600～K2+720 南侧给水管
					K2+720～K2+856.60 南侧给水管
					K2+150 综合管沟
					K2+330 综合管沟
					K2+510 综合管沟
					K2+690 综合管沟
			化学建材管接口连接	化学建材管接口连接	K2+010～K2+100 北侧雨水管
					K2+100～K2+220 北侧雨水管
					K2+220～K2+340 北侧雨水管
					K2+340～K2+460 北侧雨水管
					K2+460～K2+580 北侧雨水管
					K2+580～K2+708 北侧雨水管
					K2+708～K2+884 北侧雨水管
					K2+010～K2+100 南侧雨水管
					K2+100～K2+220 南侧雨水管
					K2+220～K2+340 南侧雨水管
					K2+340～K2+460 南侧雨水管
					K2+460～K2+580 南侧雨水管
					K2+580～K2+715 南侧雨水管
					K2+715～K2+889 南侧雨水管
					K2+000～K2+120 北侧给水管
					K2+120～K2+240 北侧给水管
					K2+240～K2+360 北侧给水管
					K2+360～K2+480 北侧给水管
					K2+480～K2+600 北侧给水管
					K2+600～K2+720 北侧给水管
					K2+720～K2+856.60 北侧给水管
					K2+000～K2+120 南侧给水管
					K2+120～K2+240 南侧给水管
					K2+240～K2+360 南侧给水管
					K2+360～K2+480 南侧给水管
					K2+480～K2+600 南侧给水管
					K2+600～K2+720 南侧给水管
					K2+720～K2+856.60 南侧给水管
					K2+150 综合管沟
					K2+330 综合管沟
					K2+510 综合管沟
					K2+690 综合管沟

续表

序号	分部工程	子分部工程	分项工程	验收批	验收批划分部位
3	管道附属构筑物	—	井室	井室	K2＋020～K2＋110 北侧污水管
					K2＋110～K2＋230 北侧污水管
					K2＋230～K2＋350 北侧污水管
					K2＋350～K2＋470 北侧污水管
					K2＋470～K2＋590 北侧污水管
					K2＋590～K2＋710 北侧污水管
					K2＋710～K2＋856 北侧污水管
					K2＋020～K2＋110 南侧污水管
					K2＋110～K2＋230 南侧污水管
					K2＋230～K2＋350 南侧污水管
					K2＋350～K2＋470 南侧污水管
					K2＋470～K2＋590 南侧污水管
					K2＋590～K2＋710 南侧污水管
					K2＋710～K2＋861 南侧污水管
					K2＋010～K2＋100 北侧雨水管
					K2＋100～K2＋220 北侧雨水管
					K2＋220～K2＋340 北侧雨水管
					K2＋340～K2＋460 北侧雨水管
					K2＋460～K2＋580 北侧雨水管
					K2＋580～K2＋708 北侧雨水管
					K2＋708～K2＋884 北侧雨水管
					K2＋010～K2＋100 南侧雨水管
					K2＋100～K2＋220 南侧雨水管
					K2＋220～K2＋340 南侧雨水管
					K2＋340～K2＋460 南侧雨水管
					K2＋460～K2＋580 南侧雨水管
					K2＋580～K2＋715 南侧雨水管
					K2＋715～K2＋889 南侧雨水管
					K2＋000～K2＋120 北侧给水管
					K2＋120～K2＋240 北侧给水管
					K2＋240～K2＋360 北侧给水管
					K2＋360～K2＋480 北侧给水管
					K2＋480～K2＋600 北侧给水管
					K2＋600～K2＋720 北侧给水管
					K2＋720～K2＋856.60 北侧给水管
					K2＋000～K2＋120 南侧给水管
					K2＋120～K2＋240 南侧给水管

续表

序号	分部工程	子分部工程	分项工程	验收批	验收批划分部位
3	管道附属构筑物	—	井室	井室	K2＋240～K2＋360 南侧给水管
					K2＋360～K2＋480 南侧给水管
					K2＋480～K2＋600 南侧给水管
					K2＋600～K2＋720 南侧给水管
					K2＋720～K2＋856.60 南侧给水管
					K2＋150 综合管沟
					K2＋330 综合管沟
					K2＋510 综合管沟
					K2＋690 综合管沟
			雨水口及支、连管	雨水口及支、连管	K2＋010～K2＋100 北侧雨水管
					K2＋100～K2＋220 北侧雨水管
					K2＋220～K2＋340 北侧雨水管
					K2＋340～K2＋460 北侧雨水管
					K2＋460～K2＋580 北侧雨水管
					K2＋580～K2＋708 北侧雨水管
					K2＋708～K2＋884 北侧雨水管
					K2＋010～K2＋100 南侧雨水管
					K2＋100～K2＋220 南侧雨水管
					K2＋220～K2＋340 南侧雨水管
					K2＋340～K2＋460 南侧雨水管
					K2＋460～K2＋580 南侧雨水管
					K2＋580～K2＋715 南侧雨水管
					K2＋715～K2＋889 南侧雨水管

验收批划分方案说明

《给水排水管道工程施工质量验收规范》（GB 50268—2008）第 172～173 页关于验收批的划分（详见表 4-1）：

（1）土石方与地基处理分部工程及预制管开槽施工主体结构分部工程验收批的划分：①按流水施工长度；②排水管道按井段；③给水管道按一定长度连续施工段或自然划分段（路段）；④其他便于过程质量控制方法。

（2）附属构筑物分部工程验收批的划分：同一结构类型的附属构筑物不大于 10 个。

（3）综合（1）、（2），同时结合工程施工现场实际情况，本书工程案例的给水排水管道工程均按里程划分，例如污水工程：K2＋020～K2＋110 北侧污水管，为此，查阅附录 2×××市×××道路工程施工图排水管道平面图施-排 05 或北侧污水管道纵断面图施-排 06，便可清晰地知道 K2＋020～K2＋110 北侧污水管施工长度为 90m，管径 *D*300，3 个井段，新建检查井为 WN1、WN2、WN3，共 3 个检查井。

第二节　单位工程施工管理资料

一、单位工程施工管理资料概述

本节依据《建设工程文件归档规范》（GB/T 50328—2014）及表 3-1 地下管线工程文件归档范围，同时结合各地、市公共工程（或市政工程）质量监督站编制的公共工程（或市政工程）单位（子单位）工程竣工验收文件和资料目录，将施工现场管理检查记录、开工申请及开工令、测量复测记录、施工组织设计、施工方案、施工日记、技术交底及质量监督登记书、施工许可证、规划许可证等工程能够合法开工的证明文件一并纳入单位工程施工管理资料。

二、单位工程施工管理资料明细

单位工程施工管理资料明细见表 4-2。

表 4-2　单位工程施工管理资料明细表

序号	文件和资料名称	备注
1	地质勘察报告	略
2	中标通知书	略
3	施工合同	略
4	施工图设计文件审查批准书(施工图审查)	略
5	质量监督登记书	略
6	规划许可证/施工许可证	略
7	图纸会审纪要/设计变更或洽商	略
8	施工组织设计/专项施工方案/方案报审表	略
9	施工现场质量管理检查记录表	附填写示例
10	设备进场报验资料	略
11	开工令/分项工程开工报告	附填写示例
12	测量交接桩记录	附填写示例
13	导线点复测记录/测量成果报验表	附填写示例
14	水准点复测记录/测量成果报验表	附填写示例
15	技术交底单	附填写示例
16	分包单位的资质审查和管理记录	略
17	计量设备校核资料	略
18	质量问题整改通知书/整改完成情况报告	略
19	工程局部暂停施工通知书/工程复工通知书	略
20	工程质量事故处理记录及有关资料	略
21	行政处罚记录	略
22	施工日志	附填写示例
23	竣工图	略
24	其他资料	略

三、单位工程施工管理资料填写示例

单位工程施工管理资料填写示例见表4-3～表4-12。

表4-3 施工现场质量管理检查记录

GB 50300—2013　　　　开工日期：××××年××月××日

<table>
<tr><td>工程名称</td><td colspan="2">×××市×××道路工程</td><td colspan="2">施工许可证(开工证)号</td><td colspan="2"></td></tr>
<tr><td>建设单位</td><td colspan="2"></td><td colspan="2">项目负责人</td><td colspan="2"></td></tr>
<tr><td>设计单位</td><td colspan="2"></td><td colspan="2">项目负责人</td><td colspan="2"></td></tr>
<tr><td>监理单位</td><td colspan="2"></td><td colspan="2">总监理工程师</td><td colspan="2"></td></tr>
<tr><td>施工单位</td><td colspan="2">×××市政集团工程有限责任公司</td><td>项目负责人</td><td>潘××</td><td>项目技术负责人</td><td>项××</td></tr>
<tr><td>序号</td><td colspan="2">项　目</td><td colspan="4">内　容</td></tr>
<tr><td>1</td><td colspan="2">项目部质量管理体系</td><td colspan="4">过程控制、合格控制的质量管理体系；三检及交接检验制度；每周质量例会制度；每月度质量评定奖励制度；质量事故责任制度</td></tr>
<tr><td>2</td><td colspan="2">现场质量责任制</td><td colspan="4">岗位责任制；设计交底会制；技术交底制；挂牌制度</td></tr>
<tr><td>3</td><td colspan="2">主要专业工种操作岗位证书</td><td colspan="4">测量员、焊工、沥青混凝土摊铺机操作工、电工等专业工种，上岗证书齐全</td></tr>
<tr><td>4</td><td colspan="2">分包单位管理制度</td><td colspan="4">—</td></tr>
<tr><td>5</td><td colspan="2">图纸会审记录</td><td colspan="4">已经进行了图纸会审，四方签字确认完毕</td></tr>
<tr><td>6</td><td colspan="2">地质勘察资料</td><td colspan="4">地质勘探报告</td></tr>
<tr><td>7</td><td colspan="2">施工技术标准</td><td colspan="4">现场配备有设计要求的施工技术标准及质量验收规范</td></tr>
<tr><td>8</td><td colspan="2">施工组织设计、施工方案编制及审批</td><td colspan="4">施工组织设计、施工方案已编制并审批</td></tr>
<tr><td>9</td><td colspan="2">物资采购管理制度</td><td colspan="4">物资采购管理制度</td></tr>
<tr><td>10</td><td colspan="2">施工设施和机械设备管理制度</td><td colspan="4">施工设施和机械设备管理制度</td></tr>
<tr><td>11</td><td colspan="2">计量设备配备</td><td colspan="4">计量设备配备管理制度和计量设施的精确度及控制措施</td></tr>
<tr><td>12</td><td colspan="2">检测试验管理制度</td><td colspan="4">检测试验管理制度</td></tr>
<tr><td>13</td><td colspan="2">工程质量检查验收制度</td><td colspan="4">验收制度合理，符合法规及规范的要求，各项验收环节已经落实到人</td></tr>
<tr><td>14</td><td colspan="2"></td><td colspan="4"></td></tr>
<tr><td colspan="3">自检结果：
现场质量管理制度齐全

施工单位项目负责人：

年　月　日</td><td colspan="4">检查结论：
现场质量管理制度基本完善

总监理工程师：
(建设单位项目负责人)
年　月　日</td></tr>
</table>

表 4-4 工程开工令

工程名称：×××市×××道路工程　　　　　　　　　　　　　　　　　　　　　　编号：01

致：×××市政集团工程有限责任公司（施工单位）

经审查，本工程已具备施工合同约定的开工条件，现同意你方开始施工，开工日期为××××年××月××日。

附件：工程开工报审表

项目监理机构（盖章）

总监理工程师（签字、加盖执业印章）

年　　月　　日

注：本表一式三份，项目监理机构、建设单位、施工单位各一份。

表 4-5　工程开工报审表

工程名称：×××市×××道路工程　　　　　　　　　　　　　　　　　　　　　　　编号：01

<table>
<tr><td>
致：________________（建设单位）________________（项目监理机构）

我方承担的×××市×××道路工程　工程，已完成相关准备工作，具备开工条件，特申请于××××年××月××日开工，请予以审批。

项目附件：（证明文件资料）

施工现场质量管理检查记录表及其附件

施工单位（盖章）

项目经理（签字）________

年　　月　　日
</td></tr>
<tr><td>
审核意见：

1.检查施工许可证，施工现场主要管理人员和特殊工种作业人员资格证明文件符合要求；
2.质量、技术、安全等管理体系已建立，各专业人员上岗证齐全；
3.施工组织设计已审批，主要人员（项目经理、专业技术管理人员等）已到位，部分材料和机具已进场，符合开工条件；
4.施工现场道路、水电、通信等已达到开工条件，同意于××××年××月××日正式开工。

项目监理机构（盖章）

总监理工程师（签字、加盖执业印章）________

年　　月　　日
</td></tr>
<tr><td>
审批意见：

建设单位（盖章）

建设单位代表（签字）________

年　　月　　日
</td></tr>
</table>

注：本表一式三份，项目监理机构、建设单位、施工单位各一份。

表 4-6　测量交接桩记录

<table>
<tr><td colspan="2">工程名称</td><td colspan="2">×××市×××道路工程</td><td colspan="2">主持单位</td><td colspan="2">×××建设集团有限公司</td></tr>
<tr><td colspan="2">交桩单位</td><td colspan="2">×××建筑设计院</td><td colspan="2">接桩单位</td><td colspan="2">×××市政集团工程有限责任公司</td></tr>
<tr><td colspan="2">主持人</td><td colspan="2">林××</td><td colspan="2">交接桩日期</td><td colspan="2">××××年××月××日</td></tr>
<tr><td colspan="2">交接桩类别</td><td colspan="2">控制桩点</td><td colspan="2">交桩施工范围</td><td colspan="2">K2＋000～K2＋907.625</td></tr>
<tr><td rowspan="4">交接桩内容</td><td>编号</td><td>QD</td><td>JD1</td><td>ZD</td><td></td><td></td><td></td></tr>
<tr><td>交方测量成果</td><td>X:2628636.129
Y:467032.177</td><td>X:2628949.728
Y:467559.463</td><td>X:2629231.861
Y:467687.315</td><td></td><td></td><td></td></tr>
<tr><td>现场复测结果</td><td>X:2628636.127
Y:467032.177</td><td>X:2628949.728
Y:467559.461</td><td>X:2629231.809
Y:467687.315</td><td></td><td></td><td></td></tr>
<tr><td>结论</td><td>精度满足要求</td><td>精度满足要求</td><td>精度满足要求</td><td></td><td></td><td></td></tr>
<tr><td>附图或说明</td><td colspan="7">导线点位于×××路,用于×××道路工程施工测量</td></tr>
<tr><td>交接桩意见</td><td colspan="7">经复测,精度满足要求</td></tr>
<tr><td rowspan="2">会签栏</td><td colspan="2">主持单位(公章)</td><td colspan="2">交桩单位(公章)</td><td colspan="2">接桩单位(公章)</td><td>监理单位(公章)</td></tr>
<tr><td colspan="2">主持人:</td><td colspan="2">交桩人:</td><td colspan="2">接桩人:</td><td>见证人:</td></tr>
</table>

表 4-7　导线点复测记录

工程名称：×××市×××道路工程　　施工单位：×××市政集团工程有限责任公司　　复测部位：　　　　日期：　年　月　日

测点	测角	方位角	距离 /m	纵坐标增量 ΔX /m	横坐标增量 ΔY /m	纵坐标 X /m	横坐标 Y /m	备　注
N1						2861597.04	393082.52	（仅作参考，非本工程数据）
		153°25′42″	119.189	−106.6	+53.315			
N2	193°21′30″					2861490.44	393135.835	（仅作参考，非本工程数据）
		166°47′12″	114.75	−111.712	+26.229			
N3	143°20′43″					2861378.728	393162.064	（仅作参考，非本工程数据）
		130°07′55″	123.7105	−79.738	+94.584			
N4	165°57′59″					2861298.99	393256.648	（仅作参考，非本工程数据）
		116°05′55″	382.9255	−168.455	+343.882			
N5	110°11′23″					2861130.535	393600.53	（仅作参考，非本工程数据）
		146°17′18″	295.32	−245.667	+163.912			
N6						2860884.868	393764.442	（仅作参考，非本工程数据）

计算(另附简图)：

1. 角度闭合差：$f_{测}=+36''$，$f_{容}=\pm49''$
2. 坐标增量闭合差：$f_X=-0.212\text{m}$，$f_Y=+0.215\text{m}$
3. 导线相对闭合差：$f=0.303\text{m}$，$K\approx1/3420<1/2000$

结论：

精度符合设计要求

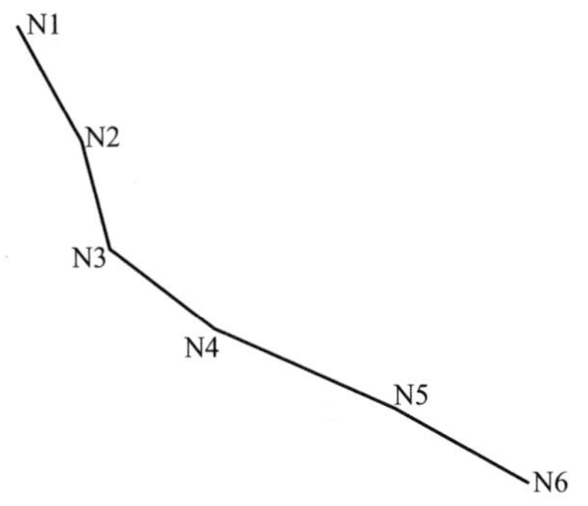

观测：　　复测：　　计算：　　施工项目技术负责人：

表 4-8 水准点复测记录

施记表 2

工程名称：×××市×××道路工程 施工单位：×××市政集团工程有限责任公司 复核部位：

日期：年 月 日

测点	(1) 后视/m	(2) 前视/m	(3)高差/m + (3)=(1)−(2)	 − (3)=(1)−(2)	(4) 高程/m	备注
D01	1.059				87.087	
BM1	1.328	0.89	0.169		87.256	
BM2	1.231	1.109	0.219		87.475	
BM3	1.136	1.538		−0.307	87.168	
D01		1.231		−0.095	87.073	

计算：

实测闭合差=0 容许闭合差= ±37mm

结论：

合格

观测： 复测： 计算： 施工项目技术负责人：

表 4-9　施工控制测量成果报验表

工程名称：×××市×××道路工程　　　　　　　　　　　　　　　　编号：CL-001

<table>
<tr><td>
致：________________________________（项目监理机构）
我方已完成　×××市×××道路工程　的施工控制测量，经自检合格，请予以查验。
附：
1. 工控制测量依据资料：规划红线、基准点、引进水准点标高文件资料。
2. 施工控制测量成果表：导线点复测记录，水准点复测记录。
3. 测量人员的资格证书及测量设备检定证书。

施工项目经理部（盖章）

项目技术负责人（签字）__________
年　月　日
</td></tr>
<tr><td>
审查意见：

测量复核符合要求

专业监理工程师（签字）__________
年　月　日
</td></tr>
</table>

注：本表一式三份，项目监理机构、建设单位、施工单位各一份。

《施工控制测量成果报验表》应用指南内容如下：

（1）背景事件　施工单位在收到监理单位 5 月 28 日开具的工程开工令后，立即组织测量人员根据建设单位提供的规划红线、基准或基准点、引进水准点标高文件进行了工程平面控制网和高程控制网布设测量工作，施工项目经理部于 5 月 29 日报监理复核。

（2）规范对应条文　《建设工程监理规范》（GB/T 50319—2013）第 5.2.5 条、第 5.2.6 条。

（3）规范用表说明　测量放线的专业测量人员资格（测量人员的资格证书）及测量设备资料（施工测量放线使用测量仪器的名称、型号、编号、校验资料等）应经项目监理机构确认。

测量依据资料及测量成果包括下列内容：

① 平面、高程控制测量　需报送控制测量依据资料、控制测量成果表（包含平差计算表）及附图。

② 定位放样　报送放样依据、放样成果表及附图。

（4）适用范围　本表用于施工单位施工控制测量完成并自检合格后，报送项目监理机构复核确认。

（5）填表注意事项　收到施工单位报送的《施工控制测量成果报验表》后，报专业监理工程师批复。专业监理工程师按标准规范有关要求，进行控制网布设、测点保护、仪器精度、观测规范、记录清晰等方面的检查、审核，意见栏应填写是否符合技术规范、设计等的具体要求，重点应进行必要的内业及外业复核；符合规定时，由专业监理工程师签认。

注：表 4-9《施工控制测量成果报验表》应用指南参考自《建设工程监理规范》（GB/T 50319—2013）应用指南第 98 页。

表 4-10　施工组织设计或（专项）施工方案报审表

工程名称：×××市×××道路工程　　　　　　　　　　　　　　　　　　　　　　　　编号：01

致：＿＿＿＿＿＿＿＿＿＿＿＿＿＿（项目监理机构） 我方已完成　×××市×××道路工程　工程施工组织设计或（专项）施工方案的编制，并按定已完成相关审批手续，请予以审查。 附：√　施工组织设计 专项施工方案 施工方案 施工项目经理部（盖章） 项目经理（签字）＿＿＿＿＿＿ 年　月　日
审查意见： 1. 编审程序符合相关规定； 2. 本施工组织设计编制内容能够满足本工程施工质量目标、进度目标、安全生产和文明施工目标均满足合同要求； 3. 施工平面布置满足工程质量进度要求； 4. 施工进度、施工方案及工程质量保证措施可行； 5. 资金、劳动力、材料、设备等资源供应计划与进度计划基本衔接； 6. 安全生产保障体系及采用的技术措施基本符合相关标准要求。 专业监理工程师（签字）＿＿＿＿＿＿ 年　月　日
审核意见： 同意专业监理工程师的意见，请严格按照施工组织设计组织施工。 项目监理机构（盖章） 总监理工程师（签字、加盖执业印章）＿＿＿＿＿＿ 年　月　日
审批意见（仅对超过一定规模的危险性较大的分部分项工程专项方案）： 建设单位（盖章） 建设单位代表（签字）＿＿＿＿＿＿ 年　月　日

注：本表一式三份，项目监理机构、建设单位、施工单位各一份。

《施工组织设计或（专项）施工方案报审表》应用指南内容如下：

（1）背景事件　施工单位已根据合同要求完成了本工程的《道路工程施工组织设计》，并经施工单位技术负责人审批，报监理单位审核。

（2）规范对应条文　《建设工程监理规范》（GB/T 50319—2013）第 5.1.6 条、第 5.1.7 条、第 5.2.2 条、第 5.2.3 条、第 5.5.3 条、第 5.5.4 条。

（3）规范用表说明　施工单位编制的施工组织设计/（专项）施工方案应有施工单

位技术负责人审核签字并加盖施工单位公章。有分包单位的，分包单位编制的施工组织设计/(专项）施工方案均应由施工单位按规定完成相关审批手续后，报送项目监理机构审核。

（4）适用范围　本表除用于施工组织设计或（专项）施工方案报审及施工组织设计（方案）发生改变后的重新报审外，还可用于对危及结构安全或使用功能的分项工程整改方案的报审及重点部位、关键工序的施工工艺、四新技术的工艺方法和确保工程质量的措施的报审。

（5）填表注意事项

① 对分包单位编制的施工组织设计或（专项）施工方案均应由施工单位按相关规定完成相关审批手续后，报项目监理机构审核。

② 施工单位编制的施工组织设计经施工单位技术负责人审批同意并加盖施工单位公章后，与施工组织设计报审表一并报送项目监理机构。

③ 对危及结构安全或使用功能的分项工程整改方案的报审，在证明文件中应有建设单位、设计单位、监理单位各方共同认可的书面意见。

注：表 4-10《施工组织设计或（专项）方案》应用指南参考自《建设工程监理规范》（GB/T 50319—2013）应用指南第 88 页。

表 4-11　施工图设计文件会审记录

施管表 4

<table>
<tr><td>工程名称</td><td colspan="5">×××市×××道路工程</td></tr>
<tr><td>图纸会审部位</td><td colspan="2">道路工程　施-路 01～26</td><td colspan="2">日　　期</td><td>年　　月　　日</td></tr>
<tr><td colspan="6">会审中发现的问题：

设计说明：
“沥青混凝土路面结构达到临界状态时的设计年限”为旧规范用词，不符合要求，应采用现行规范用词。</td></tr>
<tr><td colspan="6">处理情况：

已修改为“沥青混凝土路面结构的设计使用年限”。</td></tr>
<tr><td colspan="6">参加会审单位及人员</td></tr>
<tr><td>单位名称</td><td>姓名</td><td>职务</td><td>单位名称</td><td>姓名</td><td>职务</td></tr>
<tr><td>×××市政集团工程有限责任公司</td><td>手写签名</td><td>项目经理</td><td>×××监理公司</td><td>手写签名</td><td>监理工程师</td></tr>
<tr><td>×××市政集团工程有限责任公司</td><td>手写签名</td><td>技术负责人</td><td></td><td></td><td></td></tr>
<tr><td>×××设计院</td><td>手写签名</td><td>设计负责人</td><td></td><td></td><td></td></tr>
<tr><td>×××监理公司</td><td>手写签名</td><td>总监理工程师</td><td></td><td></td><td></td></tr>
</table>

表 4-12　施工技术交底记录

××××年××月××日　　　　施管表 5

<table>
<tr><td>工程名称</td><td colspan="2">×××市×××道路工程</td><td>分部工程</td><td colspan="2">路基</td></tr>
<tr><td>分项工程名称</td><td colspan="5">石方路基</td></tr>
<tr><td colspan="6">交底内容：
施工准备
技术准备
1.认真审核工程施工图纸及设计说明书，做好图纸会审记录。
2.编制施工方案，制定质量、安全等技术保证措施，并经有关单位审批。对施工人员进行详细的技术、安全交底。
3.根据设计文件，对导线点、中线、水准点进行复核，依据路线中桩确定路基填筑边界桩和坡脚桩。在距中线一定安全距离处设立控制桩，其间隔不宜大于 50m；在不大于 200m 的段落内埋设控制标高的控制桩。
4.施工前先修筑试验路段，以确定能达到最大压实干密度的松铺厚度与压实机械组合，及相应的压实遍数、沉降差等施工参数。
材料要求
填石路基施工的主要材料为石料，片石粒径大小不宜小于 300mm，且小于 300mm 粒径的片石含量不超过 20%。
机具设备
1.工程机械：自卸汽车、重型振动压路机、洒水车等。
2.施工测量仪器和试验检验设备：全站仪、水准仪、经纬仪、灌砂筒、3m 靠尺、钢尺等。
施工工艺流程
测量放线—填料装运—路基填筑—摊铺整平—碾压成型—路基压实度检测验收
成品保护
1.成型路基不得用作施工道路，施工中的重型车辆尽可能通过施工便道。
2.分层碾压与边坡码砌同步进行，碾压宽度包括路肩同步碾压施工。
应注意的质量问题
1.为防止路基出现整体下沉或局部下沉现象，应对工程地质不良地段，会同设计、监理人员进行现场查看，制定科学合理的施工技术措施，在施工过程中严格执行。原地面清表工作应按规范要求彻底清除地表种植土、树根等。
2.压实度达不到标准时，应注意施工过程中严格控制填筑石料厚度、粒径，必须分层碾压，层层检测。
3.防止路基出现边坡坍塌，做好边坡码砌和路基排水设施，保证排水畅通。
环境、职业健康安全管理措施
环境管理措施
1.现场生活垃圾及施工过程中产生的垃圾和废弃物不得随意丢弃，应根据不同情况分别处理，防止污染周围环境。
2.现场存放油料必须对库房进行防渗漏处理，储存和使用应防止油料“跑、冒、滴、漏”污染水体。
3.对施工噪声应进行严格控制，夜间施工作业应采取有效措施，最大限度地减少噪声扰民。
4.施工临时道路定期维修和养护，每天洒水 2～4 次，减少扬尘污染。
职业健康安全管理措施
1.进入施工现场必须按规定佩戴防护用具。
2.填石路基施工期间，各种机械需设专人负责维护，操作手持证上岗，严格执行工程机械的安全技术操作规程。
3.多台压路机同时作业时，压路机前后间距应保持 3m 以上。
4.施工现场的临时用电必须严格遵守《施工现场临时用电安全技术规范》(JGJ 46)的规定。
5.施工现场做好交通安全工作，由专人负责指挥车辆、机械。路口应设置明显的限速及其他交通标志。夜间施工，保证有足够的照明，路口及基准桩附近应设置警示标志。
6.易燃、易爆品必须分开单独存放，并保持一定的安全距离。易燃易爆品的仓库、发电机二房、变电所，应采取必要的安全防护措施，严禁用易燃材料修建。</td></tr>
<tr><td>交底单位</td><td colspan="2"></td><td>接收单位</td><td colspan="2"></td></tr>
<tr><td>交底人</td><td colspan="2"></td><td>接收人</td><td colspan="2"></td></tr>
</table>

第三节　土石方与地基处理分部工程

一、土石方与地基处理分部工程质量验收应具备的资料

根据附录 2×××市×××道路工程施工图内容，该道路工程设计长度约 860m，给排水工程分别设计了污水工程、雨水工程、给水工程及综合管线，另外本工程施工期间遇上雨季，雨水管道沟槽采取钢板桩支护开挖，本节将依据施工图纸结合施工现场土石方与地基处理工程的施工工序以表格（见表 4-13～表 4-27）的形式列出其验收资料。

表 4-13　土石方与地基处理分部工程验收的内容与资料

序号	验收内容	验收资料	备注
1	沟槽开挖、回填施工方案(污水工程、雨水工程、给水工程及综合管线)		略
2	沟槽开挖、回填施工技术交底(污水工程、雨水工程、给水工程及综合管线)		略
3	沟槽临时支护方案(雨水工程)		略
4	沟槽临时支护技术交底(雨水工程)		略
5	施工日记		略
6	沟槽开挖：K2＋020～K2＋110 北侧污水管	沟槽开挖验收批质量验收记录	附填写示例
		槽底高程测量记录	附填写示例
		地基验槽记录	附填写示例
		地基承载力试验、试验报告(第三方出具)	略
		表 4-26 隐蔽工程检查验收记录	附填写示例
	…	…	略
	沟槽开挖：K2＋710～K2＋856 北侧污水管	沟槽开挖验收批质量验收记录	略
		槽底高程测量记录	略
		地基验槽记录	略
		地基承载力试验、试验报告(第三方出具)	略
		表 4-26 隐蔽工程检查验收记录	略
	沟槽开挖：K2＋020～K2＋110 南侧污水管	沟槽开挖验收批质量验收记录	略
		槽底高程测量记录	略
		地基验槽记录	略
		地基承载力试验、试验报告(第三方出具)	略
		表 4-26 隐蔽工程检查验收记录	略
	…	…	略
	沟槽开挖：K2＋710～K2＋861 南侧污水管	沟槽开挖验收批质量验收记录	略
		槽底高程测量记录	略
		地基验槽记录	略
		地基承载力试验、试验报告(第三方出具)	略
		表 4-26 隐蔽工程检查验收记录	略

续表

序号	验收内容	验收资料	备注
	沟槽开挖：K2＋010～K2＋100 北侧雨水管	沟槽开挖验收批质量验收记录	略
		槽底高程测量记录	略
		地基验槽记录	略
		地基承载力试验、试验报告(第三方出具)	略
		表 4-26 隐蔽工程检查验收记录	略
	…	…	略
	沟槽开挖：K2＋708～K2＋884 北侧雨水管	沟槽开挖验收批质量验收记录	略
		槽底高程测量记录	略
		地基验槽记录	略
		地基承载力试验、试验报告(第三方出具)	略
		表 4-26 隐蔽工程检查验收记录	略
	…	…	略
	沟槽开挖：K2＋010～K2＋100 南侧雨水管	沟槽开挖验收批质量验收记录	略
		槽底高程测量记录	略
		地基验槽记录	略
		地基承载力试验、试验报告(第三方出具)	略
		表 4-26 隐蔽工程检查验收记录	略
	…	…	略
	沟槽开挖：K2＋715～K2＋889 南侧雨水管	沟槽开挖验收批质量验收记录	略
		槽底高程测量记录	略
6		地基验槽记录	略
		地基承载力试验、试验报告(第三方出具)	略
		表 4-26 隐蔽工程检查验收记录	略
	…	…	略
	沟槽开挖：K2＋000～K2＋120 北侧给水管	沟槽开挖验收批质量验收记录	略
		槽底高程测量记录	略
		地基验槽记录	略
		地基承载力试验、试验报告(第三方出具)	略
		表 4-26 隐蔽工程检查验收记录	略
	…	…	略
	沟槽开挖：K2＋720～K2＋856.60 北侧给水管	沟槽开挖验收批质量验收记录	略
		槽底高程测量记录	略
		地基验槽记录	略
		地基承载力试验、试验报告(第三方出具)	略
		表 4-26 隐蔽工程检查验收记录	略
	沟槽开挖：K2＋000～K2＋120 南侧给水管	沟槽开挖验收批质量验收记录	略
		槽底高程测量记录	略
		地基验槽记录	略
		地基承载力试验、试验报告(第三方出具)	略
		表 4-26 隐蔽工程检查验收记录	略

续表

序号	验收内容	验收资料	备注
6	…	…	略
	沟槽开挖：K2＋720～K2＋856.60 南侧给水管	沟槽开挖验收批质量验收记录	略
		槽底高程测量记录	略
		地基验槽记录	略
		地基承载力试验、试验报告(第三方出具)	略
		表 4-26 隐蔽工程检查验收记录	略
	…	…	略
	沟槽开挖：K2＋150 综合管沟	沟槽开挖验收批质量验收记录	略
		槽底高程测量记录	略
		地基验槽记录	略
		地基承载力试验、试验报告(第三方出具)	略
		表 4-26 隐蔽工程检查验收记录	略
	…	…	略
	沟槽开挖：K2＋690 综合管沟	沟槽开挖验收批质量验收记录	略
		槽底高程测量记录	略
		地基验槽记录	略
		地基承载力试验、试验报告(第三方出具)	略
		表 4-26 隐蔽工程检查验收记录	略
7	K2＋010～K2＋100 北侧雨水管	沟槽支护验收批质量验收记录	附填写示例
		表 4-27 预检工程检查记录	附填写示例
	…	…	略
	K2＋708～K2＋884 北侧雨水管	沟槽支护验收批质量验收记录	略
		表 4-27 预检工程检查记录	略
	…	…	略
	K2＋715～K2＋889 南侧雨水管	沟槽支护验收批质量验收记录	略
		表 4-27 预检工程检查记录	略
8	排水工程回填隐蔽前须有建设、监理、施工单位认可的现场摄像资料		
	沟槽回填材料	砂石出厂合格证、试验报告	略
		石粉渣、砂性土检验报告	略

续表

序号	验收内容	验收资料	备注
8	沟槽回填：K2＋020～K2＋110 北侧污水管	沟槽回填验收批质量验收记录	附填写示例
		压实度检测——检测报告	略
		表 4-26 隐蔽工程检查验收记录	附填写示例
	…	…	略
	沟槽回填：K2＋710～K2＋856 北侧污水管	沟槽回填验收批质量验收记录	略
		压实度检测——检测报告	略
		表 4-26 隐蔽工程检查验收记录	略
	…	…	略
	沟槽回填：K2＋020～K2＋110 南侧污水管	沟槽回填验收批质量验收记录	略
		压实度检测——检测报告	略
		表 4-26 隐蔽工程检查验收记录	略
	…	…	略
	沟槽回填：K2＋710～K2＋861 南侧污水管	沟槽回填验收批质量验收记录	略
		压实度检测——检测报告	略
		表 4-26 隐蔽工程检查验收记录	略
	…	…	略
	沟槽回填：K2＋010～K2＋100 北侧雨水管	沟槽回填验收批质量验收记录	略
		压实度检测——检测报告	略
		表 4-26 隐蔽工程检查验收记录	略
	…	…	略
	沟槽回填：K2＋708～K2＋884 北侧雨水管	沟槽回填验收批质量验收记录	略
		压实度检测——检测报告	略
		表 4-26 隐蔽工程检查验收记录	略
	…	…	略
	沟槽回填：K2＋010～K2＋100 南侧雨水管	沟槽回填验收批质量验收记录	略
		压实度检测——检测报告	略
		表 4-26 隐蔽工程检查验收记录	略
	…	…	略
	沟槽回填：K2＋715～K2＋889 南侧雨水管	沟槽回填验收批质量验收记录	略
		压实度检测——检测报告	略
		表 4-26 隐蔽工程检查验收记录	略
	…	…	略

续表

序号	验收内容	验收资料	备注
8	沟槽回填：K2＋000～K2＋120 北侧给水管	沟槽回填验收批质量验收记录	略
		压实度检测——检测报告	略
		表 4-26 隐蔽工程检查验收记录	略
	…	…	略
	沟槽回填：K2＋720～K2＋856.60 北侧给水管	沟槽回填验收批质量验收记录	略
		压实度检测——检测报告	略
		表 4-26 隐蔽工程检查验收记录	略
	…	…	略
	沟槽回填：K2＋000～K2＋120 南侧给水管	沟槽回填验收批质量验收记录	略
		压实度检测——检测报告	略
		表 4-26 隐蔽工程检查验收记录	略
	…	…	略
	沟槽回填：K2＋720～K2＋856.60 南侧给水管	沟槽回填验收批质量验收记录	略
		压实度检测——检测报告	略
		表 4-26 隐蔽工程检查验收记录	略
	…	…	略
	沟槽回填：K2＋150 综合管沟	沟槽回填验收批质量验收记录	略
		压实度检测——检测报告	略
		表 4-26 隐蔽工程检查验收记录	略
	…	…	略
	沟槽回填：K2＋690 综合管沟	沟槽回填验收批质量验收记录	略
		压实度检测——检测报告	略
		表 4-26 隐蔽工程检查验收记录	略
9	回填土压实度汇总表		参见路基工程
10	沟槽开挖分项工程	分项工程质量验收记录	附填写实例
11	沟槽支撑分项工程	分项工程质量验收记录	附填写实例
12	沟槽回填分项工程	分项工程质量验收记录	附填写实例
13	土石方与地基处理分部工程	土石方与地基处理分部工程质量验收记录	附填写实例

二、土石方与地基处理分部工程验收资料填写示例

土石方与地基处理分部工程验收资料填写示例见表 4-14～表 4-27。

表 4-14　分部工程报验表

工程名称：××× 市 ××× 道路工程　　　　编号：01

致：________________（项目监理机构）

我方已完成 土石方与地基处理工程施工 （分部工程），经自检合格，现将有关资料报上，请予以验收。

附件：

1. 土石方与地基处理分部工程质量检验记录；

2. 土石方与地基处理分部工程质量控制资料；

3. 土石方与地基处理分部工程安全和功能检验（检测）资料。

施工项目经理部（盖章）

项目技术负责人（签字）________

年　月　日

验收意见：

1. 土石方与地基处理工程施工已完成；

2. 各分项工程所含的验收批质量符合设计和规范要求；

3. 土石方与地基处理工程安全和功能检验资料核查及主要功能抽查符合设计和规范要求；

4. 土石方与地基处理工程实体检测结果合格。

专业监理工程师（签字）________

年　月　日

验收意见：

同意验收。

项目监理机构（盖章）

总监理工程师（签字）________

年　月　日

注：本表一式三份，项目监理机构、建设单位、施工单位各一份。

表 4-15　土石方与地基处理分部工程质量验收记录表（一）

GB 50268—2008　　　　　　　　　　　　　　　　　　　　　　　　给排水质检表　编号：01

<table>
<tr><td colspan="2">工程名称</td><td colspan="2">×××市×××道路工程</td><td>项目经理</td><td colspan="2">潘××</td></tr>
<tr><td colspan="2">施工单位</td><td colspan="2">×××市政集团工程有限责任公司</td><td>项目技术负责人</td><td colspan="2">项××</td></tr>
<tr><td colspan="2">分包单位</td><td colspan="2">—</td><td>分包技术负责人</td><td colspan="2">—</td></tr>
<tr><td>序号</td><td>分项工程名称</td><td>验收批数</td><td colspan="2">施工单位检查评定</td><td colspan="2">验收组验收意见</td></tr>
<tr><td>1</td><td>沟槽开挖</td><td>46</td><td colspan="2"></td><td colspan="2" rowspan="8">所含子分部无遗漏并全部合格，本分部合格，同意验收</td></tr>
<tr><td>2</td><td>沟槽支护</td><td>14</td><td colspan="2"></td></tr>
<tr><td>3</td><td>沟槽回填</td><td>46</td><td colspan="2"></td></tr>
<tr><td></td><td></td><td></td><td colspan="2"></td></tr>
<tr><td></td><td></td><td></td><td colspan="2"></td></tr>
<tr><td></td><td></td><td></td><td colspan="2"></td></tr>
<tr><td></td><td></td><td></td><td colspan="2"></td></tr>
<tr><td></td><td></td><td></td><td colspan="2"></td></tr>
<tr><td colspan="2">质量控制资料</td><td colspan="5">共 10 项，经审查符合要求 10 项，经核定符合规范要求 0 项</td></tr>
<tr><td colspan="2">安全和功能检验（检测）报告</td><td colspan="5">共核查 2 项，符合要求 2 项，经返工处理符合要求 0 项</td></tr>
<tr><td colspan="2" rowspan="2">观感质量验收</td><td colspan="5">共抽查 8 项，符合要求 8 项，不符合要求 0 项</td></tr>
<tr><td colspan="5">观感质量评价（好、一般、差）：好</td></tr>
<tr><td>勘察单位</td><td colspan="2">项目勘察负责人：
（公章）
年　月　日</td><td>设计单位</td><td colspan="3">项目设计负责人：
（公章）
年　月　日</td></tr>
<tr><td>施工单位</td><td>项目经理：
（公章）
年　月　日</td><td>分包单位</td><td>分包项目技术负责人：
（公章）
年　月　日</td><td>监理（建设）单位</td><td colspan="2">总监理工程师或项目专业负责人：
（公章）
年　月　日</td></tr>
</table>

表 4-16　土石方与地基处理分部工程质量验收记录表（二）

GB 50268—2008　　　　给排水质检表　附表

序号	检查内容	份数	监理（建设）单位检查意见
1	工程地质勘察报告	1	√
2	图纸会审/设计变更/洽商记录	1/0/1	√
3	工程定位测量、放线记录	2	√
4	测量复核记录	46	√
5	预检工程检查记录	14	√
6	施工组织设计（施工方案）、专项施工方案及批复	2	√
7	质量事故（问题）处理	—	—
8	地基基础、地层等加固处理记录	—	—
9	施工技术交底	3	√
10	施工日记	1	√
11	隐蔽工程验收记录	92	√
12	分项工程质量验收记录	3	√
13	地基承载力检验报告	46	√
14	回填土压实度	46	√
检查人：			
			年　月　日

注：检查意见分两种：合格打“√”，不合格打“×”。

表 4-17　沟槽开挖分项工程质量验收记录表

GB 50268—2008　　　　给排水质检表　编号：01

工程名称	×××市×××道路工程	分部工程名称	沟槽开挖	验收批数	46
施工单位	×××市政集团工程有限责任公司	项目经理	潘××	项目技术负责人	项××
分包单位	—	分包单位负责人	—	施工班组长	张××

序号	验收批名称、部位	施工单位检查评定结果	监理(建设)单位验收结论
1	K2＋000～K2＋120 北侧给水管沟槽开挖	合格	所含验收批无遗漏，各验收批所覆盖的区段和所含内容无遗漏，所查验收批全部合格
2	K2＋120～K2＋240 北侧给水管沟槽开挖	合格	
3	K2＋240～K2＋360 北侧给水管沟槽开挖	合格	
4	K2＋360～K2＋480 北侧给水管沟槽开挖	合格	
5	K2＋480～K2＋600 北侧给水管沟槽开挖	合格	
6	K2＋600～K2＋720 北侧给水管沟槽开挖	合格	
7	K2＋720～K2＋856.60 北侧给水管沟槽开挖	合格	
8	K2＋000～K2＋120 南侧给水管沟槽开挖	合格	
9	K2＋120～K2＋240 南侧给水管沟槽开挖	合格	
10	K2＋240～K2＋360 南侧给水管沟槽开挖	合格	
11	K2＋360～K2＋480 南侧给水管沟槽开挖	合格	
12	K2＋480～K2＋600 南侧给水管沟槽开挖	合格	
13	K2＋600～K2＋720 南侧给水管沟槽开挖	合格	
14	K2＋720～K2＋856.60 南侧给水管沟槽开挖	合格	
15	K2＋020～K2＋110 北侧污水管沟槽开挖	合格	
…	…	合格	
42	K2＋715～K2＋889 南侧雨水管沟槽开挖	合格	
…	…	合格	
46	K2＋690 综合管沟沟槽开挖	合格	

检查结论	所含验收批无遗漏，各验收批所覆盖的区段和所含内容无遗漏，全部符合要求，本分项符合要求 施工项目 技术负责人： 年　月　日	验收结论	本分项合格 监理工程师： （建设单位项目专业技术负责人） 年　月　日

表 4-18　沟槽开挖报审、报验表

工程名称：<u>×××市×××道路工程</u>　　　　　　　　　　　　　　　　　　　　编号：001

<table>
<tr><td>
致：________________________________（项目监理机构）

我方已完成<u>　K2＋020～K2＋110 北侧污水管沟槽开挖　</u>工作，经自检合格，现将有关资料报上，请予以审查或验收。

附件：
沟槽开挖验收批质量验收记录
隐蔽工程检查验收记录
高程测量记录

施工项目经理部（盖章）

项目经理或项目技术负责人（签字）______________

年　　月　　日
</td></tr>
<tr><td>
审查或验收意见：

经现场验收检查，符合设计和规范要求，同意进行下一道工序。

项目监理机构（盖章）

专业监理工程师（签字）______________

年　　月　　日
</td></tr>
</table>

注：本表一式三份，项目监理机构、建设单位、施工单位各一份。

表 4-19　沟槽开挖验收批质量验收记录

GB 50268—2008　　　　给排水质检表　编号：001

工程名称	×××市×××道路工程		
施工单位	×××市政集团工程有限责任公司		
分部工程名称	土石方与地基处理	分项工程名称	沟槽开挖
验收部位	K2＋020～K2＋110 北侧污水管	工程数量	长 90m，宽 0.9m
项目经理	潘××	技术负责人	项××
施工员	施××	施工班组长	张××

质量验收规范规定的检查项目及验收标准				检查方法	施工单位检查评定记录	监理（建设）单位验收记录
主控项目	1	地基土	原状地基土不得扰动、受水浸泡或受冻	观察，检查施工记录	√	合格
	2	地基承载力	应满足设计要求	观察，检查地基承载力试验报告	√	合格
	3	压实度、厚度	进行地基处理时，压实度、厚度满足设计要求	按设计或规定要求进行检查，检查检测记录、试验报告	√	合格

质量验收规范规定的检查项目及验收标准					检查数量		施工单位检查评定记录													监理（建设）单位验收记录
检查项目			允许偏差/mm		范围	点数	实测值或偏差值/mm										应测点数	合格点数	合格率/%	
							1	2	3	4	5	6	7	8	9	10				
一般项目 沟槽开挖的允许偏差	1	槽底高程	土方√	±20	两井之间	3	8	−5	10	4	9	−1	−5	6	3		9	9	100	合格
			石方	＋20 −200																
	2	槽底中线每侧宽度	不小于规定（450）		两井之间	6	459	462	452	451	455	459	455	453	454	450	18	18	100	合格
							455	453	454	454	457	455	453	454						
	3	沟槽边坡	不陡于设计规定		两井之间	6	1∶0.75	1∶0.75	1∶0.75	1∶0.75	1∶0.75	1∶0.75	1∶0.75	1∶0.75	1∶0.75	1∶0.75	18	18	100	合格
							1∶0.75	1∶0.75	1∶0.75	1∶0.75	1∶0.75	1∶0.75	1∶0.75	1∶0.75						

施工单位检查评定结果	主控项目全部符合要求，一般项目满足规范要求，本验收批符合要求 项目专业质量检查员：　　　　年　月　日
监理（建设）单位验收结论	主控项目全部合格，一般项目满足规范要求，本验收批合格 监理工程师： （建设单位项目专业技术负责人）　　　　年　月　日

注：一般项目检查方法，第 1 项用水准仪测量；第 2 项挂中线用钢尺量测，每侧计 3 点；第 3 项用坡度尺量测，每侧计 3 点。

表 4-20　槽底高程测量记录

工程名称		×××市×××道路工程			施工单位	×××市政集团工程有限责任公司		
复核部位		K2＋020～K2＋110 北侧污水管			日　期	年　月　日		
原施测人					测量复核人			
桩号		后视/m	视线高程/m	前视/m	实测高程/m	设计高程/m	偏差值/mm	备注
BM1		1.200	88.456					87.256
K2＋	20			4.305	84.151	84.151		2 期井
K2＋	30			4.332	84.124	84.116	8	
K2＋	40			4.365	84.091	84.096	－5	
K2＋	50			4.370	84.086	84.076	10	WN1
K2＋	60			4.396	84.060	84.056	4	
K2＋	70			4.411	84.045	84.036	9	
K2＋	80			4.441	84.015	84.016	－1	WN2
K2＋	90			4.465	83.991	83.996	－5	
K2＋	100			4.474	83.982	83.976	6	
K2＋	110			4.497	83.959	83.956	3	WN3

观测：　　　　复测：　　　　计算：　　　　施工项目技术负责人：

槽底高程测量记录
填写说明

（1）排水管道槽底设计高程＝管内底设计标高－管道壁厚－管道基础厚度

如 K2＋30 管内底设计标高 84.446m，管道壁厚 30mm，管道基础厚度 300mm，

槽底设计高程＝84.446－30/1000－300/1000＝84.116(m)

（2）给水管道槽底设计高程＝设计管中心标高－管道外径/2－垫层（或基础）厚

如 K2＋54 管内底设计标高 84.887m，管道外径 600mm，垫层（或基础）厚 200mm，

槽底设计高程＝84.887－600/2/1000－200/1000＝84.387(m)

（3）实测高程＝视线高程－前视

（4）槽底高程偏差值＝实测高程－设计高程

注：品茗软件验收批表格的槽底高程偏差值与槽底高程测量记录的偏差值关联，输入验收批表格的槽底高程偏差值（或通过学习数据自动生成）即可自动生成槽底高程测量记录的偏差值。

（5）品茗软件只需填写水准点数据、管内底设计标高（设计管中心标高、管道外径）、坡度、管道壁厚、管道基础厚度，软件即可自动计算槽底高程测量记录表的其他数据。

表 4-21　沟槽支撑分项工程质量验收记录表

GB 50268—2008　　　　　　　　　　　　　　　　　　　　　　给排水质检表　编号：02

<table>
<tr><td>工程名称</td><td colspan="2">×××市×××道路工程</td><td>分部工程名称</td><td>沟槽支护</td><td>验收批数</td><td>14</td></tr>
<tr><td>施工单位</td><td colspan="2">×××市政集团工程有限责任公司</td><td>项目经理</td><td>潘××</td><td>项目技术负责人</td><td>项××</td></tr>
<tr><td>分包单位</td><td colspan="2">—</td><td>分包单位负责人</td><td>—</td><td>施工班组长</td><td>张××</td></tr>
<tr><td>序号</td><td colspan="2">验收批名称、部位</td><td colspan="2">施工单位检查评定结果</td><td colspan="2">监理(建设)单位验收结论</td></tr>
<tr><td>1</td><td colspan="2">K2+010～K2+100 北侧雨水管</td><td colspan="2">合格</td><td colspan="2" rowspan="19">所含验收批无遗漏，各验收批所覆盖的区段和所含内容无遗漏，所查验收批全部合格</td></tr>
<tr><td>2</td><td colspan="2">K2+100～K2+220 北侧雨水管</td><td colspan="2">合格</td></tr>
<tr><td>3</td><td colspan="2">K2+220～K2+340 北侧雨水管</td><td colspan="2">合格</td></tr>
<tr><td>4</td><td colspan="2">K2+340～K2+460 北侧雨水管</td><td colspan="2">合格</td></tr>
<tr><td>5</td><td colspan="2">K2+460～K2+580 北侧雨水管</td><td colspan="2">合格</td></tr>
<tr><td>6</td><td colspan="2">K2+580～K2+708 北侧雨水管</td><td colspan="2">合格</td></tr>
<tr><td>7</td><td colspan="2">K2+708～K2+884 北侧雨水管</td><td colspan="2">合格</td></tr>
<tr><td>8</td><td colspan="2">K2+010～K2+100 南侧雨水管</td><td colspan="2">合格</td></tr>
<tr><td>9</td><td colspan="2">K2+100～K2+220 南侧雨水管</td><td colspan="2">合格</td></tr>
<tr><td>10</td><td colspan="2">K2+220～K2+340 南侧雨水管</td><td colspan="2">合格</td></tr>
<tr><td>11</td><td colspan="2">K2+340～K2+460 南侧雨水管</td><td colspan="2">合格</td></tr>
<tr><td>12</td><td colspan="2">K2+460～K2+580 南侧雨水管</td><td colspan="2">合格</td></tr>
<tr><td>13</td><td colspan="2">K2+580～K2+715 南侧雨水管</td><td colspan="2">合格</td></tr>
<tr><td>14</td><td colspan="2">K2+715～K2+889 南侧雨水管</td><td colspan="2">合格</td></tr>
<tr><td></td><td colspan="2"></td><td colspan="2"></td></tr>
<tr><td></td><td colspan="2"></td><td colspan="2"></td></tr>
<tr><td></td><td colspan="2"></td><td colspan="2"></td></tr>
<tr><td></td><td colspan="2"></td><td colspan="2"></td></tr>
<tr><td></td><td colspan="2"></td><td colspan="2"></td></tr>
<tr><td>检查结论</td><td colspan="2">所含验收批无遗漏，各验收批所覆盖的区段和所含内容无遗漏，全部符合要求，本分项符合要求

施工项目
技术负责人：
年　月　日</td><td>验收结论</td><td colspan="3">本分项合格

监理工程师：
(建设单位项目专业技术负责人)
年　月　日</td></tr>
</table>

表 4-22　沟槽支护验收批质量验收记录

GB 50268—2008　　　　　　　　　　　　　　　　　　　　给排水质检表　编号：001

工程名称	×××市×××道路工程		
施工单位	×××市政集团工程有限责任公司		
分部工程名称	土石方与地基处理	分项工程名称	沟槽支撑
验收部位	K2＋010～K2＋100 北侧雨水管	工程数量	长 90m
项目经理	潘××	技术负责人	项××
施工员	施××	施工班组长	张××

质量验收规范规定的检查项目及验收标准				检查方法	施工单位检查评定记录	监理（建设）单位验收记录
主控项目	1	支撑方式、支撑材料	符合设计要求	观察，检查施工方案	√	合格
	2	支护结构强度、刚度、稳定性	符合设计要求	观察，检查施工方案、施工记录	√	合格

质量验收规范规定的检查项目及验收标准					施工单位检查评定记录													监理（建设）单位验收记录
					实测值或偏差值/mm										应测点数	合格点数	合格率/%	
					1	2	3	4	5	6	7	8	9	10				
一般项目	1	横撑不得妨碍下管和稳管			—													—
	2	支撑构件安装应牢固、安全可靠，位置正确			√													合格
	3	支撑后，沟槽中心线每侧净宽不应小于施工方案设计要求			√													合格
	4	钢板桩	轴线位移	≤50mm	22	27	33	34	4	35	42	9	34	40	10	10	100	合格
			垂直度	≤1.5%	0	0	0	0	0.4	1	0	0	1	0	10	10	100	合格

施工单位检查评定结果	主控项目全部符合要求，一般项目满足规范要求，本验收批符合要求 项目专业质量检查员：　　　　年　月　日
监理（建设）单位验收结论	主控项目全部合格，一般项目满足规范要求，本验收批合格 监理工程师： （建设单位项目专业技术负责人）　　　　年　月　日

表 4-23　沟槽回填分项工程质量验收记录表

GB 50268—2008　　　　　　　　　　　　　　　　给排水质检表　编号：03

工程名称	×××市×××道路工程	分部工程名称	沟槽回填	验收批数	46
施工单位	×××市政集团工程有限责任公司	项目经理	潘××	项目技术负责人	项××
分包单位	—	分包单位负责人	—	施工班组长	张××

序号	验收批名称、部位	施工单位检查评定结果	监理(建设)单位验收结论
1	K2+000～K2+120 北侧给水管沟槽开挖	合格	所含验收批无遗漏，各验收批所覆盖的区段和所含内容无遗漏，所查验收批全部合格
2	K2+120～K2+240 北侧给水管沟槽开挖	合格	
3	K2+240～K2+360 北侧给水管沟槽开挖	合格	
4	K2+360～K2+480 北侧给水管沟槽开挖	合格	
5	K2+480～K2+600 北侧给水管沟槽开挖	合格	
6	K2+600～K2+720 北侧给水管沟槽开挖	合格	
7	K2+720～K2+856.60 北侧给水管沟槽开挖	合格	
8	K2+000～K2+120 南侧给水管沟槽开挖	合格	
9	K2+120～K2+240 南侧给水管沟槽开挖	合格	
10	K2+240～K2+360 南侧给水管沟槽开挖	合格	
11	K2+360～K2+480 南侧给水管沟槽开挖	合格	
12	K2+480～K2+600 南侧给水管沟槽开挖	合格	
13	K2+600～K2+720 南侧给水管沟槽开挖	合格	
14	K2+720～K2+856.60 南侧给水管沟槽开挖	合格	
15	K2+020～K2+110 北侧污水管沟槽开挖	合格	
…	…	合格	
42	K2+715～K2+889 南侧雨水管沟槽开挖	合格	
…	…	合格	
46	K2+690 综合管沟沟槽开挖	合格	

检查结论	所含验收批无遗漏，各验收批所覆盖的区段和所含内容无遗漏，全部符合要求，本分项符合要求 施工项目 技术负责人： 年　月　日	验收结论	本分项合格 监理工程师： （建设单位项目专业技术负责人） 年　月　日

表 4-24　沟槽回填验收批质量验收记录

GB 50268—2008　　　　　　　　　　　　　　　　　　　　　　　　给排水质检表　编号：001

工程名称	×××市×××道路工程		
施工单位	×××市政集团工程有限责任公司		
分部工程名称	土石方与地基处理	分项工程名称	沟槽回填
验收部位	K2＋020～K2＋110 北侧污水管	工程数量	长 90m，宽 0.9m
项目经理	潘××	技术负责人	项××
施工员	施××	施工班组长	张××

质量验收规范规定的检查项目及验收标准				检查数量	检查方法	施工单位检查评定记录	监理（建设）单位验收记录
主控项目	1	回填材料	符合设计要求	条件相同的回填材料，每铺筑 100m²，应取样一次，每次取样至少应做两组测试；回填材料条件变化或来源变化时，应分别取样检测	观察；按国家有关规范的规定和设计要求进行检查，检查检测报告	√	合格
主控项目	2	沟槽回填	沟槽不得带水回填，回填应密实		观察，检查施工记录	√	合格
主控项目	3	柔性管道	柔性管道变形率不得超过设计要求或规范第 4.5.12 条的规定，管壁不得出现纵向隆起、环向扁平和其他变形情况	试验段（或初始 50m）不少于 3 处，每 100m 正常作业段（取起点、中间点、终点近处各一点），每处平行测量 3 个断面，取其平均值	观察，方便时用钢尺直接量测，不方便时用圆度测试板或芯轴仪在管内拖拉量测管道变形率；检查记录，检查技术处理资料	—	—

主控项目 4 刚性管道沟槽回填土压实度

检查项目			最低压实度/%：重型击实标准	最低压实度/%：轻型击实标准 √	检查数量：范围	检查数量：点数	检查方法	施工单位检查评定记录	监理（建设）单位验收记录
石灰土类垫层			93	95	100m			—	—
沟槽在路基范围外	胸腔部分	管侧	87	90	两井之间或 1000m²	每层每侧一组（每组 3 点）	用环刀法检查或采用现行国家标准《土工试验方法标准》（GB/T 50123）中其他方法	—	—
沟槽在路基范围外	胸腔部分	管顶以上 500mm	—	87±2				—	—
沟槽在路基范围外	其余部分		—	≥90 或按设计要求				—	—
沟槽在路基范围外	农田或绿地范围表层 500mm 范围内		不宜压实，预留沉降量，表面整平					—	—
沟槽在路基范围内	胸腔部分	管侧	87	95				符合要求，详见压实度试验报告	合格
沟槽在路基范围内	胸腔部分	管顶以上 250mm	—	95				符合要求，详见压实度试验报告	合格

续表

质量验收规范规定的检查项目及验收标准		最低压实度/%		检查数量		检查方法	施工单位检查评定记录	监理(建设)单位验收记录
	检查项目	重型击实标准	轻型击实标准√	范围	点数			
主控项目	4 刚性管道沟槽回填土压实度；沟槽在路基范围内；由路槽底算起的深度范围/mm；≤800；快速路及主干路	95	98	两井之间或1000m²	每层每侧一组（每组3点）	用环刀法检查或采用现行国家标准《土工试验方法标准》(GB/T 50123)中其他方法	符合要求，详见压实度试验报告	合格
	次干路	93	95				—	—
	支路	90	92				—	—
	>800～1500；快速路及主干路	93	95				—	—
	次干路	90	92				—	—
	支路	87	90				—	—
	>1500；快速路及主干路	87	90				—	—
	次干路	87	90				—	—
	支路	87	90				—	—
	5 柔性管道沟槽回填土压实度；管道基础；管底基础	≥90		—	—	用环刀法检查或采用现行国家标准《土工试验方法标准》(GB/T 50123)中其他方法	—	—
	管道有效支撑角范围	≥95		每100m	每层每侧一组（每组3点）		—	—
	管道两侧	≥95		两井之间或1000m²			—	—
	管顶以上500mm；管道两侧	≥90					—	—
	管道上部	85±2					—	—
	管顶500～1000mm	≥90					—	—

质量验收规范规定的检查项目及验收标准			检查方法	施工单位检查评定记录	监理(建设)单位验收记录
一般项目	1	回填应达到设计高程，表面应平整	观察，有疑问处用水准仪测量	√	合格
	2	管道及附属构筑物无损伤、沉降、位移	观察，有疑问处用水准仪测量	√	合格
施工单位检查评定结果	主控项目全部符合要求，一般项目满足规范要求，本验收批符合要求 项目专业质量检查员：　　年　月　日				
监理(建设)单位验收结论	主控项目全部合格，一般项目满足规范要求，本验收批合格 监理工程师： （建设单位项目专业技术负责人）　　年　月　日				

注：1. 在刚性管道沟槽回填土中，表中重型击实标准的压实度和轻型击实标准的压实度，分别以相应的标准击实试验法求得的最大干密度为100%。

2. 在柔性管道沟槽回填土中，回填土的压实度，除设计要求用重型击实标准外，其他皆以轻型击实标准试验获得最大干密度为100%。

表 4-25　地基验槽记录

柱质监档表 05 表

<table>
<tr><td>工　程
名　称</td><td>×××市×××道路工程</td><td>基　础
类　型</td><td>按设计图纸填写</td></tr>
<tr><td>建　设
单　位</td><td></td><td>施　工
单　位</td><td>×××市政集团工程有限责任公司</td></tr>
<tr><td>施工起
止日期</td><td>实际施工至完成的日期</td><td>验　收
日　期</td><td>五方验收时间</td></tr>
<tr><td>验收情况</td><td colspan="3">1. 按设计图纸结-图开挖至设计标高。
2. 基坑土质和宽度、深度、长度符合设计要求。
3. 轴线、标高符合设计要求。
4. 坑内松土、杂物已清理干净。
5. 资料完整，符合要求</td></tr>
<tr><td colspan="2">施工单位自评意见：

资料完整，施工质量符合设计和施工规范要求

项目经理：
（公章）
年　月　日</td><td colspan="2">建设或监理单位验收意见：

符合设计和施工规范要求

项目负责人
或项目总监理工程师：
（公章）
年　月　日</td></tr>
<tr><td colspan="2">设计单位验收意见：

符合设计要求

项目设计负责人：
（公章）
年　月　日</td><td colspan="2">勘察单位验收意见：

地质条件与勘察报告相符

项目勘察负责人：
（公章）
年　月　日</td></tr>
</table>

注：1. 基槽完成后，建设或监理单位应组织有关单位进行质量验收，并按规定的内容填写和签署意见，工程建设参与各方按规定承担相应质量责任。

2. 按规定的内容填写和签署意见后，送 1 份至工程质量监督站备案。

表 4-26　隐蔽工程检查验收记录

年　　月　　日　　　　　　　　　　　　质检表 4：　　编号：001

<table>
<tr><td>工程名称</td><td colspan="2">×××市×××道路工程</td><td>施工单位</td><td colspan="2">×××市政集团工程有限责任公司</td></tr>
<tr><td>隐检项目</td><td colspan="2">沟槽</td><td>隐检范围</td><td colspan="2">K2＋020～K2＋110 北侧污水管</td></tr>
<tr><td>隐检内容及检查情况</td><td colspan="5">一、隐检内容
(一)地基土、地基承载力、压实度、厚度；
(二)实测项目：槽底高程、槽底中线每侧宽度、沟槽边坡。
二、检查情况
经检查，原状地基土无扰动、受水浸泡。各项隐检项目均符合《给水排水管道工程施工质量验收规范》(GB 50268—2008)要求。实测项目详见“验收批质量验收记录”及“高程测量记录”</td></tr>
<tr><td>验收意见</td><td colspan="5">该验收批的各项应检内容均符合设计及规范要求，同意进入下道分项工程施工</td></tr>
<tr><td>处理情况及结论</td><td colspan="5">—

复查人：　　　　　　　　年　　月　　日</td></tr>
<tr><td>建设单位</td><td>监理单位</td><td colspan="2">施工项目
技术负责人</td><td>施工员</td><td>质检员</td></tr>
<tr><td></td><td></td><td colspan="2"></td><td></td><td></td></tr>
</table>

表 4-27　预检工程检查验收记录

年　月　日　　　　质检表 3：　编号：001

工程名称	×××市×××道路工程	施工单位	×××市政集团工程有限责任公司
检查项目	沟槽支护	预检部位	K2＋010～K2＋100 北侧雨水管
预检内容	1. 支撑方式、支撑材料。 2. 支护结构强度、刚度、稳定性。 3. 支撑构件安装位置。 4. 钢板桩的轴线位移。 5. 钢板桩的垂直度		
检查情况	1. 支撑方式、支撑材料符合设计及施工方案要求。 2. 支护结构强度、刚度、稳定性符合设计及施工方案要求。 3. 支撑构件安装牢固、安全可靠，位置正确。 4. 钢板桩的轴线位移符合规范及施工方案要求。 5. 钢板桩的垂直度符合规范及施工方案要求		
处理意见	无		

参加检查人员签字				
建设单位	监理单位	施工项目 技术负责人	施工员	质检员

第四节　预制管开槽施工主体结构分部工程

一、预制管开槽施工主体结构分部工程质量验收应具备的资料

根据附录 2×××市×××道路工程施工图，该道路工程设计长度约 860m。本工程的给排水工程设计为污水工程、雨水工程、给水工程及综合管沟。其中，污水工程设计为钢筋混凝土平口管，钢丝网水泥砂浆抹带接口；雨水工程设计为 HDPE 双壁波纹管、承插接口及 HDPE 中空壁缠绕排水管、电热熔接口；给水工程设计为埋地聚乙烯（PE）管、热熔连接；综合管线工程设计为 ϕ200mm 改性聚丙烯（MPP）护套管。本节将依据施工图纸结合预制管开槽施工的混凝土类管道工程施工工序以表格（见表 4-28）的形式列出其验收资料。

表 4-28　预制管开槽施工主体结构分部工程质量验收的内容和资料

序号	验收内容	验收资料	备注
Ⅰ　混凝土类管道子分部			
1	管道基础施工方案		略
2	管道基础施工技术交底		略
3	管道铺设施工方案		略
4	管道铺设施工技术交底		略
5	管道接口、连接施工方案		略
6	管道接口、连接施工技术交底		略
7	施工日记		略
8	管道基础材料	水泥出厂合格证/试验报告；砂／石试验报告	略
		混凝土配合比报告	略
9	管道基础：K2＋020～K2＋110 北侧污水管	管道基础验收批质量验收记录	附填写示例
		混凝土浇筑记录	附填写示例
		留置混凝土试块——试块报告	略
		混凝土基础平基顶面高程测量记录	附填写示例
		表 4-42 隐蔽工程检查验收记录(一)	附填写示例
	…	…	略
	管道基础：K2＋710～K2＋856 北侧污水管	管道基础验收批质量验收记录	略
		混凝土浇筑记录	略
		留置混凝土试块——试块报告	略
		混凝土基础平基顶面高程测量记录	略
		表 4-42 隐蔽工程检查验收记录(一)	略
	管道基础：K2＋020～K2＋110 南侧污水管	管道基础验收批质量验收记录	略
		混凝土浇筑记录	略
		留置混凝土试块——试块报告	略
		混凝土基础平基顶面高程测量记录	略
		表 4-42 隐蔽工程检查验收记录(一)	略
	…	…	略

续表

<table>
<tr><th>序号</th><th>验收内容</th><th>验收资料</th><th>备注</th></tr>
<tr><td colspan="4">Ⅰ 混凝土类管道子分部</td></tr>
<tr><td rowspan="5">9</td><td rowspan="5">管道基础：K2＋710～K2＋861 南侧污水管</td><td>管道基础验收批质量验收记录</td><td>略</td></tr>
<tr><td>混凝土浇筑记录</td><td>略</td></tr>
<tr><td>留置混凝土试块——试块报告</td><td>略</td></tr>
<tr><td>混凝土基础平基顶面高程测量记录</td><td>略</td></tr>
<tr><td>表 4-42 隐蔽工程检查验收记录(一)</td><td>略</td></tr>
<tr><td rowspan="2">10</td><td rowspan="2">管道材料</td><td>材料进场报验单</td><td>略</td></tr>
<tr><td>管材合格证 / 试验报告</td><td>略</td></tr>
<tr><td rowspan="14">11</td><td rowspan="3">管道铺设：K2＋020～K2＋110 北侧污水管</td><td>管道铺设验收批质量验收记录</td><td>附填写示例</td></tr>
<tr><td>管底高程测量记录</td><td>附填写示例</td></tr>
<tr><td>表 4-43 隐蔽工程检查验收记录(二)</td><td>附填写示例</td></tr>
<tr><td>…</td><td>…</td><td>略</td></tr>
<tr><td rowspan="3">管道铺设：K2＋710～K2＋856 北侧污水管</td><td>管道铺设验收批质量验收记录</td><td>略</td></tr>
<tr><td>管底高程测量记录</td><td>略</td></tr>
<tr><td>表 4-43 隐蔽工程检查验收记录(二)</td><td>略</td></tr>
<tr><td rowspan="3">管道铺设：K2＋020～K2＋110 南侧污水管</td><td>管道铺设验收批质量验收记录</td><td>略</td></tr>
<tr><td>管底高程测量记录</td><td>略</td></tr>
<tr><td>表 4-43 隐蔽工程检查验收记录(二)</td><td>略</td></tr>
<tr><td>…</td><td>…</td><td>略</td></tr>
<tr><td rowspan="3">管道铺设：K2＋710～K2＋861 南侧污水管</td><td>管道铺设验收批质量验收记录</td><td>略</td></tr>
<tr><td>管底高程测量记录</td><td>略</td></tr>
<tr><td>表 4-43 隐蔽工程检查验收记录(二)</td><td>略</td></tr>
<tr><td rowspan="3">12</td><td rowspan="3">管节及管件接口材料</td><td>材料进场报验单</td><td>略</td></tr>
<tr><td>水泥出厂合格证/试验报告；砂 / 石试验报告</td><td>略</td></tr>
<tr><td>钢丝网出厂合格证/试验报告</td><td>略</td></tr>
<tr><td rowspan="10">13</td><td rowspan="2">管道接口连接：K2＋020～K2＋110 北侧污水管</td><td>钢筋混凝土管接口连接验收批质量验收记录</td><td>附填写示例</td></tr>
<tr><td>留置水泥砂浆试块——水泥砂浆强度试验报告</td><td>略</td></tr>
<tr><td>…</td><td>…</td><td>略</td></tr>
<tr><td rowspan="2">管道接口连接：K2＋710～K2＋856 北侧污水管</td><td>钢筋混凝土管接口连接验收批质量验收记录</td><td>略</td></tr>
<tr><td>留置水泥砂浆试块——水泥砂浆强度试验报告</td><td>略</td></tr>
<tr><td rowspan="2">管道接口连接：K2＋020～K2＋110 南侧污水管</td><td>钢筋混凝土管接口连接验收批质量验收记录</td><td>略</td></tr>
<tr><td>留置水泥砂浆试块——水泥砂浆强度试验报告</td><td>略</td></tr>
<tr><td>…</td><td>…</td><td>略</td></tr>
<tr><td rowspan="2">管道接口连接：K2＋710～K2＋861 南侧污水管</td><td>钢筋混凝土管接口连接验收批质量验收记录</td><td>略</td></tr>
<tr><td>留置水泥砂浆试块——水泥砂浆强度试验报告</td><td>略</td></tr>
<tr><td rowspan="2">14</td><td rowspan="2">排水管道功能性试验(自检)：
闭水试验(北侧污水管道)
闭水试验(南侧污水管道)</td><td>排水管道闭水试验方案</td><td>略</td></tr>
<tr><td>管道闭水试验记录表</td><td>附填写示例</td></tr>
</table>

续表

序号	验收内容	验收资料	备注
Ⅰ　混凝土类管道子分部			
15	排水管道功能性试验(第三方): 闭水试验(北侧污水管道) 闭水试验(南侧污水管道)	排水管道闭水试验方案	略
		闭水试验报告(第三方有资质的检测单位出具)	略
16	管道基础分项工程	分项工程质量检验记录	附填写示例
17	管道铺设分项工程	分项工程质量检验记录	附填写示例
18	管道接口连接分项工程	分项工程质量检验记录	附填写示例
19	混凝土类管子分部工程	混凝土类管子分部工程检验记录	附填写示例
Ⅱ　化学建材管子分部			
1	管道基础施工方案		略
2	管道基础施工技术交底		略
3	管道铺设施工方案		略
4	管道铺设施工技术交底		略
5	管道接口、连接施工方案		略
6	管道接口、连接施工技术交底		略
7	施工日记		略
8	管道基础材料	水泥合格证、出厂检验(测)报告/进场报验单	略
		砂石合格证、出厂检验(测)报告/进场报验单	略
9	管道基础：K2＋010～K2＋100北侧雨水管	管道基础验收批质量验收记录	附填写示例
		中粗砂垫层压实度检测——检测报告	略
		垫层顶面高程测量记录	附填写示例
		表4-42隐蔽工程检查验收记录(一)	略
	…	…	略
	管道基础：K2＋708～K2＋884北侧雨水管	管道基础验收批质量验收记录	略
		中粗砂垫层压实度检测——检测报告	略
		垫层顶面高程测量记录	略
		表4-42隐蔽工程检查验收记录(一)	略
	管道基础：K2＋010～K2＋100南侧雨水管	管道基础验收批质量验收记录	略
		中粗砂垫层压实度检测——检测报告	略
		垫层顶面高程测量记录	略
		表4-42隐蔽工程检查验收记录(一)	略
	…	…	略
	管道基础：K2＋715～K2＋889南侧雨水管	管道基础验收批质量验收记录	略
		中粗砂垫层压实度检测——检测报告	略
		垫层顶面高程测量记录	略
		表4-42隐蔽工程检查验收记录(一)	略
	…	…	略

续表

序号	验收内容	验收资料	备注
		Ⅱ 化学建材管子分部	
9	管道基础：K2＋000～K2＋120北侧给水管	管道基础验收批质量验收记录	附填写示例
		中粗砂垫层压实度检测——检测报告	略
		垫层顶面高程测量记录	附填写示例
		表4-42隐蔽工程检查验收记录(一)	略
	…	…	略
	管道基础：K2＋720～K2＋856.60北侧给水管	管道基础验收批质量验收记录	略
		中粗砂垫层压实度检测——检测报告	略
		垫层顶面高程测量记录	略
		表4-42隐蔽工程检查验收记录(一)	略
	管道基础：K2＋000～K2＋120南侧给水管	管道基础验收批质量验收记录	略
		中粗砂垫层压实度检测——检测报告	略
		垫层顶面高程测量记录	略
		表4-42隐蔽工程检查验收记录(一)	略
	…	…	略
	管道基础：K2＋720～K2＋856.60南侧给水管	管道基础验收批质量验收记录	略
		中粗砂垫层压实度检测——检测报告	略
		垫层顶面高程测量记录	略
		表4-42隐蔽工程检查验收记录(一)	略
	管道基础：K2＋150综合管沟	管道基础验收批质量验收记录	略
		混凝土浇筑记录	略
		留置混凝土试块——试块报告	略
		混凝土基础平基顶面高程测量记录	略
		表4-42隐蔽工程检查验收记录(一)	略
	…	…	略
	管道基础：K2＋690综合管沟	管道基础验收批质量验收记录	略
		混凝土浇筑记录	略
		留置混凝土试块——试块报告	略
		混凝土基础平基顶面高程测量记录	略
		表4-42隐蔽工程检查验收记录(一)	略
10	管道材料及配件	材料进场报验单	略
		管道材料及配件合格证／试验报告	略
		防腐材料合格证／试验报告	略
11	阀门强度及严密性试验(给水)	48阀门试验记录	附填写示例
12	管道铺设：K2＋010～K2＋100北侧雨水管	管道铺设验收批质量验收记录	附填写示例
		管底高程测量记录	附填写示例
		表4-43隐蔽工程检查验收记录(二)	略
	…	…	略

续表

序号	验收内容	验收资料	备注
Ⅱ　化学建材管子分部			
12	管道铺设：K2＋708～K2＋884 北侧雨水管	管道铺设验收批质量验收记录	略
		管底高程测量记录	略
		表 4-43 隐蔽工程检查验收记录(二)	略
	管道铺设：K2＋010～K2＋100 南侧雨水管	管道铺设验收批质量验收记录	略
		管底高程测量记录	略
		表 4-43 隐蔽工程检查验收记录(二)	略
	…	…	略
	管道铺设：K2＋715～K2＋889 南侧雨水管	管道铺设验收批质量验收记录	略
		管底高程测量记录	略
		表 4-43 隐蔽工程检查验收记录(二)	略
	管道铺设：K2＋000～K2＋120 北侧给水管	管道铺设验收批质量验收记录	附填写示例
		管底高程测量记录	附填写示例
		表 4-43 隐蔽工程检查验收记录(二)	略
	…	…	略
	管道铺设：K2＋720～K2＋856.60 北侧给水管	管道铺设验收批质量验收记录	略
		管底高程测量记录	略
		表 4-43 隐蔽工程检查验收记录(二)	略
	管道铺设：K2＋000～K2＋120 南侧给水管	管道铺设验收批质量验收记录	略
		管底高程测量记录	略
		表 4-43 隐蔽工程检查验收记录(二)	略
	…	…	略
	管道铺设：K2＋720～K2＋856.60 南侧给水管	管道铺设验收批质量验收记录	略
		管底高程测量记录	略
		表 4-43 隐蔽工程检查验收记录(二)	略
	管道铺设：K2＋150 综合管沟	管道铺设验收批质量验收记录	略
		管底高程测量记录	略
		表 4-43 隐蔽工程检查验收记录(二)	略
	…	…	略
	管道铺设：K2＋690 综合管沟	管道铺设验收批质量验收记录	略
		管底高程测量记录	略
		表 4-43 隐蔽工程检查验收记录(二)	略
13	管节及管件、橡胶圈等	材料进场报验单	略
		产品合格证／试验报告	略
14	管道接口连接：K2＋010～K2＋100 北侧雨水管	化学建材管接口连接验收批质量验收记录	附填写示例
		熔焊连接工艺试验报告、焊接力学性能检测报告	略
	…	…	略

续表

<table>
<tr><th>序号</th><th>验收内容</th><th>验收资料</th><th>备注</th></tr>
<tr><td colspan="4">Ⅱ 化学建材管子分部</td></tr>
<tr><td rowspan="22">14</td><td rowspan="2">管道接口连接：K2＋708～K2＋884 北侧雨水管</td><td>化学建材管接口连接验收批质量验收记录</td><td>略</td></tr>
<tr><td>熔焊连接工艺试验报告、焊接力学性能检测报告</td><td>略</td></tr>
<tr><td rowspan="2">管道接口连接：K2＋010～K2＋100 南侧雨水管</td><td>化学建材管接口连接验收批质量验收记录</td><td>略</td></tr>
<tr><td>熔焊连接工艺试验报告、焊接力学性能检测报告</td><td>略</td></tr>
<tr><td>…</td><td>…</td><td>略</td></tr>
<tr><td rowspan="2">管道接口连接：K2＋715～K2＋889 南侧雨水管</td><td>化学建材管接口连接验收批质量验收记录</td><td>略</td></tr>
<tr><td>熔焊连接工艺试验报告、焊接力学性能检测报告</td><td>略</td></tr>
<tr><td rowspan="2">管道接口连接：K2＋000～K2＋120 北侧给水管</td><td>化学建材管接口连接验收批质量验收记录</td><td>附填写示例</td></tr>
<tr><td>熔焊连接工艺试验报告、焊接力学性能检测报告</td><td>略</td></tr>
<tr><td>…</td><td>…</td><td>略</td></tr>
<tr><td rowspan="2">管道接口连接：K2＋720～K2＋856.60 北侧给水管</td><td>化学建材管接口连接验收批质量验收记录</td><td>略</td></tr>
<tr><td>熔焊连接工艺试验报告、焊接力学性能检测报告</td><td>略</td></tr>
<tr><td rowspan="2">管道接口连接：K2＋000～K2＋120 南侧给水管</td><td>化学建材管接口连接验收批质量验收记录</td><td>略</td></tr>
<tr><td>熔焊连接工艺试验报告、焊接力学性能检测报告</td><td>略</td></tr>
<tr><td>…</td><td>…</td><td>略</td></tr>
<tr><td rowspan="2">管道接口连接：K2＋720～K2＋856.60 南侧给水管</td><td>化学建材管接口连接验收批质量验收记录</td><td>略</td></tr>
<tr><td>熔焊连接工艺试验报告、焊接力学性能检测报告</td><td>略</td></tr>
<tr><td rowspan="2">管道接口连接：K2＋150 综合管沟</td><td>化学建材管接口连接验收批质量验收记录</td><td>略</td></tr>
<tr><td>熔焊连接工艺试验报告、焊接力学性能检测报告</td><td>略</td></tr>
<tr><td>…</td><td>…</td><td>略</td></tr>
<tr><td rowspan="2">管道接口连接：K2＋690 综合管沟</td><td>化学建材管接口连接验收批质量验收记录</td><td>略</td></tr>
<tr><td>熔焊连接工艺试验报告、焊接力学性能检测报告</td><td>略</td></tr>
<tr><td rowspan="2">15</td><td rowspan="2">排水管道功能性试验(自检)：
闭水试验(北侧雨水管道)
闭水试验(南侧雨水管道)</td><td>排水管道闭水试验方案
(按 30％的频率做闭水试验，详见南建［2010］10 号)</td><td>略</td></tr>
<tr><td>管道闭水试验记录表</td><td>参见混凝土管</td></tr>
<tr><td rowspan="2">16</td><td rowspan="2">给水工程功能性试验：
水压试验(北侧给水管)
水压试验(南侧给水管)</td><td>给水工程水压试验方案</td><td>略</td></tr>
<tr><td>表 4-59 注水法试验记录表——水压试验报告
(由有资质的检测单位出具报告)</td><td>略</td></tr>
<tr><td rowspan="3">17</td><td rowspan="3">给水管道冲洗与消毒：
北侧给水管
南侧给水管</td><td>给水管道冲洗与消毒实施方案</td><td>略</td></tr>
<tr><td>表 4-58 管道吹(冲)洗记录/消毒记录</td><td>附填写示例</td></tr>
<tr><td>给水管道消毒报告(由水质检测部门出具报告)</td><td>略</td></tr>
<tr><td>18</td><td>混凝土试块强度统计、评定</td><td>混凝土试块强度统计、评定记录</td><td>附填写示例</td></tr>
<tr><td>19</td><td>管道基础分项工程</td><td>分项工程质量验收记录</td><td>附填写示例</td></tr>
<tr><td>20</td><td>管道铺设分项工程</td><td>分项工程质量验收记录</td><td>附填写示例</td></tr>
<tr><td>21</td><td>管道接口连接分项工程</td><td>分项工程质量验收记录</td><td>附填写示例</td></tr>
<tr><td>22</td><td>化学建材管子分部工程</td><td>化学建材管子分部工程质量验收记录</td><td>附填写示例</td></tr>
<tr><td colspan="4">Ⅲ 预制管开槽施工主体结构分部工程</td></tr>
<tr><td>1</td><td>预制管开槽施工主体结构分部工程</td><td>预制管开槽施工主体结构分部工程质量验收记录</td><td>附填写示例</td></tr>
</table>

二、预制管开槽施工主体结构分部工程验收资料填写示例

预制管开槽施工主体结构分部工程验收资料填写示例见表4-29～表4-60。

表4-29　预制管开槽施工主体结构分部工程质量验收记录表

GB 50268—2008　　　　给排水质检表　编号：02

<table>
<tr><td colspan="2">工程名称</td><td colspan="2">×××市×××道路工程</td><td>项目经理</td><td>潘××</td></tr>
<tr><td colspan="2">施工单位</td><td colspan="2">×××市政集团工程有限责任公司</td><td>项目技术负责人</td><td>项××</td></tr>
<tr><td colspan="2">分包单位</td><td colspan="2">—</td><td>分包技术负责人</td><td>—</td></tr>
<tr><td>序号</td><td>子分部工程名称</td><td>分项工程数</td><td>施工单位检查评定</td><td colspan="2">验收组验收意见</td></tr>
<tr><td>1</td><td>混凝土类管道</td><td>3</td><td>合格</td><td colspan="2" rowspan="8">所含子分部无遗漏并全部合格，本分部合格，同意验收</td></tr>
<tr><td>2</td><td>化学建材管</td><td>3</td><td>合格</td></tr>
<tr><td></td><td></td><td></td><td></td></tr>
<tr><td></td><td></td><td></td><td></td></tr>
<tr><td></td><td></td><td></td><td></td></tr>
<tr><td></td><td></td><td></td><td></td></tr>
<tr><td></td><td></td><td></td><td></td></tr>
<tr><td></td><td></td><td></td><td></td></tr>
<tr><td colspan="2">质量控制资料</td><td colspan="4">共20项，经审查符合要求20项，经核定符合规范要求0项</td></tr>
<tr><td colspan="2">安全和功能检验(检测)报告</td><td colspan="4">共核查9项，符合要求9项，经返工处理符合要求　0　项</td></tr>
<tr><td colspan="2" rowspan="2">观感质量验收</td><td colspan="4">共抽查12项，符合要求12项，不符合要求0项</td></tr>
<tr><td colspan="4">观感质量评价(好、一般、差)：好</td></tr>
<tr><td>施工单位</td><td colspan="2">项目经理：

(公章)
年　月　日</td><td>监理单位</td><td colspan="2">总监理工程师：

(公章)
年　月　日</td></tr>
<tr><td>建设单位</td><td colspan="2">项目负责人：

(公章)
年　月　日</td><td>设计单位</td><td colspan="2">项目设计负责人：

(公章)
年　月　日</td></tr>
</table>

表 4-30　混凝土类管子分部工程质量验收记录表（一）

GB 50268—2008　　　　　　　　　　　　　　　　　　　　　给排水质检表　编号：02

<table>
<tr><td colspan="2">工程名称</td><td colspan="4">×××市×××道路工程</td><td>分部工程名称</td><td>预制管开槽施工主体结构</td></tr>
<tr><td colspan="2">施工单位</td><td colspan="2">×××市政集团工程有限责任公司</td><td>项目经理</td><td>潘××</td><td>项目技术负责人</td><td>项××</td></tr>
<tr><td colspan="2">分包单位</td><td colspan="2">—</td><td>分包项目经理</td><td>—</td><td>分包技术负责人</td><td>—</td></tr>
<tr><td>序号</td><td>分项工程名称</td><td colspan="2">验收批数</td><td colspan="2">施工单位检查评定</td><td colspan="2">监理(建设)单位验收意见</td></tr>
<tr><td>1</td><td>管道基础</td><td colspan="2">14</td><td colspan="2">合格</td><td colspan="2" rowspan="8">所含分项无遗漏并全部合格,本子分部合格,同意验收</td></tr>
<tr><td>2</td><td>管道接口连接</td><td colspan="2">14</td><td colspan="2">合格</td></tr>
<tr><td>3</td><td>管道铺设</td><td colspan="2">14</td><td colspan="2">合格</td></tr>
<tr><td></td><td></td><td colspan="2"></td><td colspan="2"></td></tr>
<tr><td></td><td></td><td colspan="2"></td><td colspan="2"></td></tr>
<tr><td></td><td></td><td colspan="2"></td><td colspan="2"></td></tr>
<tr><td></td><td></td><td colspan="2"></td><td colspan="2"></td></tr>
<tr><td></td><td></td><td colspan="2"></td><td colspan="2"></td></tr>
<tr><td colspan="2">质量控制资料</td><td colspan="6">共 10 项,经审查符合要求 10 项,经核定符合规范要求 0 项</td></tr>
<tr><td colspan="2">安全和功能检验(检测)报告</td><td colspan="6">共核查 3 项,符合要求 3 项,经返工处理符合要求 0 项</td></tr>
<tr><td colspan="2" rowspan="2">观感质量验收</td><td colspan="6">共抽查 3 项,符合要求 3 项,不符合要求 3 项</td></tr>
<tr><td colspan="6">观感质量评价(好、一般、差):好</td></tr>
<tr><td rowspan="5">验收单位</td><td>分包单位</td><td colspan="5">项目经理</td><td>年　月　日</td></tr>
<tr><td>施工单位</td><td colspan="5">项目经理</td><td>年　月　日</td></tr>
<tr><td>设计单位</td><td colspan="5">项目负责人</td><td>年　月　日</td></tr>
<tr><td>监理单位</td><td colspan="5">项目负责人</td><td>年　月　日</td></tr>
<tr><td>建设单位</td><td colspan="5">项目负责人(专业技术负责人)</td><td>年　月　日</td></tr>
</table>

表 4-31　混凝土类管子分部工程质量验收记录表（二）

GB 50268—2008　　　　给排水质检表　附表

序号	检查内容	份数	监理（建设）单位检查意见
1	施工组织设计（施工方案）、专题施工方案及批复	2	√
2	图纸会审、施工技术交底	4	√
3	质量事故（问题）处理	—	—
4	材料、设备进场验收	2	√
5	工程会议纪要	2	√
6	测量复核记录	28	√
7	预检工程检查记录	—	—
8	施工日记	1	√
9	管节、管件、管道设备及管配件等合格证	2	√
10	钢材、焊材、水泥、砂石、橡胶止水圈、混凝土、砖、混凝土外加剂、钢制构件、混凝土预制构件合格证或试验报告	4	√
11	隐蔽工程验收记录	28	√
12	分项工程质量验收记录	3	√
13	管道接口连接质量检测（钢管焊接无损探伤检验、法兰或压兰螺栓拧紧力矩检测、熔焊检验）	—	—
14	混凝土强度、混凝土抗渗、混凝土抗冻、砂浆强度、钢筋焊接试验报告	16	√
15	地基承载力检验报告	2	√
16	接口组对拼装、焊接、栓接、熔接记录	—	—
17	管道闭水或闭气试验记录（无压力管道严密性试验）	12	√
18	管道吹（冲）洗记录	—	—
19	注水法试验记录（压力管道水压试验记录）	—	—
检查人： 年　月　日			

注：检查意见分两种：合格打“√”，不合格打“×”。

表 4-32　管道基础分项工程质量验收记录表

GB 50268—2008　　　　给排水质检表　编号：01

<table>
<tr><td colspan="2">工程名称</td><td>×××市×××道路工程</td><td>分部工程名称</td><td>管道基础</td><td>验收批数</td><td>14</td></tr>
<tr><td colspan="2">施工单位</td><td>×××市政集团工程有限责任公司</td><td>项目经理</td><td>潘××</td><td>项目技术负责人</td><td>项××</td></tr>
<tr><td colspan="2">分包单位</td><td>—</td><td>分包单位负责人</td><td>—</td><td>施工班组长</td><td>张××</td></tr>
<tr><td>序号</td><td colspan="2">验收批名称、部位</td><td colspan="2">施工单位检查评定结果</td><td colspan="2">监理(建设)单位验收结论</td></tr>
<tr><td>1</td><td colspan="2">K2＋020～K2＋110 北侧污水管管道基础</td><td colspan="2">合格</td><td colspan="2" rowspan="19">所含验收批无遗漏，各验收批所覆盖的区段和所含内容无遗漏，所查验收批全部合格</td></tr>
<tr><td>2</td><td colspan="2">K2＋110～K2＋230 北侧污水管管道基础</td><td colspan="2">合格</td></tr>
<tr><td>3</td><td colspan="2">K2＋230～K2＋350 北侧污水管管道基础</td><td colspan="2">合格</td></tr>
<tr><td>4</td><td colspan="2">K2＋350～K2＋470 北侧污水管管道基础</td><td colspan="2">合格</td></tr>
<tr><td>5</td><td colspan="2">K2＋470～K2＋590 北侧污水管管道基础</td><td colspan="2">合格</td></tr>
<tr><td>6</td><td colspan="2">K2＋590～K2＋710 北侧污水管管道基础</td><td colspan="2">合格</td></tr>
<tr><td>7</td><td colspan="2">K2＋710～K2＋856 北侧污水管管道基础</td><td colspan="2">合格</td></tr>
<tr><td>8</td><td colspan="2">K2＋020～K2＋110 南侧污水管管道基础</td><td colspan="2">合格</td></tr>
<tr><td>9</td><td colspan="2">K2＋110～K2＋230 南侧污水管管道基础</td><td colspan="2">合格</td></tr>
<tr><td>10</td><td colspan="2">K2＋230～K2＋350 南侧污水管管道基础</td><td colspan="2">合格</td></tr>
<tr><td>11</td><td colspan="2">K2＋350～K2＋470 南侧污水管管道基础</td><td colspan="2">合格</td></tr>
<tr><td>12</td><td colspan="2">K2＋470～K2＋590 南侧污水管管道基础</td><td colspan="2">合格</td></tr>
<tr><td>13</td><td colspan="2">K2＋590～K2＋710 南侧污水管管道基础</td><td colspan="2">合格</td></tr>
<tr><td>14</td><td colspan="2">K2＋710～K2＋861 南侧污水管管道基础</td><td colspan="2">合格</td></tr>
<tr><td></td><td colspan="2"></td><td colspan="2"></td></tr>
<tr><td></td><td colspan="2"></td><td colspan="2"></td></tr>
<tr><td></td><td colspan="2"></td><td colspan="2"></td></tr>
<tr><td></td><td colspan="2"></td><td colspan="2"></td></tr>
<tr><td></td><td colspan="2"></td><td colspan="2"></td></tr>
<tr><td>检查结论</td><td colspan="2">所含验收批无遗漏，各验收批所覆盖的区段和所含内容无遗漏，全部符合要求，本分项符合要求
施工项目
技术负责人：
年　月　日</td><td>验收结论</td><td colspan="3">本分项合格
监理工程师：
(建设单位项目专业技术负责人)
年　月　日</td></tr>
</table>

表 4-33 管道基础验收批质量验收记录

GB 50268—2008

给排水质检表　编号：001

工程名称	×××市×××道路工程		
施工单位	×××市政集团工程有限责任公司		
分部工程名称	预制管开槽施工主体结构	分项工程名称	管道基础
验收部位	K2+020～K2+110 北侧污水管	工程数量	长 90m，宽 0.9m
项目经理	潘××	技术负责人	项××
施工员	施××	施工班组长	张××

质量验收规范规定的检查项目及验收标准				检查方法	施工单位检查评定记录	监理（建设）单位验收记录
主控项目	1	原状地基承载力	符合设计要求	观察，检查地基处理强度或承载力检验报告、复合地基承载力检验报告	√	合格
主控项目	2	混凝土基础强度	符合设计要求	符合现行国家标准《混凝土强度检验评定标准》（GB/T 50107）有关规定	√	合格
主控项目	3	砂石基础压实度	符合设计要求或规范的规定	检查砂石材料的质量保证资料、压实度试验报告	—	—

质量验收规范规定的检查项目及验收标准						检查数量	施工单位检查评定记录：实测值或偏差值/mm 1	2	3	4	5	6	7	8	9	10	应测点数	合格点数	合格率/%	监理（建设）单位验收记录
一般项目	1 管道基础的允许偏差/mm	垫层		中线每侧宽度	≥设计值	每个验收批，每 10m 测 1 点，且不少于 3 点														—
一般项目	1 管道基础的允许偏差/mm	垫层	高程	压力管道	±30															—
一般项目	1 管道基础的允许偏差/mm	垫层	高程	无压管道	0，−15															—
一般项目	1 管道基础的允许偏差/mm	垫层		厚度	≥设计值															—
一般项目	1 管道基础的允许偏差/mm	混凝土基础、管座	平基	中线每侧宽度	+10，0		8	6	0	4	5	1	1	1	1		9	9	100	合格
一般项目	1 管道基础的允许偏差/mm	混凝土基础、管座	平基	高程	0，−15		−5	−4	−2	−7	−2	0	−5	−7	0		9	9	100	合格
一般项目	1 管道基础的允许偏差/mm	混凝土基础、管座	平基	厚度	≥设计值 300		319	317	305	314	317	302	301	300	317		9	9	100	合格
一般项目	1 管道基础的允许偏差/mm	混凝土基础、管座	管座	肩宽	+10，−5		−3	−3	3	−3	6	3	−4	−3	7		9	9	100	合格
一般项目	1 管道基础的允许偏差/mm	混凝土基础、管座	管座	肩高	±20		2	1	−15	6	5	−11	−10	3	−8		9	9	100	合格
一般项目	1 管道基础的允许偏差/mm	土（砂及砂砾）基础	高程	压力管道	±30															—
一般项目	1 管道基础的允许偏差/mm	土（砂及砂砾）基础	高程	无压管道	0，−15															—
一般项目	1 管道基础的允许偏差/mm	土（砂及砂砾）基础		平基厚度	≥设计值															—
一般项目	1 管道基础的允许偏差/mm	土（砂及砂砾）基础		土弧基础腋角高度	≥设计值															—
一般项目	2	原状地基、砂石基础与管道外壁间接触均匀，无空隙				观察，检查施工记录	—													—
一般项目	3	混凝土基础外光内实，无严重缺陷；混凝土基础的钢筋数量、位置正确				观察，检查钢筋质量保证资料，检查施工记录	√													合格

施工单位检查评定结果	主控项目全部符合要求，一般项目满足规范要求，本验收批符合要求 项目专业质量检查员：　　　　年　月　日
监理（建设）单位验收结论	主控项目全部合格，一般项目满足规范要求，本验收批合格 监理工程师： （建设单位项目专业技术负责人）　　　　年　月　日

注：主控项目第 2 项检验数量，混凝土验收批与试块留置按照现行国家标准《给水排水构筑物工程施工及验收规范》（GB 50141—2008）第 6.2.8 条第 2 款执行。

表 4-34　混凝土平基顶面高程测量记录

工程名称	×××市×××道路工程			施工单位	×××市政集团工程有限责任公司		
复核部位	K2＋020～K2＋110 北侧污水管			日　期	年　月　日		
原施测人				测量复核人			
桩号	后视/m	视线高程/m	前视/m	实测高程/m	设计高程/m	偏差值/mm	备注
BM1	1.200	88.456					87.256m（BM1 的高程）
K2＋30			4.045	84.411	84.416	－5	
K2＋40			4.064	84.392	84.396	－4	
K2＋50			4.082	84.374	84.376	－2	
K2＋60			4.107	84.349	84.356	－7	
K2＋70			4.122	84.334	84.336	－2	
K2＋80			4.140	84.316	84.316	0	
K2＋90			4.165	84.291	84.296	－5	
K2＋100			4.187	84.269	84.276	－7	
K2＋110			4.200	84.256	84.256	0	

观测：　　　　复测：　　　　计算：　　　　施工项目技术负责人：

混凝土平基顶面高程测量记录
填写说明

（1）混凝土平基顶面设计高程＝管内底设计标高－管道壁厚

如 K2＋30 管内底设计标高 84.446m，管道壁厚 30mm，混凝土平基顶面设计高程＝84.446－30/1000＝84.416（m）

（2）实测高程＝视线高程－前视

（3）混凝土平基顶面高程偏差值＝实测高程－设计高程

注：品茗软件验收批表格的混凝土平基顶面高程偏差值与混凝土平基顶面高程测量记录的偏差值关联，输入检验批表格的混凝土平基顶面高程偏差值（或通过学习数据自动生成）即可自动生成高程测量记录的偏差值。

（4）品茗软件只需填写水准点数据、管内底设计标高、坡度、管道壁厚，软件即可自动计算混凝土平基顶面高程测量记录表的其他数据。

表 4-35　管道铺设分项工程质量验收记录表

GB 50268—2008　　　　给排水质检表　编号：03

<table>
<tr><td>工程名称</td><td>×××市×××道路工程</td><td>分部工程名称</td><td>管道铺设</td><td>验收批数</td><td>14</td></tr>
<tr><td>施工单位</td><td>×××市政集团工程有限责任公司</td><td>项目经理</td><td>潘××</td><td>项目技术负责人</td><td>项××</td></tr>
<tr><td>分包单位</td><td>—</td><td>分包单位负责人</td><td>—</td><td>施工班组长</td><td>张××</td></tr>
</table>

<table>
<tr><th>序号</th><th>验收批名称、部位</th><th>施工单位检查评定结果</th><th>监理（建设）单位验收结论</th></tr>
<tr><td>1</td><td>K2＋020～K2＋110 北侧污水管管道铺设</td><td>合格</td><td rowspan="19">所含验收批无遗漏，各验收批所覆盖的区段和所含内容无遗漏，所查验收批全部合格</td></tr>
<tr><td>2</td><td>K2＋110～K2＋230 北侧污水管管道铺设</td><td>合格</td></tr>
<tr><td>3</td><td>K2＋230～K2＋350 北侧污水管管道铺设</td><td>合格</td></tr>
<tr><td>4</td><td>K2＋350～K2＋470 北侧污水管管道铺设</td><td>合格</td></tr>
<tr><td>5</td><td>K2＋470～K2＋590 北侧污水管管道铺设</td><td>合格</td></tr>
<tr><td>6</td><td>K2＋590～K2＋710 北侧污水管管道铺设</td><td>合格</td></tr>
<tr><td>7</td><td>K2＋710～K2＋856 北侧污水管管道铺设</td><td>合格</td></tr>
<tr><td>8</td><td>K2＋020～K2＋110 南侧污水管管道铺设</td><td>合格</td></tr>
<tr><td>9</td><td>K2＋110～K2＋230 南侧污水管管道铺设</td><td>合格</td></tr>
<tr><td>10</td><td>K2＋230～K2＋350 南侧污水管管道铺设</td><td>合格</td></tr>
<tr><td>11</td><td>K2＋350～K2＋470 南侧污水管管道铺设</td><td>合格</td></tr>
<tr><td>12</td><td>K2＋470～K2＋590 南侧污水管管道铺设</td><td>合格</td></tr>
<tr><td>13</td><td>K2＋590～K2＋710 南侧污水管管道铺设</td><td>合格</td></tr>
<tr><td>14</td><td>K2＋710～K2＋861 南侧污水管管道铺设</td><td>合格</td></tr>
<tr><td></td><td></td><td></td></tr>
<tr><td></td><td></td><td></td></tr>
<tr><td></td><td></td><td></td></tr>
<tr><td></td><td></td><td></td></tr>
<tr><td></td><td></td><td></td></tr>
</table>

<table>
<tr><td>检查结论</td><td>所含验收批无遗漏，各验收批所覆盖的区段和所含内容无遗漏，全部符合要求，本分项符合要求

施工项目
技术负责人：
年　月　日</td><td>验收结论</td><td>本分项合格

监理工程师：
（建设单位项目专业技术负责人）
年　月　日</td></tr>
</table>

表 4-36　管道铺设验收批质量验收记录

GB 50268—2008　　　　　　　　　　　　　　　　给排水质检表　编号：001

工程名称	×××市×××道路工程		
施工单位	×××市政集团工程有限责任公司		
分部工程名称	预制管开槽施工主体结构	分项工程名称	管道铺设
验收部位	K2+020～K2+110 北侧污水管	工程数量	D300mm，长 90m
项目经理	潘××	技术负责人	项××
施工员	施××	施工班组长	张××

质量验收规范规定的检查项目及验收标准				检查方法	施工单位检查评定记录	监理（建设）单位验收记录
主控项目	1	管道埋设深度、轴线位置	应符合设计要求，无压力管道严禁倒坡	检查施工记录、测量记录	√	合格
	2	刚性管道	无结构贯通裂缝和明显缺损情况	观察，检查技术资料	√	合格
	3	柔性管道的管壁	不得出现纵向隆起、环向扁平和其他变形情况	观察，检查施工记录、测量记录	—	—
	4	管道铺设安装	必须稳固，管道安装后应线形平直	观察，检查测量记录	√	合格

质量验收规范规定的检查项目及验收标准								施工单位检查评定记录：实测值或偏差值/mm 1	2	3	4	5	6	7	8	9	10	应测点数	合格点数	合格率/%	监理（建设）单位验收记录
一般项目	1	管道	管道内应光洁平整，无杂物、油污；管道无明显渗水和水珠现象					√													合格
	2	管道与井室洞口之间	无渗漏水					√													合格
	3	管道内外防腐层	完整，无破损现象					—													—
	4	钢管管道开孔	应符合规范第 5.3.11 条的规定					—													—
	5	闸阀安装	应牢固，严密，启闭灵活，与管道轴线垂直					—													—
	6 管道铺设的允许偏差/mm	水平轴线		无压管道√	15	每节管1点	经纬仪测量或挂中线用钢尺量测	1	3	5	14	12	4	6	3	14	6	45	45	100	合格
								4	0	2	1	4	2	9	4	13	4				
								4	9	10	7	1	2	1	10	7	2				
				压力管道	30			8	0	10	5	13	12	12	7	4	6				
								0	0	6	5	9									
		管底高程	D_i≤1000	无压管道√	±10		水准仪测量	4	4	3	2	5	−2	9	0	−5	−9	45	45	100	合格
								−8	−2	6	−2	2	−1	9	−7	4	−3				
				压力管道	±30			−9	3	9	2	−8	−8	−7	9	6	−6				
								6	3	−1	−10	4	6	0	−6	9	−1				
			D_i>1000	无压管道	±15			0	−7	−5	1	3									
				压力管道	±30																

施工单位检查评定结果	主控项目全部符合要求，一般项目满足规范要求，本验收批符合要求 项目专业质量检查员：　　　　年　月　日
监理（建设）单位验收结论	主控项目全部合格，一般项目满足规范要求，本验收批合格 监理工程师： （建设单位项目专业技术负责人）　　　　年　月　日

表 4-37　管底高程测量记录

工程名称		×××市×××道路工程			施工单位	×××市政集团工程有限责任公司		
复核部位		K2＋020～K2＋110 北侧污水管			日　期	年　月　日		
原施测人					测量复核人			
桩号		后视/m	视线高程/m	前视/m	实测高程/m	设计高程/m	偏差值/mm	备注
BM1		1.200	88.456					87.256m（BM1 的高程）
K2＋	22			4.020	84.436	84.432	4	
K2＋	24			4.024	84.432	84.428	4	
K2＋	26			4.029	84.427	84.424	3	
K2＋	28			4.034	84.422	84.420	2	
K2＋	30			4.035	84.421	84.416	5	
K2＋	32			4.046	84.410	84.412	－2	
K2＋	34			4.039	84.417	84.408	9	
K2＋	36			4.052	84.404	84.404	0	
K2＋	38			4.061	84.395	84.400	－5	
K2＋	40			4.069	84.387	84.396	－9	
K2＋	42			4.072	84.384	84.392	－8	
K2＋	44			4.070	84.386	84.388	－2	
K2＋	46			4.066	84.390	84.384	6	
K2＋	48			4.078	84.378	84.380	－2	
K2＋	50			4.078	84.378	84.376	2	
K2＋	52			4.085	84.371	84.372	－1	
K2＋	54			4.079	84.377	84.368	9	
K2＋	56			4.099	84.357	84.364	－7	
K2＋	58			4.092	84.364	84.360	4	
K2＋	60			4.103	84.353	84.356	－3	
K2＋	62			4.113	84.343	84.352	－9	
K2＋	64			4.105	84.351	84.348	3	
K2＋	66			4.103	84.353	84.344	9	
K2＋	68			4.114	84.342	84.340	2	
K2＋	70			4.128	84.328	84.336	－8	
K2＋	72			4.132	84.324	84.332	－8	
K2＋	74			4.135	84.321	84.328	－7	
K2＋	76			4.123	84.333	84.324	9	

续表

桩号		后视 /m	视线高程 /m	前视 /m	实测高程 /m	设计高程 /m	偏差值 /mm	备注
BM1		1.200	88.456					87.256m (BM1的高程)
K2+	78			4.130	84.326	84.320	6	
K2+	80			4.146	84.310	84.316	−6	
K2+	82			4.138	84.318	84.312	6	
K2+	84			4.145	84.311	84.308	3	
K2+	86			4.153	84.303	84.304	−1	
K2+	88			4.166	84.290	84.300	−10	
K2+	90			4.156	84.300	84.296	4	
K2+	92			4.158	84.298	84.292	6	
K2+	94			4.168	84.288	84.288	0	
K2+	96			4.178	84.278	84.284	−6	
K2+	98			4.167	84.289	84.280	9	
K2+	100			4.181	84.275	84.276	−1	
K2+	102			4.184	84.272	84.272	0	
K2+	104			4.195	84.261	84.268	−7	
K2+	106			4.197	84.259	84.264	−5	
K2+	108			4.195	84.261	84.260	1	
K2+	110			4.197	84.259	84.256	3	

观测： 复测： 计算： 施工项目技术负责人：

管底高程测量记录填写说明

（1）排水管管底设计高程＝管内底设计标高－管道壁厚

如K2＋22管内底设计标高84.462m，管道壁厚30mm，管底设计高程＝84.462－30/1000＝84.432（m）

（2）实测高程＝视线高程－前视

（3）管底高程偏差值＝实测高程－设计高程

注：品茗软件验收批表格的管底高程偏差值与管底高程测量记录的偏差值关联，输入验收批表格的管底高程偏差值（或通过学习数据自动生成）即可自动生成高程测量记录的偏差值。

（4）品茗软件只需填写水准点数据、管内底设计标高、坡度、管道壁厚，软件即可自动计算管底高程测量记录表的其他数据。

表 4-38　管道接口连接分项工程质量验收记录表

GB 50268—2008　　　　　　　　　　　　　　　　　　给排水质检表　编号：0 2

<table>
<tr><td>工程名称</td><td colspan="2">×××市×××道路工程</td><td>分部工程名称</td><td>管道接口连接</td><td>验收批数</td><td>14</td></tr>
<tr><td>施工单位</td><td colspan="2">×××市政集团工程有限责任公司</td><td>项目经理</td><td>潘××</td><td>项目技术负责人</td><td>项××</td></tr>
<tr><td>分包单位</td><td colspan="2">—</td><td>分包单位负责人</td><td>—</td><td>施工班组长</td><td>张××</td></tr>
<tr><td>序号</td><td colspan="2">验收批名称、部位</td><td colspan="2">施工单位检查评定结果</td><td colspan="2">监理（建设）单位验收结论</td></tr>
<tr><td>1</td><td colspan="2">K2＋020～K2＋110 北侧污水管</td><td colspan="2">合格</td><td colspan="2" rowspan="19">所含验收批无遗漏，各验收批所覆盖的区段和所含内容无遗漏，所查验收批全部合格</td></tr>
<tr><td>2</td><td colspan="2">K2＋110～K2＋230 北侧污水管</td><td colspan="2">合格</td></tr>
<tr><td>3</td><td colspan="2">K2＋230～K2＋350 北侧污水管</td><td colspan="2">合格</td></tr>
<tr><td>4</td><td colspan="2">K2＋350～K2＋470 北侧污水管</td><td colspan="2">合格</td></tr>
<tr><td>5</td><td colspan="2">K2＋470～K2＋590 北侧污水管</td><td colspan="2">合格</td></tr>
<tr><td>6</td><td colspan="2">K2＋590～K2＋710 北侧污水管</td><td colspan="2">合格</td></tr>
<tr><td>7</td><td colspan="2">K2＋710～K2＋856 北侧污水管</td><td colspan="2">合格</td></tr>
<tr><td>8</td><td colspan="2">K2＋020～K2＋110 南侧污水管</td><td colspan="2">合格</td></tr>
<tr><td>9</td><td colspan="2">K2＋110～K2＋230 南侧污水管</td><td colspan="2">合格</td></tr>
<tr><td>10</td><td colspan="2">K2＋230～K2＋350 南侧污水管</td><td colspan="2">合格</td></tr>
<tr><td>11</td><td colspan="2">K2＋350～K2＋470 南侧污水管</td><td colspan="2">合格</td></tr>
<tr><td>12</td><td colspan="2">K2＋470～K2＋590 南侧污水管</td><td colspan="2">合格</td></tr>
<tr><td>13</td><td colspan="2">K2＋590～K2＋710 南侧污水管</td><td colspan="2">合格</td></tr>
<tr><td>14</td><td colspan="2">K2＋710～K2＋861 南侧污水管</td><td colspan="2">合格</td></tr>
<tr><td>15</td><td colspan="2"></td><td colspan="2"></td></tr>
<tr><td>16</td><td colspan="2"></td><td colspan="2"></td></tr>
<tr><td>17</td><td colspan="2"></td><td colspan="2"></td></tr>
<tr><td>18</td><td colspan="2"></td><td colspan="2"></td></tr>
<tr><td>19</td><td colspan="2"></td><td colspan="2"></td></tr>
<tr><td>检查结论</td><td colspan="2">所含验收批无遗漏，各验收批所覆盖的区段和所含内容无遗漏，全部符合要求，本分项符合要求

施工项目
技术负责人：
年　月　日</td><td>验收结论</td><td colspan="3">本分项合格

监理工程师：
（建设单位项目专业技术负责人）
年　月　日</td></tr>
</table>

表 4-39　钢筋混凝土管接口连接验收批质量验收记录

GB 50268—2008　　　　　　　　　　　　　　　　　　　　　　　　给排水质检表　编号：001

工程名称	×××市×××道路工程		
施工单位	×××市政集团工程有限责任公司		
分部工程名称		分项工程名称	管道接口连接
验收部位	K2+020～K2+110 北侧污水管	工程数量	D300mm，长 90m
项目经理	潘××	技术负责人	项××
施工员	施××	施工班组长	张××

质量验收规范规定的检查项目及验收标准				检查方法	施工单位检查评定记录	监理（建设）单位验收记录
主控项目	1	管及管件、橡胶圈的产品质量	应符合规范第 5.6.1、第 5.6.2、第 5.6.5 和第 5.7.1 条规定	检查产品质量保证资料；检查成品管进场验收记录	√	合格
	2	柔性接口橡胶圈位置	正确，无扭曲、外露现象	观察，用探尺检查；检查单口水压试验记录	—	—
	3	承口、插口	无破损、开裂		—	—
	4	双道橡胶圈单口水压试验	合格		—	—
	5	刚性接口的强度	符合设计要求，不得有开裂、空鼓、脱落现象	观察；检查水泥砂浆、混凝土试块的抗压强度试验报告	√	合格

质量验收规范规定的检查项目及验收标准					施工单位检查评定记录：实测值或偏差值/mm 1	2	3	4	5	6	7	8	9	10	应测点数	合格点数	合格率/%	监理（建设）单位验收记录
一般项目	1	柔性接口的安装位置		正确，纵向间隙符合规范第 5.6.9、第 5.7.2 条相关规定	—													—
	2	刚性接口	刚性接口的宽度、厚度	符合设计要求	√													合格
			相邻管接口错口允许偏差 D_i＜700mm	应在施工中自检	√													合格
			700mm＜D_i≤1000mm	≤3mm														—
			D_i＞1000mm	≤5mm														—
	3	管道沿曲线安装时，接口转角		应符合规范第 5.6.9、第 5.7.5 条相关规定	√													合格
	4	管道接口的填缝		应符合设计要求，密实、光洁、平整	√													合格

施工单位检查评定结果	主控项目全部符合要求，一般项目满足规范要求，本验收批符合要求 项目专业质量检查员：　　　　年　月　日
监理（建设）单位验收结论	主控项目全部合格，一般项目满足规范要求，本验收批合格 监理工程师： （建设单位项目专业技术负责人）　　　　年　月　日

注：一般项目检查方法，第 1 项，逐个检查，用钢尺量测；检查施工记录；第 2 项，两井之间取 3 点，用钢尺、塞尺量测；检查施工记录；第 3 项，用直尺量测曲线段接口；第 4 项，观察，检查填缝材料质量保证资料、配合比记录。

表 4-40　管道闭水试验记录表

GB 50268—2008

工程名称		×××市×××道路工程		试验日期		年　月　日
桩号及地段		K2+020～K2+110 北侧污水管				
管道内径/mm		管材种类		接口种类		试验段长度/m
300		钢筋混凝土管		钢丝网水泥砂浆抹带接口		90
试验段上游设计水头/m		试验水头/m		允许渗水量/[m^3/(24h·km)]		
0.3		2.3		21.62		
渗水量测定记录	次数	观测起始时间 t_1	观测结束时间 t_2	恒压时间 T/min	恒压时间内补入的水量 W/L	实测渗水量 q/[L/(min·m)]
	1	9:00	9:40	40	25.8	0.0072
	2					
	3					
	折合平均实测渗水量 10.36[m^3/(24h·km)]					
外观记录	试验段及井位未见明显渗漏					
评语	符合设计及施工规范要求					

施工单位：　　　　试验负责人：

监理单位：　　　　设计单位：

建设单位：　　　　记录员：

管道闭水试验记录表
填写说明

1. 桩号及地段

(1) 依据《给水排水管道工程施工质量验收规范》(GB 50268—2008) 第 160 页第 9.1.9 条，无压力管道的闭水试验，条件允许时可一次试验不超过 5 个连续井段。

(2) 本工程按验收批划分试验段，每验收批 3～5 个检查井，如 K2+020～K2+110 北侧污水管。

2. 试验段上游设计水头 (m) 与试验水头 (m)

依据《给水排水管道工程施工质量验收规范》(GB 50268—2008) 第167页第9.3.4条:

(1) 当试验段上游设计水头不超过管顶内壁时，试验水头应以试验段上游管顶内壁加2m计。

(2) 当试验段上游设计水头超过管顶内壁时，试验水头应以试验段上游设计水头加2m计。

(3) 当计算出的试验水头小于10m，但已超过上游检查井井口时，试验水头应以上游检查井井口高度为准。

例如：上游管道内径D300mm，设计水头为0.2m或0.3m，不超过管顶内壁，则试验水头=2+0.3=2.3 (m)

3. 允许渗水量 [m^3/(24h·km)]

依据《给水排水管道工程施工质量验收规范》(GB 50268— 2008) 第167页表9.3.5，管道内径为300mm时，允许渗水量为21.62 [m^3/(24h·km)]。

4. 恒压时间T (min)

依据《给水排水管道工程施工质量验收规范》(GB 50268—2008) 第182页第D.0.1条，渗水量的观测时间不得小于30min。

5. 恒压时间内补入的水量W (L)

按实际补水量填写。

6. 实测渗水量q [L/(min·m)]

q=恒压时间内补入的水量/(恒压时间×管道长度)=25.8/(40×90)=0.0072[L/(min·m)]

7. 折合平均实测渗水量 [m^3/(24h·km)]

折合平均实测渗水量=实测渗水量/(24×60)=0.0072/(24×60)=10.36[m^3/(24h·km)]

钢筋混凝土无压管道闭水试验允许渗水量见表4-41。

表4-41 无压管道闭水试验允许渗水量

管材	管道内径D_i/mm	允许渗水量/[m^3/(24h·km)]
钢筋混凝土管	200	17.60
	300	21.62
	400	25.00
	500	27.95
	600	30.60
	700	33.00
	800	35.35
	900	37.50
	1000	39.52
	1100	41.45
	1200	43.30
	1600	50.00
	1700	51.50
	1800	53.00
	1900	54.48
	2000	55.90

注：化学建材管道的允许渗水量q=0.0046D_i [m^3/(24h·km)]。

表 4-42　隐蔽工程检查验收记录（一）

年　月　日　　　　质检表 4　编号：001

<table>
<tr><td>工程名称</td><td colspan="2">×××市×××道路工程</td><td>施工单位</td><td>×××市政集团工程有限责任公司</td></tr>
<tr><td>隐检项目</td><td colspan="2">管道基础</td><td>隐检范围</td><td>K2+020～K2+110 北侧污水管</td></tr>
<tr><td>隐检内容及检查情况</td><td colspan="4">一、隐检内容
（一）地基承载力、混凝土基础强度、外观；
（二）实测项目：混凝土平基高程、厚度、中线每侧宽度。
二、检查情况
经检查，混凝土基础外光内实、混凝土基础强度符合设计要求。各项隐检项目均符合《给水排水管道工程施工质量验收规范》（GB 50268—2008）要求。实测项目详见“验收批质量验收记录”及“高程测量记录”</td></tr>
<tr><td>验收意见</td><td colspan="4">该验收批的各项应检内容均符合设计及规范要求，同意进入下道分项工程施工</td></tr>
<tr><td>处理情况及结论</td><td colspan="4">

复查人：　　　　年　月　日</td></tr>
<tr><td>建设单位</td><td>监理单位</td><td>施工项目技术负责人</td><td>施工员</td><td>质检员</td></tr>
<tr><td></td><td></td><td></td><td></td><td></td></tr>
</table>

表 4-43　隐蔽工程检查验收记录（二）

年　月　日　　　　质检表 4　编号：001

<table>
<tr><td>工程名称</td><td colspan="2">×××市×××道路工程</td><td>施工单位</td><td>×××市政集团工程有限责任公司</td></tr>
<tr><td>隐检项目</td><td colspan="2">管道铺设</td><td>隐检范围</td><td>K2+020～K2+110 北侧污水管</td></tr>
<tr><td>隐检内容及检查情况</td><td colspan="4">一、隐检内容
（一）管道埋设深度、轴线位置；管道外观及安装质量等。
（二）实测项目：水平轴线、管底高程。
二、检查情况
经检查，管道无结构贯通裂缝和缺损情况；管道内光洁平整，无杂物、油污；管道无渗水和水珠现象。各项隐检项目均符合《给水排水管道工程施工质量验收规范》（GB 50268—2008）要求。实测项目详见“验收批质量验收记录”及“高程测量记录”</td></tr>
<tr><td>验收意见</td><td colspan="4">该验收批的各项应检内容均符合设计及规范要求，同意进入下道分项工程施工</td></tr>
<tr><td>处理情况及结论</td><td colspan="4">

复查人：　　　　年　月　日</td></tr>
<tr><td>建设单位</td><td>监理单位</td><td>施工项目技术负责人</td><td>施工员</td><td>质检员</td></tr>
<tr><td></td><td></td><td></td><td></td><td></td></tr>
</table>

表 4-44 化学建材管子分部工程质量验收记录表（一）

GB 50268—2008　　　　给排水质检表　编号：0 4

工程名称	×××市×××道路工程			分部工程名称	预制管开槽施工主体结构
施工单位	×××市政集团工程有限责任公司	项目经理	潘××	项目技术负责人	项××
分包单位	—	分包项目经理	—	分包技术负责人	—

序号	分项工程名称	验收批数	施工单位检查评定	监理（建设）单位验收意见
1	管道基础	32	合格	所含分项无遗漏并全部合格，本子分部合格，同意验收
2	管道铺设	32	合格	
3	管道接口连接	32	合格	

质量控制资料	共 10 项，经审查符合要求 10 项，经核定符合规范要求 0 项
安全和功能检验（检测）报告	共核查 6 项，符合要求 6 项，经返工处理符合要求 0 项
观感质量验收	共抽查 9 项，符合要求 9 项，不符合要求 0 项
	观感质量评价（好、一般、差）：好

验收单位	分包单位	项目经理	年　月　日
	施工单位	项目经理	年　月　日
	设计单位	项目负责人	年　月　日
	监理单位	项目负责人	年　月　日
	建设单位	项目负责人（专业技术负责人）	年　月　日

表 4-45　化学建材管子分部工程质量验收记录表（二）

GB 50268—2008　　　　　　　　　　　　　　　　　　　　　　　　　　给排水质检表　附表

序号	检查内容	份数	监理（建设）单位检查意见
1	施工组织设计（施工方案）、专题施工方案及批复	2	√
2	图纸会审、施工技术交底	3	√
3	质量事故（问题）处理	—	—
4	材料、设备进场验收	4	√
5	工程会议纪要	2	√
6	测量复核记录	64	√
7	预检工程检查记录	—	—
8	施工日记	2	√
9	管节、管件、管道设备及管配件等合格证	4	√
10	钢材、焊材、水泥、砂石、橡胶止水圈、混凝土、砖、混凝土外加剂、钢制构件、混凝土预制构件合格证及试验报告	3	√
11	防腐质量检查记录	—	—
12	接口组对拼装、焊接、栓接、熔接记录	—	—
13	隐蔽工程验收记录	66	√
14	分项工程质量验收记录	3	√
15	管道接口连接质量检测（钢管焊接无损探伤检验、法兰或压兰螺栓拧紧力矩检测、熔焊检验）	2	√
16	混凝土强度、混凝土抗渗、混凝土抗冻、砂浆强度、钢筋焊接试验报告	4	√
17	地基承载力检验报告	29	√
18	管道吹（冲）洗记录/消毒检测报告	4	√
19	压力管道水压试验记录（注水法试验记录）	2	√
20	无压力管道严密性试验记录（管道闭水或闭气试验记录表）	4	√
检查人：			
			年　月　日

注：检查意见分两种：合格打“√”，不合格打“×”。

表 4-46　管道基础分项工程质量验收记录表

GB 50268—2008　　　　　　　　　　　　　　　　　　　　　　给排水质检表　编号：01

工程名称	×××市×××道路工程	分部工程名称	管道基础	验收批数	32
施工单位	×××市政集团工程有限责任公司	项目经理	潘××	项目技术负责人	项××
分包单位	—	分包单位负责人	—	施工班组长	张××

序号	验收批名称、部位	施工单位检查评定结果	监理(建设)单位验收结论
1	K2＋000～K2＋120 北侧给水管管道基础	合格	所含验收批无遗漏，各验收批所覆盖的区段和所含内容无遗漏，所查验收批全部合格
2	K2＋120～K2＋240 北侧给水管管道基础	合格	
3	K2＋240～K2＋360 北侧给水管管道基础	合格	
4	K2＋360～K2＋480 北侧给水管管道基础	合格	
5	K2＋480～K2＋600 北侧给水管管道基础	合格	
6	K2＋600～K2＋720 北侧给水管管道基础	合格	
7	K2＋720～K2＋856.60 北侧给水管管道基础	合格	
8	K2＋000～K2＋120 南侧给水管管道基础	合格	
9	K2＋120～K2＋240 南侧给水管管道基础	合格	
10	K2＋240～K2＋360 南侧给水管管道基础	合格	
11	K2＋360～K2＋480 南侧给水管管道基础	合格	
12	K2＋480～K2＋600 南侧给水管管道基础	合格	
13	K2＋600～K2＋720 南侧给水管管道基础	合格	
14	K2＋720～K2＋856.60 南侧给水管管道基础	合格	
15	K2＋010～K2＋100 北侧雨水管管道基础	合格	
…	…	合格	
28	K2＋715～K2＋889 南侧雨水管管道基础	合格	
…	…	合格	
32	K2＋690 综合管沟管道基础	合格	

检查结论	所含验收批无遗漏，各验收批所覆盖的区段和所含内容无遗漏，全部符合要求，本分项符合要求 施工项目技术负责人： 年　月　日	验收结论	本分项合格 监理工程师： （建设单位项目专业技术负责人） 年　月　日

表 4-47　管道基础验收批质量验收记录

GB 50268—2008

给排水质检表　编号：0 0 1

工程名称	×××市×××道路工程		
施工单位	×××市政集团工程有限责任公司		
分部工程名称	预制管开槽施工主体结构	分项工程名称	管道基础
验收部位	K2＋010～K2＋100 北侧雨水管	工程数量	长 90m，宽 1.6m
项目经理	潘××	技术负责人	项××
施工员	施××	施工班组长	张××

质量验收规范规定的检查项目及验收标准				检查方法	施工单位检查评定记录	监理（建设）单位验收记录
主控项目	1	原状地基承载力	符合设计要求	观察，检查地基处理强度或承载力检验报告、复合地基承载力检验报告	√	合格
主控项目	2	混凝土基础强度	符合设计要求	符合现行国家标准《混凝土强度检验评定标准》GB/T 50107 有关规定	—	—
主控项目	3	砂石基础压实度	符合设计要求或规范的规定	检查砂石材料的质量保证资料、压实度试验报告	√	合格

质量验收规范规定的检查项目及验收标准						检查数量	施工单位检查评定记录													监理（建设）单位验收记录
							实测值或偏差值/mm										应测点数	合格点数	合格率/%	
							1	2	3	4	5	6	7	8	9	10				
一般项目	1 管道基础的允许偏差/mm	垫层	中线每侧宽度		≥设计值（800）	每个验收批，每 10m 测 1 点，且不少于 3 点	807	802	802	807	804	817	807	817	806	815	10	10	100	合格
一般项目	1 管道基础的允许偏差/mm	垫层	高程	压力管道	±30												—	—	—	—
一般项目	1 管道基础的允许偏差/mm	垫层	高程	无压管道	√0，−15		−5	−11	−4	−4	−10	−5	−8	−2	−5	−3	10	10	100	合格
一般项目	1 管道基础的允许偏差/mm	垫层	厚度		≥设计值（300）		301	304	318	311	317	312	300	305	304	319	10	10	100	合格
一般项目	1 管道基础的允许偏差/mm	混凝土基础、管座	平基	中线每侧宽度	＋10，0															—
一般项目	1 管道基础的允许偏差/mm	混凝土基础、管座	平基	高程	0，−15															—
一般项目	1 管道基础的允许偏差/mm	混凝土基础、管座	平基	厚度	≥设计值															—
一般项目	1 管道基础的允许偏差/mm	混凝土基础、管座	管座	肩宽	＋10，−5															—
一般项目	1 管道基础的允许偏差/mm	混凝土基础、管座	管座	肩高	±20															—
一般项目	1 管道基础的允许偏差/mm	土（砂及砂砾）基础	高程	压力管道	±30															—
一般项目	1 管道基础的允许偏差/mm	土（砂及砂砾）基础	高程	无压管道	0，−15															—
一般项目	1 管道基础的允许偏差/mm	土（砂及砂砾）基础	平基厚度		≥设计值															—
一般项目	1 管道基础的允许偏差/mm	土（砂及砂砾）基础	土弧基础腋角高度		≥设计值															—

一般项目	2	原状地基、砂石基础与管道外壁间接触均匀，无空隙	观察，检查施工记录	√	合格
一般项目	3	混凝土基础外光内实，无严重缺陷；混凝土基础的钢筋数量、位置正确	观察，检查钢筋质量保证资料，检查施工记录	—	—

续表

施工单位检查评定结果	主控项目全部符合要求，一般项目满足规范要求，本验收批符合要求 项目专业质量检查员：　　　　年　月　日
监理(建设)单位验收结论	主控项目全部合格，一般项目满足规范要求，本验收批合格 监理工程师： (建设单位项目专业技术负责人)　　　　年　月　日

注：主控项目第2项检验数量，混凝土验收批与试块留置按照现行国家标准《给水排水构筑物工程施工及验收规范》(GB 50141—2008)第6.2.8条第2款执行。

表4-48　垫层顶面高程测量记录

工程名称		×××市×××道路工程			施工单位	×××市政集团工程有限责任公司		
复核部位		K2＋010～K2＋100北侧雨水管			日　期	年　月　日		
原施测人					测量复核人			
桩号		后视/m	视线高程/m	前视/m	实测高程/m	设计高程/m	偏差值/mm	备注
BM1		1.200	88.456					87.256m(BM1的高程)
K2＋	10			4.714	83.742	83.747	－5	
K2＋	20			4.750	83.706	83.717	－11	
K2＋	30			4.773	83.683	83.687	－4	
K2＋	40			4.803	83.653	83.657	－4	
K2＋	50			4.839	83.617	83.627	－10	
K2＋	60			4.864	83.592	83.597	－5	
K2＋	70			4.897	83.559	83.567	－8	
K2＋	80			4.921	83.535	83.537	－2	
K2＋	90			4.954	83.502	83.507	－5	
K2＋	100			4.982	83.474	83.477	－3	

观测：　　　　复测：　　　　计算：　　　　施工项目技术负责人：

表 4-49　管道基础验收批质量验收记录

GB 50268—2008　　　　给排水质检表　编号：0 1 6

工程名称	×××市×××道路工程		
施工单位	×××市政集团工程有限责任公司		
分部工程名称	预制管开槽施工主体结构	分项工程名称	管道基础
验收部位	K2＋000～K2＋120 北侧给水管	工程数量	长 120m，宽 0.9m
项目经理	潘××	技术负责人	项××
施工员	施××	施工班组长	张××

		质量验收规范规定的检查项目及验收标准		检查方法	施工单位检查评定记录	监理（建设）单位验收记录
主控项目	1	原状地基承载力	符合设计要求	观察，检查地基处理强度或承载力检验报告、复合地基承载力检验报告	√	合格
主控项目	2	混凝土基础强度	符合设计要求	符合现行国家标准《混凝土强度检验评定标准》（GB/T 50107）有关规定	—	—
主控项目	3	砂石基础压实度	符合设计要求或规范的规定	检查砂石材料的质量保证资料、压实度试验报告	√	合格

		质量验收规范规定的检查项目及验收标准				检查数量	1	2	3	4	5	6	7	8	9	10	应测点数	合格点数	合格率/%	监理（建设）单位验收记录
一般项目	1 管道基础的允许偏差/mm	垫层	中线每侧宽度		≥设计值（450）	每个验收批，每10m 测1点，且不少于3点	452	461	452	456	453	453	455	460	458	456	10	10	100	合格
		垫层	高程	压力管道	√±30		−4	−6	14	−11	16	17	8	−13	13	5	10	10	100	合格
		垫层	高程	无压管道	0，−15												—	—	—	—
		垫层	厚度		≥设计值（200）		218	204	218	204	213	200	200	203	207	215	10	10	100	合格
		混凝土基础、管座	平基	中线每侧宽度	＋10，0															—
		混凝土基础、管座	平基	高程	0，−15															—
		混凝土基础、管座	平基	厚度	≥设计值															—
		混凝土基础、管座	管座	肩宽	＋10，−5															—
		混凝土基础、管座	管座	肩高	±20															—
		土（砂及砂砾）基础	高程	压力管道	±30															—
		土（砂及砂砾）基础	高程	无压管道	0，−15															—
		土（砂及砂砾）基础	平基厚度		≥设计值															—
		土（砂及砂砾）基础	土弧基础腋角高度		≥设计值															—
	2	原状地基、砂石基础与管道外壁间接触均匀，无空隙				观察，检查施工记录	√													合格
	3	混凝土基础外光内实，无严重缺陷；混凝土基础的钢筋数量、位置正确				观察，检查钢筋质量保证资料，检查施工记录	—													—

续表

施工单位检查评定结果	主控项目全部符合要求，一般项目满足规范要求，本验收批符合要求 项目专业质量检查员：　　年　月　日
监理(建设)单位验收结论	主控项目全部合格，一般项目满足规范要求，本验收批合格 监理工程师： (建设单位项目专业技术负责人)　　年　月　日

注：主控项目第2项检验数量，混凝土验收批与试块留置按照现行国家标准《给水排水构筑物工程施工及验收规范》(GB 50141—2008) 第6.2.8条第2款执行。

表4-50　垫层顶面高程测量记录

工程名称		×××市×××道路工程		施工单位	×××市政集团工程有限责任公司		
复核部位		K2+000～K2+120北侧给水管		日　期	年　月　日		
原施测人				测量复核人			
桩号		后视/m	视线高程/m	前视/m	实测高程/m	设计高程/m	偏差值/mm	备注
BM1		1.200	88.456					87.256m (BM1的高程)
K2+	10			3.577	84.879	84.883	−4	
K2+	20			3.620	84.836	84.842	−6	
K2+	30			3.620	84.836	84.822	14	
K2+	40			3.607	84.849	84.860	−11	
K2+	50			3.543	84.913	84.897	16	
K2+	70			3.467	84.989	84.972	17	
K2+	90			3.402	85.054	85.046	8	
K2+	100			3.385	85.071	85.084	−13	
K2+	110			3.322	85.134	85.121	13	
K2+	120			3.292	85.164	85.159	5	

观测：　　复测：　　计算：　　施工项目技术负责人：

垫层顶面高程测量记录填写说明

(1) 给水管垫层顶面设计高程＝设计管中心标高－管道外径/2

如K2+10设计管中心标高84.983m，管道外径200mm，垫层顶面设计高程＝84.983－200/2/1000＝84.883 (m)

(2) 实测高程＝视线高程－前视

(3) 垫层顶面高程偏差值＝实测高程－设计高程

注：品茗软件验收批表格的垫层顶面高程偏差值与垫层顶面高程测量记录的偏差值关联，输入验收批表格的垫层顶面高程偏差值（或通过学习数据自动生成）即可自动生成高程测量记录的偏差值。

(4) 品茗软件只需填写水准点数据、设计管中心标高、坡度，软件即可自动计算垫层顶面高程测量记录表的其他数据。

表 4-51 管道铺设分项工程质量验收记录表

GB 50268—2008

给排水质检表 编号：03

工程名称	×××市×××道路工程	分部工程名称	管道铺设	验收批数	32
施工单位	×××市政集团工程有限责任公司	项目经理	潘××	项目技术负责人	项××
分包单位	—	分包单位负责人	—	施工班组长	张××

序号	验收批名称、部位	施工单位检查评定结果	监理(建设)单位验收结论
1	K2+000～K2+120 北侧给水管管道铺设	合格	所含验收批无遗漏，各验收批所覆盖的区段和所含内容无遗漏，所查验收批全部合格
2	K2+120～K2+240 北侧给水管管道铺设	合格	
3	K2+240～K2+360 北侧给水管管道铺设	合格	
4	K2+360～K2+480 北侧给水管管道铺设	合格	
5	K2+480～K2+600 北侧给水管管道铺设	合格	
6	K2+600～K2+720 北侧给水管管道铺设	合格	
7	K2+720～K2+856.60 北侧给水管管道铺设	合格	
8	K2+000～K2+120 南侧给水管管道铺设	合格	
9	K2+120～K2+240 南侧给水管管道铺设	合格	
10	K2+240～K2+360 南侧给水管管道铺设	合格	
11	K2+360～K2+480 南侧给水管管道铺设	合格	
12	K2+480～K2+600 南侧给水管管道铺设	合格	
13	K2+600～K2+720 南侧给水管管道铺设	合格	
14	K2+720～K2+856.60 南侧给水管管道铺设	合格	
15	K2+010～K2+100 北侧雨水管管道铺设	合格	
…	…	合格	
28	K2+715～K2+889 南侧雨水管管道铺设	合格	
…	…	合格	
32	K2+690 综合管沟	合格	

检查结论	所含验收批无遗漏，各验收批所覆盖的区段和所含内容无遗漏，全部符合要求，本分项符合要求 施工项目 技术负责人： 年 月 日	验收结论	本分项合格 监理工程师： （建设单位项目专业技术负责人） 年 月 日

表 4-52　管道铺设验收批质量验收记录

GB 50268—2008　　　　　　　　　　　　　　　　　　　　给排水质检表　编号：001

工程名称	×××市×××道路工程		
施工单位	×××市政集团工程有限责任公司		
分部工程名称	预制管开槽施工主体结构	分项工程名称	管道铺设
验收部位	K2＋020～K2＋110 北侧雨水管	工程数量	D800mm，长 90m
项目经理	潘××	技术负责人	项××
施工员	施××	施工班组长	张××

质量验收规范规定的检查项目及验收标准				检查方法	施工单位检查评定记录	监理（建设）单位验收记录
主控项目	1	管道埋设深度、轴线位置	应符合设计要求，无压力管道严禁倒坡	检查施工记录、测量记录	√	合格
主控项目	2	刚性管道	无结构贯通裂缝和明显缺损情况	观察，检查技术资料	—	—
主控项目	3	柔性管道的管壁	不得出现纵向隆起、环向扁平和其他变形情况	观察，检查施工记录、测量记录	√	合格
主控项目	4	管道铺设安装	必须稳固，管道安装后应线形平直	观察，检查测量记录	√	合格

质量验收规范规定的检查项目及验收标准						检查数量	检查方法	实测值或偏差值/mm 1	2	3	4	5	6	7	8	9	10	应测点数	合格点数	合格率/%	监理（建设）单位验收记录
一般项目	1	管道	管道内应光洁平整，无杂物、油污；管道无明显渗水和水珠现象					√													合格
一般项目	2	管道与井室洞口之间	无渗漏水					√													合格
一般项目	3	管道内外防腐层	完整，无破损现象					—													—
一般项目	4	钢管管道开孔	应符合规范第 5.3.11 条的规定					—													—
一般项目	5	闸阀安装	应牢固，严密，启闭灵活，与管道轴线垂直					—													合格
一般项目	6 管道铺设的允许偏差/mm	水平轴线		无压管道√	15	每节管1点	经纬仪测量或挂中线用钢尺量测	12	11	4	7	10	6	0	2	4	11	15	15	100	合格
								9	9	11	6	5									
				压力管道	30																
		管底高程	D_i≤1000	无压管道√	±10		水准仪测量	6	−3	8	9	−6	−3	−4	−9	−4	0	15	15	100	合格
								0	4	6	8	5									
				压力管道	±30																
			D_i＞1000	无压管道	±15																
				压力管道	±30																

施工单位检查评定结果	主控项目全部符合要求，一般项目满足规范要求，本验收批符合要求 项目专业质量检查员：　　　　年　月　日
监理（建设）单位验收结论	主控项目全部合格，一般项目满足规范要求，本验收批合格 监理工程师： （建设单位项目专业技术负责人）　　　　年　月　日

表 4-53　管底高程测量记录

<table>
<tr><td colspan="2">工程名称</td><td colspan="3">×××市×××道路工程</td><td>施工单位</td><td colspan="3">×××市政集团工程有限责任公司</td></tr>
<tr><td colspan="2">复核部位</td><td colspan="3">K2＋010～K2＋100 北侧雨水管</td><td>日　期</td><td colspan="3">年　月　日</td></tr>
<tr><td colspan="2">原施测人</td><td colspan="3"></td><td>测量复核人</td><td colspan="3"></td></tr>
<tr><td colspan="2">桩号</td><td>后视
/m</td><td>视线高程
/m</td><td>前视
/m</td><td>实测高程
/m</td><td>设计高程
/m</td><td>偏差值
/mm</td><td>备注</td></tr>
<tr><td colspan="2">BM1</td><td>1.200</td><td>88.456</td><td></td><td></td><td></td><td></td><td>87.256m
（BM1 的高程）</td></tr>
<tr><td>K2＋</td><td>16</td><td></td><td></td><td>4.721</td><td>83.735</td><td>83.729</td><td>6</td><td></td></tr>
<tr><td>K2＋</td><td>22</td><td></td><td></td><td>4.748</td><td>83.708</td><td>83.711</td><td>－3</td><td></td></tr>
<tr><td>K2＋</td><td>28</td><td></td><td></td><td>4.755</td><td>83.701</td><td>83.693</td><td>8</td><td></td></tr>
<tr><td>K2＋</td><td>34</td><td></td><td></td><td>4.772</td><td>83.684</td><td>83.675</td><td>9</td><td></td></tr>
<tr><td>K2＋</td><td>40</td><td></td><td></td><td>4.805</td><td>83.651</td><td>83.657</td><td>－6</td><td></td></tr>
<tr><td>K2＋</td><td>46</td><td></td><td></td><td>4.820</td><td>83.636</td><td>83.639</td><td>－3</td><td></td></tr>
<tr><td>K2＋</td><td>52</td><td></td><td></td><td>4.839</td><td>83.617</td><td>83.621</td><td>－4</td><td></td></tr>
<tr><td>K2＋</td><td>58</td><td></td><td></td><td>4.862</td><td>83.594</td><td>83.603</td><td>－9</td><td></td></tr>
<tr><td>K2＋</td><td>64</td><td></td><td></td><td>4.875</td><td>83.581</td><td>83.585</td><td>－4</td><td></td></tr>
<tr><td>K2＋</td><td>70</td><td></td><td></td><td>4.889</td><td>83.567</td><td>83.567</td><td>0</td><td></td></tr>
<tr><td>K2＋</td><td>76</td><td></td><td></td><td>4.907</td><td>83.549</td><td>83.549</td><td>0</td><td></td></tr>
<tr><td>K2＋</td><td>82</td><td></td><td></td><td>4.921</td><td>83.535</td><td>83.531</td><td>4</td><td></td></tr>
<tr><td>K2＋</td><td>88</td><td></td><td></td><td>4.937</td><td>83.519</td><td>83.513</td><td>6</td><td></td></tr>
<tr><td>K2＋</td><td>94</td><td></td><td></td><td>4.953</td><td>83.503</td><td>83.495</td><td>8</td><td></td></tr>
<tr><td>K2＋</td><td>100</td><td></td><td></td><td>4.974</td><td>83.482</td><td>83.477</td><td>5</td><td></td></tr>
</table>

观测：　　　　　　　　复测：　　　　　计算：　　　　　　　　施工项目技术负责人：

表 4-54 管道铺设验收批质量验收记录

GB 50268—2008　　　　给排水质检表　编号：016

工程名称	×××市×××道路工程		
施工单位	×××市政集团工程有限责任公司		
分部工程名称	预制管开槽施工主体结构	分项工程名称	管道铺设
验收部位	K2＋000～K2＋120 北侧给水管	工程数量	长 120m
项目经理	潘××	技术负责人	项××
施工员	施××	施工班组长	张××

质量验收规范规定的检查项目及验收标准				检查方法	施工单位检查评定记录	监理（建设）单位验收记录
主控项目	1	管道埋设深度、轴线位置	应符合设计要求，无压力管道严禁倒坡	检查施工记录、测量记录	√	合格
主控项目	2	刚性管道	无结构贯通裂缝和明显缺损情况	观察，检查技术资料	—	—
主控项目	3	柔性管道的管壁	不得出现纵向隆起、环向扁平和其他变形情况	观察，检查施工记录、测量记录	√	合格
主控项目	4	管道铺设安装	必须稳固，管道安装后应线形平直	观察，检查测量记录	√	合格

质量验收规范规定的检查项目及验收标准							施工单位检查评定记录：实测值或偏差值/mm 1	2	3	4	5	6	7	8	9	10	应测点数	合格点数	合格率/%	监理（建设）单位验收记录
一般项目	1	管道		管道内应光洁平整，无杂物、油污；管道无明显渗水和水珠现象			√													合格
一般项目	2	管道与井室洞口之间		无渗漏水			√													合格
一般项目	3	管道内外防腐层		完整，无破损现象			—													—
一般项目	4	钢管管道开孔		应符合规范第 5.3.11 条的规定			—													—
一般项目	5	闸阀安装		应牢固，严密，启闭灵活，与管道轴线垂直			√													合格
一般项目	6 管道铺设的允许偏差/mm	水平轴线	无压管道	15	每节管1点	经纬仪测量或挂中线用钢尺量测	23	25	1	17	25	15	10	15	6	13	20	20	100	合格
							15	8	16	7	21	5	12	20	24	14				
			压力管道√	30																
		管底高程 $D_i \leqslant 1000$	无压管道	±10		水准仪测量	0	−21	13	−24	6	−8	9	−4	17	−15	20	20	100	合格
							−23	−14	−20	−8	−1	14	25	14	−3	−17				
			压力管道√	±30																
		管底高程 $D_i > 1000$	无压管道	±15																
			压力管道	±30																

施工单位检查评定结果	主控项目全部符合要求，一般项目满足规范要求，本验收批符合要求 项目专业质量检查员：　　　　年　月　日
监理（建设）单位验收结论	主控项目全部合格，一般项目满足规范要求，本验收批合格 监理工程师： （建设单位项目专业技术负责人）　　　　年　月　日

表 4-55　管底高程测量记录

工程名称		×××市×××道路工程			施工单位	×××市政集团工程有限责任公司		
复核部位		K2+000～K2+120 北侧给水管			日　期	年　月　日		
原施测人					测量复核人			
桩号		后视/m	视线高程/m	前视/m	实测高程/m	设计高程/m	偏差值/mm	备注
BM1		1.200	88.456					87.256m (BM1 的高程)
K2+	6			3.556	84.900	84.900	0	
K2+	12			3.601	84.855	84.876	−21	
K2+	18			3.592	84.864	84.851	13	
K2+	23.9			3.653	84.803	84.827	−24	
K2+	30			3.658	84.798	84.792	6	
K2+	36			3.649	84.807	84.815	−8	
K2+	42			3.610	84.846	84.837	9	
K2+	48			3.600	84.856	84.860	−4	
K2+	54			3.557	84.899	84.882	17	
K2+	60			3.566	84.890	84.905	−15	
K2+	66			3.552	84.904	84.927	−23	
K2+	72			3.521	84.935	84.949	−14	
K2+	78			3.504	84.952	84.972	−20	
K2+	84			3.470	84.986	84.994	−8	
K2+	90			3.440	85.016	85.017	−1	
K2+	96			3.403	85.053	85.039	14	
K2+	102			3.369	85.087	85.062	25	
K2+	108			3.358	85.098	85.084	14	
K2+	114			3.353	85.103	85.106	−3	
K2+	120			3.344	85.112	85.129	−17	

观测：　　　　　　复测：　　　　　　计算：　　　　　　施工项目技术负责人：

管底高程测量记录填写说明

(1) 给水管管底设计高程=设计管中心标高−管道外径/2

如 K2+0 设计管中心标高 85.024m，管道外径 200mm，管底设计高程=85.024−200/2/1000=84.924 (m)

(2) 实测高程=视线高程−前视

(3) 管底高程偏差值=实测高程−设计高程

注：品茗软件验收批表格的管底高程偏差值与管底高程测量记录的偏差值关联，输入验收批表格的管底高程偏差值（或通过学习数据自动生成）即可自动生成高程测量记录的偏差值。

(4) 品茗软件只需填写水准点数据、设计管中心标高、坡度，软件即可自动计算管底高程测量记录表的其他数据。

表 4-56　管道接口连接分项工程质量验收记录表

GB 50268—2008　　　　　　　　　　　　　　　　　　　　　给排水质检表　编号：0 2

工程名称	×××市×××道路工程	分部工程名称	管道接口连接	验收批数	32
施工单位	×××市政集团工程有限责任公司	项目经理	潘××	项目技术负责人	项××
分包单位	—	分包单位负责人	—	施工班组长	张××

序号	验收批名称、部位	施工单位检查评定结果	监理(建设)单位验收结论
1	K2＋000～K2＋120 北侧给水管	合格	所含验收批无遗漏，各验收批所覆盖的区段和所含内容无遗漏，所查验收批全部合格
2	K2＋120～K2＋240 北侧给水管	合格	
3	K2＋240～K2＋360 北侧给水管	合格	
4	K2＋360～K2＋480 北侧给水管	合格	
5	K2＋480～K2＋600 北侧给水管	合格	
6	K2＋600～K2＋720 北侧给水管	合格	
7	K2＋720～K2＋856.60 北侧给水管	合格	
8	K2＋000～K2＋120 南侧给水管	合格	
9	K2＋120～K2＋240 南侧给水管	合格	
10	K2＋240～K2＋360 南侧给水管	合格	
11	K2＋360～K2＋480 南侧给水管	合格	
12	K2＋480～K2＋600 南侧给水管	合格	
13	K2＋600～K2＋720 南侧给水管	合格	
14	K2＋720～K2＋856.60 南侧给水管	合格	
15	K2＋010～K2＋100 北侧雨水管	合格	
…	…	合格	
28	K2＋715～K2＋889 南侧雨水管	合格	
…	…	合格	
32	K2＋690 综合管沟	合格	

检查结论	所含验收批无遗漏，各验收批所覆盖的区段和所含内容无遗漏，全部符合要求，本分项符合要求 施工项目 技术负责人： 年　月　日	验收结论	本分项合格 监理工程师： （建设单位项目专业技术负责人） 年　月　日

表 4-57　化学建材管接口连接验收批质量验收记录

GB 50268—2008　　　　给排水质检表　编号：0 0 1

工程名称	×××市×××道路工程		
施工单位	×××市政集团工程有限责任公司		
分部工程名称	预制管开槽施工主体结构	分项工程名称	管道接口连接
验收部位	K2＋010～K2＋100 北侧雨水管	工程数量	D800，长 90m
项目经理	潘××	技术负责人	项××
施工员	施××	施工班组长	张××

质量验收规范规定的检查项目及验收标准					检查方法	施工单位检查评定记录	监理（建设）单位验收记录
主控项目	1	管节及管件、橡胶圈等的产品质量	符合表注 1 规定		检查产品质量保证资料；检查成品管进场验收记录	√	合格
	2	承插、套筒式连接	承口、插口部位及套筒连接紧密，无破损、变形、开裂等现象		逐个接口检查；检查施工方案及施工记录，单口水压试验记录；用钢尺、探尺量测	√	合格
			插入后胶圈位置应正确，无扭曲等现象			√	合格
			双道橡胶圈的单口水压试验合格			—	—
	3	聚乙烯管、聚丙烯管接口熔焊连接	符合表注 2 规定		观察；检查熔焊连接工艺试验报告和焊接作业指导书，检查熔焊连接施工记录、熔焊外观质量检验记录、焊接力学性能检测报告	—	—
	4	卡箍连接、法兰连接、钢塑过渡接头连接	应连接件齐全、位置正确、安装牢固，连接部位无扭曲、变形		逐个检查	—	—
一般项目	1	承插、套筒式接口	插入深度应符合要求，相邻管口纵向间隙应不小于 10mm；环向间隙应均匀一致		逐口检查，用钢尺量测；检查施工记录	√	合格
	2	承插式管道沿曲线安装时的接口转角	玻璃钢管	不应大于规范第 5.8.3 条规定	用直尺测量曲线段接口；检查施工记录	—	合格
			聚乙烯管、聚丙烯管	≤1.5°		√	
			硬聚氯乙烯管	≤1.0°		—	

续表

质量验收规范规定的检查项目及验收标准			检查方法	施工单位检查评定记录	监理（建设）单位验收记录
一般项目	3	熔焊连接设备的控制参数满足焊接工艺要求；设备与待连接管接触面无污物，设备及组合件组装正确、牢固、吻合；焊后冷却期间接口未受外力影响	观察，检查专用熔焊设备质量合格证明书、校检报告，检查熔焊记录	—	—
	4	卡箍连接、法兰连接、钢塑过渡连接件的钢制部分以及钢制螺栓、螺母、垫圈的防腐要求应符合设计要求	逐个检查；检查产品质量合格证明书、检验报告	—	—
施工单位检查评定结果			主控项目全部符合要求，一般项目满足规范要求，本验收批符合要求 项目专业质量检查员：　　年　月　日		
监理（建设）单位验收结论			主控项目全部合格，一般项目满足规范要求，本验收批合格 监理工程师： （建设单位项目专业技术负责人）　　年　月　日		

注：1.管节及管件、橡胶圈等的产品质量应符合本规范第5.8.1、第5.9.1条规定。

第5.6.5柔性接口形式应符合设计要求，橡胶圈应符合下列规定：

① 材质应符合相关规范的规定；

② 应由管材厂配套供应；

③ 外观应光滑平整，不得有裂缝、破损、气孔、重皮等缺陷；

④ 每个橡胶圈的接头不得超过2个。

第5.8.1管节及管件的规格、性能应符合国家有关标准的规定和设计要求，进入施工现场时其外观质量应符合下列规定：

① 内、外径偏差、承口深度（安装标记环）、有效长度、管壁厚度、管端面垂直度等应符合产品标准规定；

② 内、外表面应光滑平整，无划痕、分层、针孔、杂质、破碎等现象；

③ 管端面应平齐、无毛刺等缺陷；

④ 橡胶圈应符合本规范第5.6.5条的规定。

第5.9.1管节及管件的规范、性能应符合国家有关标准的规定和设计要求，进入施工现场时其外观质量应符合下列规定：

① 不得有影响结构安全、使用功能及接口连接的质量缺陷；

② 内、外壁光滑、平整，无气泡、裂纹、脱皮和严重的冷斑及明显的痕纹、凹陷；

③ 管节不得有异向弯曲，端口应平整；

④ 橡胶圈应符合本规范第5.6.5条的规定。

2.聚乙烯管、聚丙烯管接口熔焊连接应符合下列规定：

① 焊缝应完整，无缺损和变形现象，焊缝连接应紧密，无气孔、鼓泡和裂缝，电熔连接的电阻丝不裸露；

② 熔焊焊缝焊接力学性能不低于母材；

③ 热熔对接连接后应形成凸缘，且凸缘形状大小均匀一致，无气孔、鼓泡和裂缝，接头处有沿管节圆周平滑对称的外翻边，外翻边最低处的深度不低于管节外表面，管壁内翻边应铲平，对接错边量不大于管材壁厚的10%，且不大于3mm。

3.主控项目第3项检查数量：外观质量全数检查；熔焊焊缝焊接力学性能试验每200接头不少于1组；现场进行破坏性检验或翻边切除检验（可任选一种）时，现场破坏性检验每50个接头不少于1个，现场内翻边切除检验每50个接头不少于3个；单位工程中接头数量不足50个时，仅做熔焊焊接力学性能试验，可不做现场检验。

表 4-58　管道吹（冲）洗记录/消毒记录

施计表 31

工程名称：×××市×××道路工程　　　　试验日期：　　年　月　日

施工单位	×××市政集团工程有限责任公司		试验项目	管道冲洗、消毒	
试验部位	K2＋000～K2＋856.6 北侧给水管		试验介质、方式	游离余氯、自来水	
试验记录 K2＋000～K2＋856.6 北侧给水管道灌满消毒水浸泡 24h 后，打开管道出水口，向管道内注入自来水，以 0.6MPa 压力、以 2m/s 流速进行连续冲洗，直至出水口出水无杂质，出水透明度及颜色与进水的透明度及颜色基本一致					
试验结果 合格					
建设单位	监理单位	施工单位	安装单位		
			质检员	队　长	工　长

表 4-59　注水法试验记录表

GB 50268—2008

工程名称		×××市×××道路工程		试验日期	年　月　日
桩号及地段					
管道内径/mm		管材种类		接口种类	试验段长度/m
工作压力/MPa		试验压力/MPa		15min 降压值/MPa	允许渗水量/[L/(min・km)]
渗水量测定记录	次数	达到试验压力的时间 T_1	恒压结束时间 T_2	恒压时间 T/min	恒压时间内补入的水量 W/L	实测渗水量 q/[L/(min・m)]
	1					
	2	（本注水法试验记录表由第三方检测机构出具报告）				
	3					
	4					
	5					
	折合平均实测渗水量/[L/(min・km)]					
外观						
评语						

施工单位：　　　　　　　　　试验负责人：

监理单位：　　　　　　　　　设计单位：

建设单位：　　　　　　　　　记录员：

表 4-60　阀门试验记录

试验表 48

工程名称：×××市×××道路工程　　　　部位：K2＋000～K2＋856.60 北侧给水管　　　年　月　日

试验时间	阀门名称	规格型号	阀门编号（位置）	试验介质	强度试验		严密性试验/MPa	试验结果	备注
					压力/MPa	停压时间/s			
2013.5.6	卧式蝶阀	DN600，PN＝1.0MPa	K2＋005，FM3	水	1.5	15	1.0	合格	
2013.5.6	卧式蝶阀	DN600，PN＝1.0MPa	K2＋005，FM4	水	1.5	15	1.0	合格	
2013.5.6	卧式蝶阀	DN600，PN＝1.0MPa	K2＋005，FM5	水	1.5	15	1.0	合格	
建设单位		监理单位		施工单位	施工项目技术负责人		质检员	工长	班长

注：强度试验为阀门公称压力的 1.5 倍，严密性试验为阀门公称压力。

第五节　管道附属构筑物分部工程

一、管道附属构筑物分部工程质量验收应具备的资料

根据附录 2×××市×××道路工程施工图，该道路工程设计长度约 860m，本工程的污水工程及雨水工程井室均设计为砖砌井室，给水工程的主管为钢筋混凝土井室，其他为砖砌井室。本节将依据施工图纸结合管道附属构筑物分部工程的质量验收以表格（见表 4-61）的形式列出其验收资料。

表 4-61　管道附属构筑物分部工程质量验收的内容和资料

序号	验收内容	验收资料	备注
1	井室原材料、预制构件 雨水口及支、连管原材料、预制构件：偏沟式双箅雨水口（含复合材料井圈及箅子）等	进场材料报验单	略
		水泥出厂合格证/试验报告	略
		钢筋出厂合格证/试验报告	略
		砂/石试验报告	略
		砖、小型砌块合格证/试验报告	略
		井盖（座）合格证/试验报告	略
		防坠网、不锈钢螺杆、踏步合格证	略
		商品混凝土出厂合格证	略
		混凝土、砂浆外加剂的出厂合格证/型检报告	略
		混凝土配合比报告/砂浆配合比报告	略

续表

序号	验收内容	验收资料	备注
2	砖砌井室：K2＋020～K2＋110北侧污水管	井室验收批质量验收记录	附填写示例
		留置水泥砂浆试块——水泥砂浆强度试验报告	略
		井底高程测量记录	附填写示例
		隐蔽工程检查验收记录	附填写示例
	…	…	略
	砖砌井室：K2＋710～K2＋856北侧污水管	井室验收批质量验收记录	略
		留置水泥砂浆试块——水泥砂浆强度试验报告	略
		井底高程测量记录	略
		隐蔽工程检查验收记录	略
	砖砌井室：K2＋020～K2＋110南侧污水管	井室验收批质量验收记录	略
		留置水泥砂浆试块——水泥砂浆强度试验报告	略
		井底高程测量记录	略
		隐蔽工程检查验收记录	略
	…	…	略
	砖砌井室：K2＋710～K2＋861南侧污水管	井室验收批质量验收记录	略
		留置水泥砂浆试块——水泥砂浆强度试验报告	略
		井底高程测量记录	略
		隐蔽工程检查验收记录	略
	砖砌井室：K2＋010～K2＋100北侧雨水管	井室验收批质量验收记录	略
		留置水泥砂浆试块——水泥砂浆强度试验报告	略
		井底高程测量记录	略
		隐蔽工程检查验收记录	略
	…	…	略
	砖砌井室：K2＋708～K2＋884北侧雨水管	井室验收批质量验收记录	略
		留置水泥砂浆试块——水泥砂浆强度试验报告	略
		井底高程测量记录	略
		隐蔽工程检查验收记录	略
	砖砌井室：K2＋010～K2＋100南侧雨水管	井室验收批质量验收记录	略
		留置水泥砂浆试块——水泥砂浆强度试验报告	略
		井底高程测量记录	略
		隐蔽工程检查验收记录	略
	…	…	略
	砖砌井室：K2＋715～K2＋889南侧雨水管	井室验收批质量验收记录	略
		留置水泥砂浆试块——水泥砂浆强度试验报告	略
		井底高程测量记录	略
		隐蔽工程检查验收记录	略
	钢筋混凝土/砖砌井室：K2＋000～K2＋120北侧给水管	井室验收批质量验收记录	略
		留置混凝土试块——试块抗压强度试验报告	略
		留置水泥砂浆试块——水泥砂浆强度试验报告	略
		预检工程检查记录(模板)	略
		井底高程测量记录	略
		隐蔽工程检查验收记录(钢筋、高程等)	略
	…	…	略

续表

序号	验收内容	验收资料	备注
2	钢筋混凝土/砖砌井室:K2＋720～K2＋856.60北侧给水管	井室验收批质量验收记录	略
		混凝土浇筑记录	略
		留置混凝土试块——试块抗压强度试验报告	略
		留置水泥砂浆试块——水泥砂浆强度试验报告	略
		预检工程检查记录(模板)	略
		井底高程测量记录	略
		隐蔽工程检查验收记录(钢筋、高程等)	略
	钢筋混凝土/砖砌井室:K2＋000～K2＋120南侧给水管	井室验收批质量验收记录	略
		混凝土浇筑记录	略
		留置混凝土试块——试块抗压强度试验报告	略
		留置水泥砂浆试块——水泥砂浆强度试验报告	略
		预检工程检查记录(模板)	略
		井底高程测量记录	略
		隐蔽工程检查验收记录(钢筋、高程等)	略
	…	…	略
	钢筋混凝土/砖砌井室:K2＋720～K2＋856.60南侧给水管	井室验收批质量验收记录	略
		混凝土浇筑记录	略
		留置混凝土试块——试块抗压强度试验报告	略
		留置水泥砂浆试块——水泥砂浆强度试验报告	略
		预检工程检查记录(模板)	略
		井底高程测量记录	略
		隐蔽工程检查验收记录(钢筋、高程等)	略
	砖砌井室:K2＋150综合管沟检修井	井室验收批质量验收记录	略
		留置水泥砂浆试块——水泥砂浆强度试验报告	略
		井底高程测量记录	略
		隐蔽工程检查验收记录	略
	…	…	略
	砖砌井室:K2＋690综合管沟检修井	井室验收批质量验收记录	略
		留置水泥砂浆试块——水泥砂浆强度试验报告	略
		井底高程测量记录	略
		隐蔽工程检查验收记录	略
3	雨水口及支、连管:K2＋010～K2＋100北侧雨水管	雨水口及支、连管验收批质量验收记录	附填写示例
	…	…	略
	雨水口及支、连管:K2＋708～K2＋884北侧雨水管	雨水口及支、连管验收批质量验收记录	略
	雨水口及支、连管:K2＋010～K2＋100南侧雨水管	雨水口及支、连管验收批质量验收记录	略
	…	…	略
	雨水口及支、连管:K2＋715～K2＋889南侧雨水管	雨水口及支、连管验收批质量验收记录	略
4	混凝土标养试块抗压强度评定	混凝土标养试块抗压强度强度汇总评定表	略
5	砂浆强度强度评定	砂浆强度汇总评定表	附填写示例
6	井室分项工程	分项工程质量检验记录	附填写示例
7	雨水口及支、连管分项工程	分项工程质量检验记录	附填写示例
8	管道附属构筑物分部工程	管道附属构筑物分部工程检验记录	附填写示例

二、管道附属构筑物分部工程验收资料填写示例

管道附属构筑物分部工程验收资料填写示例见表4-62～表4-70。

表4-62 附属构筑物分部工程质量验收记录表（一）

GB 50268—2008　　　　给排水质检表　编号：06

<table>
<tr><td>工程名称</td><td colspan="3">×××市×××道路工程</td><td>项目经理</td><td>潘××</td></tr>
<tr><td>施工单位</td><td colspan="3">×××市政集团工程有限责任公司</td><td>项目技术负责人</td><td>项××</td></tr>
<tr><td>分包单位</td><td colspan="3">—</td><td>分包技术负责人</td><td>—</td></tr>
<tr><td>序号</td><td>分项工程名称</td><td>验收批数</td><td>施工单位检查评定</td><td colspan="2">验收组验收意见</td></tr>
<tr><td>1</td><td>井室</td><td>46</td><td>合格</td><td colspan="2" rowspan="8">所含子分部无遗漏并全部合格，本分部合格，同意验收</td></tr>
<tr><td>2</td><td>雨水口及支、连管</td><td>14</td><td>合格</td></tr>
<tr><td></td><td></td><td></td><td></td></tr>
<tr><td></td><td></td><td></td><td></td></tr>
<tr><td></td><td></td><td></td><td></td></tr>
<tr><td></td><td></td><td></td><td></td></tr>
<tr><td></td><td></td><td></td><td></td></tr>
<tr><td></td><td></td><td></td><td></td></tr>
<tr><td colspan="2">质量控制资料</td><td colspan="4">共11项，经审查符合要求11项，经核定符合规范要求0项</td></tr>
<tr><td colspan="2">安全和功能检验(检测)报告</td><td colspan="4">共核查3项，符合要求3项，经返工处理符合要求0项</td></tr>
<tr><td colspan="2" rowspan="2">观感质量验收</td><td colspan="4">共抽查2项，符合要求2项，不符合要求0项</td></tr>
<tr><td colspan="4">观感质量评价(好、一般、差)：好</td></tr>
<tr><td>施工单位</td><td colspan="2">项目经理：
（公章）
年　月　日</td><td>监理单位</td><td colspan="2">总监理工程师：
（公章）
年　月　日</td></tr>
<tr><td>建设单位</td><td colspan="2">项目负责人：
（公章）
年　月　日</td><td>设计单位</td><td colspan="2">项目设计负责人：
（公章）
年　月　日</td></tr>
</table>

表 4-63 附属构筑物分部工程质量验收记录表（二）

GB 50268—2008　　　　给排水质检表　附表

序号	检查内容	份数	监理(建设)单位检查意见
1	施工组织设计(施工方案)、专题施工方案及批复	2	√
2	图纸会审、施工技术交底	2	√
3	质量事故(问题)处理	—	—
4	材料、设备进场验收	2	√
5	工程会议纪要	2	√
6	测量复核记录	46	√
7	预检工程检查记录	46	√
8	施工日记	1	√
9	钢材、焊材、水泥、砂石、橡胶止水圈、混凝土、砖、混凝土外加剂、钢制构件、混凝土预制构件合格证及试验报告	6	√
10	接口组对拼装、焊接、栓接、熔接记录	—	—
11	混凝土浇筑记录	57	√
12	隐蔽工程验收记录	62	√
13	分项工程质量验收记录	2	√
14	混凝土试块抗压强度试验汇总	3	√
15	混凝土试块抗渗、抗冻试验汇总	—	—
16	水泥砂浆强度试块报告	32	√
17	混凝土强度试块报告	57	√
检查人：			
年　月　日			

注：检查意见分两种：合格打“√”，不合格打“×”。

表 4-64　井室分项工程质量验收记录表

GB 50268—2008　　　　　　　　　　　　　　　　给排水质检表　编号：0 1

<table>
<tr><td>工程名称</td><td colspan="2">×××市×××道路工程</td><td>分部工程名称</td><td>井室</td><td>验收批数</td><td>46</td></tr>
<tr><td>施工单位</td><td colspan="2">×××市政集团工程有限责任公司</td><td>项目经理</td><td>潘××</td><td>项目技术负责人</td><td>项××</td></tr>
<tr><td>分包单位</td><td colspan="2">—</td><td>分包单位负责人</td><td>—</td><td>施工班组长</td><td>张××</td></tr>
<tr><td>序号</td><td colspan="2">验收批名称、部位</td><td colspan="2">施工单位检查评定结果</td><td colspan="2">监理(建设)单位验收结论</td></tr>
<tr><td>1</td><td colspan="2">K2+000～K2+120 北侧给水管井室</td><td colspan="2">合格</td><td colspan="2" rowspan="19">所含验收批无遗漏，各验收批所覆盖的区段和所含内容无遗漏，所查验收批全部合格</td></tr>
<tr><td>2</td><td colspan="2">K2+120～K2+240 北侧给水管井室</td><td colspan="2">合格</td></tr>
<tr><td>3</td><td colspan="2">K2+240～K2+360 北侧给水管井室</td><td colspan="2">合格</td></tr>
<tr><td>4</td><td colspan="2">K2+360～K2+480 北侧给水管井室</td><td colspan="2">合格</td></tr>
<tr><td>5</td><td colspan="2">K2+480～K2+600 北侧给水管井室</td><td colspan="2">合格</td></tr>
<tr><td>6</td><td colspan="2">K2+600～K2+720 北侧给水管井室</td><td colspan="2">合格</td></tr>
<tr><td>7</td><td colspan="2">K2+720～K2+856.60 北侧给水管井室</td><td colspan="2">合格</td></tr>
<tr><td>8</td><td colspan="2">K2+000～K2+120 南侧给水管井室</td><td colspan="2">合格</td></tr>
<tr><td>9</td><td colspan="2">K2+120～K2+240 南侧给水管井室</td><td colspan="2">合格</td></tr>
<tr><td>10</td><td colspan="2">K2+240～K2+360 南侧给水管井室</td><td colspan="2">合格</td></tr>
<tr><td>11</td><td colspan="2">K2+360～K2+480 南侧给水管井室</td><td colspan="2">合格</td></tr>
<tr><td>12</td><td colspan="2">K2+480～K2+600 南侧给水管井室</td><td colspan="2">合格</td></tr>
<tr><td>13</td><td colspan="2">K2+600～K2+720 南侧给水管井室</td><td colspan="2">合格</td></tr>
<tr><td>14</td><td colspan="2">K2+720～K2+856.60 南侧给水管井室</td><td colspan="2">合格</td></tr>
<tr><td>15</td><td colspan="2">K2+020～K2+110 北侧污水管井室</td><td colspan="2">合格</td></tr>
<tr><td>…</td><td colspan="2">…</td><td colspan="2">合格</td></tr>
<tr><td>42</td><td colspan="2">K2+715～K2+889 南侧雨水管井室</td><td colspan="2">合格</td></tr>
<tr><td>…</td><td colspan="2">…</td><td colspan="2">合格</td></tr>
<tr><td>46</td><td colspan="2">K2+690 综合管沟井室</td><td colspan="2">合格</td></tr>
<tr><td>检查结论</td><td colspan="2">所含验收批无遗漏，各验收批所覆盖的区段和所含内容无遗漏，全部符合要求，本分项符合要求

施工项目
技术负责人：
年　月　日</td><td>验收结论</td><td colspan="3">本分项合格

监理工程师：
(建设单位项目专业技术负责人)
年　月　日</td></tr>
</table>

表 4-65 井室验收批质量验收记录

GB 50268—2008　　　　　　　　　　　　给排水质检表　编号：001

<table>
<tr><td colspan="3">工程名称</td><td colspan="4">×××市×××道路工程</td></tr>
<tr><td colspan="3">施工单位</td><td colspan="4">×××市政集团工程有限责任公司</td></tr>
<tr><td colspan="3">分部工程名称</td><td colspan="2">管道附属构筑物</td><td>分项工程名称</td><td>井室</td></tr>
<tr><td colspan="3">验收部位</td><td colspan="2">K2＋020～K2＋110 北侧污水管</td><td>工程数量</td><td>ϕ1000mm，4 井室</td></tr>
<tr><td colspan="3">项目经理</td><td colspan="2">潘××</td><td>技术负责人</td><td>项××</td></tr>
<tr><td colspan="3">施工员</td><td colspan="2">施××</td><td>施工班组长</td><td>张××</td></tr>
<tr><td colspan="4">质量验收规范规定的检查项目及验收标准</td><td>检查方法</td><td>施工单位检查评定记录</td><td>监理（建设）单位验收记录</td></tr>
<tr><td rowspan="7">主控项目</td><td>1</td><td>原材料、预制构件的质量</td><td>应符合国家有关标准的规定和设计要求</td><td>检查产品质量合格证明书、各项性能检验报告、进场验收记录</td><td>√</td><td>合格</td></tr>
<tr><td>2</td><td>砌筑水泥砂浆强度</td><td>符合设计要求</td><td>检查水泥砂浆强度试块试验报告</td><td>√</td><td>合格</td></tr>
<tr><td>3</td><td>结构混凝土强度</td><td>符合设计要求</td><td>检查混凝土抗压强度试块试验报告</td><td>—</td><td>—</td></tr>
<tr><td>4</td><td>砌筑结构</td><td>应灰浆饱满、灰缝平直，不得有通缝、瞎缝</td><td rowspan="4">逐个观察</td><td>√</td><td>合格</td></tr>
<tr><td>5</td><td>预制装配式结构</td><td>应坐浆、灌浆饱满密实，无裂缝</td><td>—</td><td>—</td></tr>
<tr><td>6</td><td>混凝土结构</td><td>无严重质量缺陷</td><td>—</td><td>—</td></tr>
<tr><td>7</td><td>井室</td><td>无渗水、水珠现象</td><td>√</td><td>合格</td></tr>
<tr><td rowspan="4">一般项目</td><td>1</td><td>井壁抹面</td><td>应密实平整，不得有空鼓，裂缝现象；混凝土无明显一般质量缺陷；井室无明显湿渍现象</td><td>逐个观察</td><td>√</td><td>合格</td></tr>
<tr><td>2</td><td>井内部构造</td><td>符合设计和水力工艺要求，且部位位置及尺寸正确，无建筑垃圾等杂物；检查井流槽应平顺、圆滑、光洁</td><td>逐个观察</td><td>√</td><td>合格</td></tr>
<tr><td>3</td><td>井室内踏步</td><td>位置正确、牢固</td><td>逐个观察，用钢尺测量</td><td>√</td><td>合格</td></tr>
<tr><td>4</td><td>井盖、座规格</td><td>符合设计要求，安装稳固</td><td>逐个观察</td><td>√</td><td>合格</td></tr>
</table>

续表

质量验收规范规定的检查项目及验收标准					检查数量		施工单位检查评定记录													监理（建设）单位验收记录
							实测值或偏差值/mm										应测点数	合格点数	合格率/%	
							1	2	3	4	5	6	7	8	9	10				
一般项目	5	井室的允许偏差/mm	平面轴线位置（轴向、垂直轴向）	15	每座	2	2	2	2	4	10	8	7	6			8	8	100	合格
			结构断面尺寸	+10,0		2	6	6	9	7	6	4	4	5			8	8	100	合格
			井室尺寸 长、宽	±20		2	19	−16	−7	12	−19	−17	−4	−8			8	8	100	合格
			井室尺寸 直径	±20		2														—
			井口高程 农田或绿地	+20		1														—
			井口高程 路面	与道路规定一致		1	√													合格
			井底高程 开槽法管道铺设 D_i≤1000√	±10		2	−3	−4	1	3	4	5	−3	−6			8	8	100	合格
			井底高程 开槽法管道铺设 D_i>1000	±15		2														—
			井底高程 不开槽法管道铺设 D_i<1500	+10,−20		2														—
			井底高程 不开槽法管道铺设 D_i≥1500	+20,−40		2														—
			踏步安装 水平及垂直间距、外露长度	±10		1	4	2	1	3							4	4	100	合格
			脚窝 高、宽、深	±10		1	7	−6	4	−3							4	4	100	合格
			流槽宽度	+10		1	1	3	2	4							4	4	100	合格

施工单位检查评定结果	主控项目全部符合要求，一般项目满足规范要求，本验收批符合要求 项目专业质量检查员：　　年　月　日
监理（建设）单位验收结论	主控项目全部合格，一般项目满足规范要求，本验收批合格 监理工程师： （建设单位项目专业技术负责人）　　年　月　日

注：主控项目第2、3项检查数量，每50m³砌体或混凝土每浇筑1个台班一组试块。

表 4-66 井底高程测量记录

<table>
<tr><td>工程名称</td><td colspan="4">×××市×××道路工程</td><td colspan="2">施工单位</td><td colspan="2">×××市政集团工程有限责任公司</td></tr>
<tr><td>复核部位</td><td colspan="4">K2+020～K2+110 北侧污水管</td><td colspan="2">日 期</td><td colspan="2">年 月 日</td></tr>
<tr><td>原施测人</td><td colspan="4"></td><td colspan="2">测量复核人</td><td colspan="2"></td></tr>
<tr><td colspan="2">桩号</td><td>后视/m</td><td>视线高程/m</td><td>前视/m</td><td>实测高程/m</td><td>设计高程/m</td><td>偏差值/mm</td><td>备注</td></tr>
<tr><td colspan="2">BM1</td><td>1.200</td><td>88.456</td><td></td><td></td><td></td><td></td><td>87.256m
(BM1 的高程)</td></tr>
<tr><td>K2+</td><td>49.5</td><td></td><td></td><td>4.053</td><td>84.403</td><td>84.406</td><td>−3</td><td rowspan="2">WN1</td></tr>
<tr><td>K2+</td><td>50.5</td><td></td><td></td><td>4.054</td><td>84.402</td><td>84.406</td><td>−4</td></tr>
<tr><td>K2+</td><td>79.5</td><td></td><td></td><td>4.109</td><td>84.347</td><td>84.346</td><td>1</td><td rowspan="2">WN2</td></tr>
<tr><td>K2+</td><td>80.5</td><td></td><td></td><td>4.107</td><td>84.349</td><td>84.346</td><td>3</td></tr>
<tr><td>K2+</td><td>109.5</td><td></td><td></td><td>4.166</td><td>84.290</td><td>84.286</td><td>4</td><td rowspan="2">WN3</td></tr>
<tr><td>K2+</td><td>110.5</td><td></td><td></td><td>4.165</td><td>84.291</td><td>84.286</td><td>5</td></tr>
<tr><td>K2+</td><td>109.5</td><td></td><td></td><td>4.157</td><td>84.299</td><td>84.302</td><td>−3</td><td rowspan="2">WN3-1</td></tr>
<tr><td>K2+</td><td>110.5</td><td></td><td></td><td>4.160</td><td>84.296</td><td>84.302</td><td>−6</td></tr>
</table>

观测： 复测： 计算： 施工项目技术负责人：

表 4-67 雨水口及支、连管分项工程质量验收记录表

GB 50268—2008 给排水质检表 编号：0 2

<table>
<tr><td>工程名称</td><td>×××市×××道路工程</td><td>分部工程名称</td><td>雨水口及支、连管</td><td>验收批数</td><td>14</td></tr>
<tr><td>施工单位</td><td>×××市政集团工程有限责任公司</td><td>项目经理</td><td>潘××</td><td>项目技术负责人</td><td>项××</td></tr>
<tr><td>分包单位</td><td>—</td><td>分包单位负责人</td><td>—</td><td>施工班组长</td><td>张××</td></tr>
</table>

<table>
<tr><td>序号</td><td>验收批名称、部位</td><td>施工单位检查评定结果</td><td>监理(建设)单位验收结论</td></tr>
<tr><td>1</td><td>K2+010～K2+100 北侧雨水管</td><td>合格</td><td rowspan="16">所含验收批无遗漏，各验收批所覆盖的区段和所含内容无遗漏，所查验收批全部合格</td></tr>
<tr><td>2</td><td>K2+100～K2+220 北侧雨水管</td><td>合格</td></tr>
<tr><td>3</td><td>K2+220～K2+340 北侧雨水管</td><td>合格</td></tr>
<tr><td>4</td><td>K2+340～K2+460 北侧雨水管</td><td>合格</td></tr>
<tr><td>5</td><td>K2+460～K2+580 北侧雨水管</td><td>合格</td></tr>
<tr><td>6</td><td>K2+580～K2+708 北侧雨水管</td><td>合格</td></tr>
<tr><td>7</td><td>K2+708～K2+884 北侧雨水管</td><td>合格</td></tr>
<tr><td>8</td><td>K2+010～K2+100 南侧雨水管</td><td>合格</td></tr>
<tr><td>9</td><td>K2+100～K2+220 南侧雨水管</td><td>合格</td></tr>
<tr><td>10</td><td>K2+220～K2+340 南侧雨水管</td><td>合格</td></tr>
<tr><td>11</td><td>K2+340～K2+460 南侧雨水管</td><td>合格</td></tr>
<tr><td>12</td><td>K2+460～K2+580 南侧雨水管</td><td>合格</td></tr>
<tr><td>13</td><td>K2+580～K2+715 南侧雨水管</td><td>合格</td></tr>
<tr><td>14</td><td>K2+715～K2+889 南侧雨水管</td><td>合格</td></tr>
<tr><td></td><td></td><td></td></tr>
<tr><td></td><td></td><td></td></tr>
</table>

<table>
<tr><td>检查结论</td><td>所含验收批无遗漏，各验收批所覆盖的区段和所含内容无遗漏，全部符合要求，本分项符合要求

施工项目
技术负责人：
年 月 日</td><td>验收结论</td><td>本分项合格

监理工程师：
(建设单位项目专业技术负责人)
年 月 日</td></tr>
</table>

表 4-68 雨水口及支、连管验收批质量验收记录

GB 50268—2008　　　　　　　　　　　　　　给排水质检表　编号：001

工程名称	×××市×××道路工程		
施工单位	×××市政集团工程有限责任公司		
分部工程名称	管道附属构筑物	分项工程名称	雨水口及支、连管
验收部位	K2＋010～K2＋100 北侧雨水管	工程数量	长 90m，5 座雨水口
项目经理	潘××	技术负责人	项××
施工员	施××	施工班组长	张××

质量验收规范规定的检查项目及验收标准				检查方法	施工单位检查评定记录	监理（建设）单位验收记录
主控项目	1	原材料、预制构件的质量	应符合国家有关标准的规定和设计要求	检查产品质量合格证明书、各项性能检验报告、进场验收记录	√	合格
	2	雨水口	位置正确，深度符合设计要求，安装不得歪扭	逐个观察，用水准仪、钢尺量测	√	合格
	3	井框、井箅	应完整、无损，安装平稳、牢固	全数观察	√	合格
	4	支、连管	应直顺，无倒坡、错口及破损现象		√	合格
	5	井内、连接管道内	无线漏、滴漏现象	全数观察	√	合格

质量验收规范规定的检查项目及验收标准					检查数量	施工单位检查评定记录：实测值或偏差值/mm 1	2	3	4	5	6	7	8	9	10	应测点数	合格点数	合格率/%	监理（建设）单位验收记录
一般项目	1	雨水口砌筑勾缝应直顺、坚实，不得漏勾、脱落			全数观察	√													合格
	2	内、外壁抹面平整光洁				√													合格
	3	支、连管内清洁、流水通畅，无明显渗水现象			全数观察	√													合格
	4	雨水口、支管的允许偏差/mm	井框、井箅吻合	≤10	每座1点	1	9	5	0	7						5	5	100	合格
			井口与路面高差	－5，0		－2	－4	－2	－4	－3						5	5	100	合格
			雨水口位置与道路边线平行	≤10		4	4	7	2	8						5	5	100	合格
			井内尺寸	长、宽：＋20，0		15	1	10	17	3						5	5	100	合格
				深：0，－20		－8	－16	－5	－5	－6						5	5	100	合格
			井内支、连管管口底高度	0，－20		－20	－14	－20	－16	－3						5	5	100	合格

施工单位检查评定结果	主控项目全部符合要求，一般项目满足规范要求，本验收批符合要求 项目专业质量检查员：　　　　年　月　日
监理（建设）单位验收结论	主控项目全部合格，一般项目满足规范要求，本验收批合格 监理工程师： （建设单位项目专业技术负责人）　　　　年　月　日

表 4-69　砂浆试块强度试验汇总表

试验表 25

单位工程名称：×××市×××道路工程　　　　共 1 页　第 1 页

序号	编号	制作日期	部位名称	砂浆强度		达到设计强度	备　注
				设计要求	试验结果		
1	井室	××年×月×日	K2＋010～K2＋100 北侧雨水管	M 7.5	7.8	100%	
2	井室	××年×月×日	K2＋100～K2＋220 北侧雨水管	M 7.5	8.3	100%	
3	井室	××年×月×日	K2＋220～K2＋340 北侧雨水管	M 7.5	8.4	100%	
4	井室	××年×月×日	K2＋340～K2＋460 北侧雨水管	M 7.5	7.9	100%	
5	井室	××年×月×日	K2＋460～K2＋580 北侧雨水管	M 7.5	8.3	100%	
6	井室	××年×月×日	K2＋580～K2＋708 北侧雨水管	M 7.5	8.5	100%	
7	井室	××年×月×日	K2＋708～K2＋884 北侧雨水管	M 7.5	8.3	100%	
8	井室	××年×月×日	K2＋010～K2＋100 南侧雨水管	M 7.5	8.5	100%	
9	井室	××年×月×日	K2＋100～K2＋220 南侧雨水管	M 7.5	8.9	100%	
10	井室	××年×月×日	K2＋220～K2＋340 南侧雨水管	M 7.5	8.2	100%	
11	井室	××年×月×日	K2＋340～K2＋460 南侧雨水管	M 7.5	7.6	100%	
12	井室	××年×月×日	K2＋460～K2＋580 南侧雨水管	M 7.5	7.8	100%	
13	井室	××年×月×日	K2＋580～K2＋715 南侧雨水管	M 7.5	8.3	100%	
14	井室	××年×月×日	K2＋715～K2＋889 南侧雨水管	M 7.5	8.2	100%	

施工项目技术负责人：＿＿＿＿＿＿　填表人：＿＿＿＿＿＿　年　月　日

表 4-70　砂浆试块强度统计评定记录

施工单位：×××市政集团工程有限责任公司　　　　试验表 26

<table>
<tr><td>工程名称</td><td colspan="3">×××市×××道路工程</td><td>部　位</td><td colspan="2">雨水井室</td><td>强度等级/MPa</td><td>M7.5</td><td>养护方法</td><td>标准养护</td></tr>
<tr><td>试块组数</td><td colspan="2">设计强度/MPa</td><td colspan="2">平均值/MPa</td><td colspan="2">最小值/MPa</td><td colspan="4">评定数据/MPa</td></tr>
<tr><td>$n=14$</td><td colspan="2">$f_2=7.5$</td><td colspan="2">$f_{2,m}=8.21$</td><td colspan="2">$f_{2,\min}=7.60$</td><td colspan="4">$0.85f_2=6.38$</td></tr>
<tr><td colspan="11">每组强度值/MPa</td></tr>
<tr><td>7.8</td><td>8.3</td><td>8.4</td><td>7.9</td><td>8.3</td><td>8.5</td><td>8.3</td><td>8.5</td><td>8.9</td><td colspan="2">8.2</td></tr>
<tr><td>7.6</td><td>7.8</td><td>8.3</td><td>8.2</td><td></td><td></td><td></td><td></td><td></td><td colspan="2"></td></tr>
<tr><td></td><td></td><td></td><td></td><td></td><td></td><td></td><td></td><td></td><td colspan="2"></td></tr>
<tr><td></td><td></td><td></td><td></td><td></td><td></td><td></td><td></td><td></td><td colspan="2"></td></tr>
<tr><td></td><td></td><td></td><td></td><td></td><td></td><td></td><td></td><td></td><td colspan="2"></td></tr>
<tr><td></td><td></td><td></td><td></td><td></td><td></td><td></td><td></td><td></td><td colspan="2"></td></tr>
<tr><td colspan="5">评定依据:《砌体结构工程施工质量验收规范》(GB 50203—2011)
一、同品种、同强度等级砂浆各组试块的平均值 $f_{2,m} \geqslant 1.10f_2$
二、任意一组试块强度 $f_{2,\min} \geqslant 0.85f_2$
三、仅有一组试块时其强度不应低于 $1.10f_2$</td><td>结论</td><td colspan="5">合格</td></tr>
</table>

施工项目技术负责人：　　　制表：　　　计算：　　　制表日期：　　年　月　日

第六节　竣工验收文件

一、工程竣工相关文件（表4-71）

表4-71　工程竣工相关文件

序号	工程竣工相关文件	备注
1	竣工工程技术资料审查表	略
2	施工单位自评报告	略
3	监理单位初验报告	略
4	施工单位竣工总结	略
5	工程竣工验收监督检查通知书	略
6	工程竣工验收实施方案(附验收组名单)	略
7	施工单位工程竣工报告	略
8	监理单位工程竣工质量评价报告	略
9	勘察单位勘察文件及实施情况检查报告	略
10	设计单位设计文件及实施情况检查报告	略
11	建设项目竣工环境保护验收申请登记卡(原件及复印件)	略
12	消防验收意见书	略
13	工程质量保修书	略
14	单位(子单位)工程质量竣工验收记录表——汇总表	附填写示例
15	单位(子单位)工程质量控制资料核查表	附填写示例
16	单位(子单位)工程结构安全和使用功能性测记录表	附填写示例
17	单位(子单位)工程观感质量检查表	附填写示例
18	其他竣工文件	略

二、竣工相关文件填写示例

竣工相关文件填写示例见表4-72～表4-74。

表 4-72　单位（子单位）工程质量竣工验收记录表

汇　总　表

GB 50268—2008　　　　　　　　　　　　　　　　　　　　　　　　　　　给排水质检表（一）

工程名称	×××市×××道路工程	工程类型	给水排水工程	工程造价	
施工单位	×××市政集团工程有限责任公司	技术负责人		开工日期	年　月　日
项目经理	潘××	项目技术负责人	项××	竣工日期	年　月　日

序号	项目	验收记录	验收结论
1	分部工程	共__3__分部，经查__3__分部 符合标准及设计要求__3__分部	所含分部无遗漏并全部合格，同意验收
2	质量控制资料核查	共__41__项； 经审查符合要求__41__项； 经核定符合规范要求__0__项	情况属实，同意验收
3	安全和主要使用功能核查及抽查结果	共核查__14__项，符合要求__14__项； 共抽查__14__项，符合要求__14__项； 经返工处理符合要求__0__项	情况属实，同意验收
4	观感质量检验	共抽查__22__项； 符合要求__22__项； 不符合要求__0__项	总体评价：好，同意验收
5	综合验收结论	本单位工程符合设计和规范要求，工程质量合格	

参加验收单位	建设单位 （公章） 单位（项目）负责人 年　月　日	监理单位 （公章） 总监理工程师 年　月　日	施工单位 （公章） 单位负责人 年　月　日	设计单位 （公章） 单位（项目）负责人 年　月　日

表 4-72　单位（子单位）工程质量控制资料核查表

GB 50268—2008　　　　给排水质检表（二）

工程名称		×××市×××道路工程	施工单位	×××市政集团工程有限责任公司	
序号	资料名称		施工单位统计份数	监理(建设)单位核查意见	核查人
1	材质质量保证资料	① 管节、管件、管道设备及管配件等；②防腐层材料、阴极保护设备及材料；③钢材、焊材、水泥、砂石、橡胶止水圈、混凝土、砖、混凝土外加剂、钢制构件、混凝土预制构件	13	√	
2	施工检测	① 管道接口连接质量检测(钢管焊接无损探伤检验、法兰或压兰螺栓拧紧力矩检测、熔焊检验)；②内外防腐层(包括补口、补伤)防腐检测；③预水压试验；④混凝土强度、混凝土抗渗、混凝土抗冻、砂浆强度、钢筋焊接；⑤回填土压实度；⑥柔性管道环向变形检测；⑦不开槽施工土层加固、支护及施工变形等测量；⑧管道设备安装测试；⑨阴极保护安装测试；⑩桩基完整性检测、地基处理检测	69	√	
3	结构安全和使用功能性检测	① 管道水压试验；②给水管道冲洗消毒；③管道位置及高程；④浅埋暗挖管道、盾构管片拼装变形测量；⑤混凝土结构管道渗漏水调查；⑥管道及抽升泵站设备(或系统)调试、电气设备电试；⑦阴极保护系统测试；⑧桩基动测、静载试验	195	√	
4	施工测量	① 控制桩(副桩)、永久(临时)水准点测量复核；②施工放样复核；③竣工测量	11	√	
5	施工技术管理	① 施工组织设计(施工方案)、专题施工方案及批复；②焊接工艺评定及作业指导书；③图纸会审、施工技术交底；④设计变更、技术联系单；⑤质量事故(问题)处理；⑥材料、设备进场验收；计量仪器校核报告；⑦工程会议纪要；⑧施工日记	15	√	
6	验收记录	① 验收批、分项、分部(子分部)、单位(子单位)工程质量验收记录；②隐蔽验收记录	578	√	
7	施工记录	① 接口组对拼装、焊接、栓接、熔接；②地基基础、地层等加固处理；③桩基成桩；④支护结构施工；⑤沉井下沉；⑥混凝土浇筑；⑦管道设备安装；⑧顶进(掘进、钻进、夯进)；⑨沉管沉放及桥管吊装；⑩焊条烘焙、焊接热处理；⑪防腐层补口、补伤等	72	√	
8	竣工图		20	√	
结论： 资料基本齐全，能反映工程质量情况，达到保证结构安全和使用功能的要求，同意验收 施工单位项目经理　　　　总监理工程师（建设单位项目负责人） 年　月　日　　　　年　月　日					

表 4-73　单位（子单位）工程结构安全和使用功能性检测记录表

GB 50268—2008　　　　　　　　　　　　　　　　　　　　　　　　　给排水质检表（三）

工程名称	×××市×××道路工程	施工单位	×××市政集团工程有限责任公司		
序号	安全和功能检查项目	份数	核查意见	抽查结果	核查人
1	压力管道水压试验(无压力管道严密性试验)记录	20	√	符合要求	
2	给水管道冲洗消毒记录及报告	4	√	符合要求	
3	阀门安装及运行功能调试报告及抽查检验	2	√	符合要求	
4	其他管道设备安装调试报告及功能检测	—	—	—	
5	管道位置高程及管道变形测量及汇总	141	√	符合要求	
6	阴极保护安装及系统测试报告及抽查检验	—	—	—	
7	防腐绝缘检测汇总及抽查检验	—	—	—	
8	钢管焊接无损检测报告汇总	—	—	—	
9	混凝土试块抗压强度试验汇总	57	√	符合要求	
10	混凝土试块抗渗、抗冻试验汇总	—	—	—	
11	地基基础加固检测报告	—	—	—	
12	桥管桩基础动测或静载试验报告	—	—	—	
13	混凝土结构管道渗漏水调查记录	1	√	符合要求	
14	抽升泵站的地面建筑	—	—	—	
15	其他	—	—	—	

结论：

安全和功能检验记录无遗漏，检测报告结论满足要求，主要功能抽查结果全部合格

施工单位项目经理　　　　　　　　　　　　总监理工程师
　　　　　　　　　　　　　　　　　　　　（建设单位项目负责人）

年　月　日　　　　　　　　　　　　　　　年　月　日

注：抽升泵站的地面建筑宜符合现行国家标准《建筑工程施工质量验收统一标准》（GB 50300）的有关规定。

表 4-74　单位（子单位）工程观感质量核查表

GB 50268—2008

给排水质检表（四）

工程名称		×××市×××道路工程					施工单位			×××市政集团工程有限责任公司					
序号	检查项目		抽查质量情况										质量评价		
													好	一般	差
1	管道工程	管道、管道附件位、附属构筑物位置	√	√	√	√	√	√	√	√	√	√	△		
2		管道设备	√	√	√	√	√	√	√	√	√	√	△		
3		附属构筑物	√	√	√	√	√	√	√	√	√	√	△		
4		大口径管道（渠、廊）；管道内部、管廊内管道安装													
5		地上管道（桥管、架空管、虹吸管）及承重结构													
6		回填土	√	√	√	√	√	√	√	√	√	√	△		
7	顶管、盾构、浅埋暗挖、定向钻、夯管	管道结构													
8		防水、防腐													
9		管缝（变形缝）													
10		进、出洞口													
11		工作坑（井）													
12		管道线形													
13		附属构筑物													
14	抽升泵站	下部结构													
15		地面建筑													
16		水泵机电设备、管道安装及基础支架													
17		防水、防腐													
18		附属设施、工艺													
观感质量综合评价			好												

结论：

同意验收

施工单位项目经理　　　　　　　　　　总监理工程师

（建设单位项目负责人）

年　月　日　　　　　　　　　　年　月　日

注：地面建筑宜符合现行国家标准《建筑工程施工质量验收统一标准》（GB 50300）的有关规定。

附　录

附录1　施工工艺流程及施工做法

1.1　管道工程施工测量工艺流程

测量桩位交接→桩位复测→布设施工控制网→现况调查及原地貌测量→路基施工测量→路面基层施工测量→路面面层施工测量→路缘石、边坡与边沟施工测量→竣工测量

1.2　PE给水管道施工工艺流程

测量放线→管沟开挖→PE管材运输→管道基础砂垫层施工→PE管热熔连接→管道铺设→管身回填→管段试压→阀门、井室安装→管沟回填→设置管道标识→管道冲洗消毒→通水验收

1.3　排水管道施工工艺流程

测量放线→管沟开挖→管道基础施工→检查井制作→管道连接→管道铺设→管道与井口连接→闭水试验→管沟回填

附录2　×××市×××道路工程施工图(部分)

图纸目录

第　卷第　册
共　页第　页

工程名称:×××市×××道路工程
子　　项:给水排水工程
设计号:路02-2013-08
设计阶段:施工图设计
日期:2013年02月

序号	图纸名称	图号	重复使用图纸图号	张数	备注
	给水排水工程				
1	给水管道设计说明	施-给01		1	
2	管线综合标准横断面图	施-给02		1	
3	给水管平面图	施-给03		4	
4	北侧给水管纵断面图	施-给04		2	
5	南侧给水管纵断面图	施-给05		2	
6	给水工程量表	施-给06		1	
7	排水管道设计说明	施-排01		1	
8	污水工程系统图	施-排02		1	
9	雨水工程系统图	施-排03		1	
10	管线综合标准横断面图	施-排04		1	
11	排水管道平面图	施-排05		4	
12	北侧污水管道纵断面图	施-排06		2	
13	污水管道南侧纵断面图	施-排07		2	
14	北侧雨水管道纵断面图	施-排08		2	
15	排水平面图	施-排09		2	
16	排水工程数量表	施-排10		1	
17	综合管沟大样图	施-排11		1	
18	开挖埋管结构设计总说明	施-结01		1	
19	给水管道放坡开挖断面图	施-结02		1	
20	污水管道放坡开挖断面图	施-结03		1	

给水管道设计说明

一、工程概述

本次建设的×××市×××道路工程全线为新建工程，设计长度约 860m，道路等级为城市Ⅰ级主干道，道路红线宽度为 55m，设计时速 50km/h，道路交通量达到饱和状态的设计年限为 20 年。×××市×××道路工程起点接×××路二期设计终点，桩号为 K2＋000，向东北延伸，道路沿线地貌主要为碳酸盐岩溶蚀堆积地貌的丘陵地貌，场地原为甘蔗、果林等种植地，地势起伏较大，K2＋480～K2＋700 分布有大面积的鱼塘，场地标高为 72.00～90.00m。终点桩号为 K2＋856.546，道路在 K2＋016.032 处与×××路平交。

二、设计依据、资料及规范

《室外给水设计规范》(GB 50013—2006)

《给水排水管道工程施工及验收规范》(GB 50268—2008)

《给水用聚乙烯（PE）管材》(GB/T 13663—2000)

《埋地聚乙烯给水管道工程技术规程》(CJJ 101—2004)

《城市工程管线综合规划规范》(GB 50289—2016)

《城市给水工程规划规范》(GB 50282—1998)

《室外给水排水和燃气热力工程抗震设计规范》(GB 50032—2003)

《×××市×××区控制性详细规划——给水规划》(×××设计集团 2010.06)

三、给水管道设计

1.坐标高程系统

图中所注尺寸除管径以“mm”计外，其余均以“m”计。坐标采用西安坐标系统，高程系采用 85 国家高程基准。

2.管材及接口

埋地给水管采用埋地聚乙烯（PE）给水管道，压力等级为 1.0MPa，管道之间采用热熔连接；管道与附件采用法兰连接；“*DN*”表示管道内径，管材及原料采用 PE100 等级，压力等级为 1.0MPa。管件采用同质成品管件，管材、管件应分别符合现行国家标准《给水用聚乙烯（PE）管材》(GB/T 13663—2000）和《给水用聚乙烯（PE）管件》(GB/T 13663.2）的规定，卫生性能应符合现行国家标准《生活饮用输配水设备及防护管材的安全性评价标准》(GB/T 17219—1998）的要求。钢套管内防腐采用高分子涂料。

消火栓给水支管采用钢管，焊接接口，在阀件安装处以及与 PE 管接口处采用法兰连接。

3.管道压力

管道设计工作压力为 0.6MPa，试验压力为 1.1MPa。

4.街坊支管

沿道路每隔 200m 左右预留 *DN*200 街坊支管，具体位置详见给水管道平面图。

5.阀门及阀门井

*DN*600 以下的管道控制阀门采用软密封闸阀，*DN*600 以上（含 *DN*600）的控制阀门采用软密封偏心式方头法兰蝶阀。阀门井均采用钢筋混凝土卧式阀门井，详见国标 05S502。

6.排气阀

在给水管管底标高最高处设 *DN*80 排气阀。

7. 井盖及井座

井盖、井座均采用球墨铸铁井盖，详见06MS201-6。机动车道下采用重型井盖及井座（400kN/m²），非机动车道下采用轻型井盖及井座（250kN/m²）。非绿化带上的检查井井盖标高与设计路面一致，绿化带上的检查井井盖须高出地面10cm，并在井口周围以0.2坡度向外做好护坡。

8. 消火栓

室外消火栓间距不超过120m，采用SS100/65型室外地上式消火栓。

9. 管道试压及消毒

管道安装完毕，须按有关规范进行水压试验，试压前应严格按照规范要求，做好堵板和后背，避免事故发生。管道在交付使用前应通水冲洗，并进行消毒处理，并经有关部门取样检验水质合格后方可交付使用。

10. 如施工时遇到给水管的用户支管与雨水干管纵断面相交，根据现场实际情况，对用户支管的埋深做调整。

11. 其他未尽事宜另详有关图纸及说明或按《室外排水设计规范》（GB 50014—2006）、《给排水管道工程施工及验收规范》（GB 50268—2008）和《给水排水管道工程结构设计规范》（GB 50332）执行。

×××市政工程×××设计研究院				工程名称	×××市×××道路工程	
				子项	给水排水工程	
				给水管道设计说明	设计号	路02-2013-08
审定		专业负责人			设计阶段	施工图设计
审核		校核			图号	施-给01
项目负责人		设计			日期	2013.02

第1页	共1页

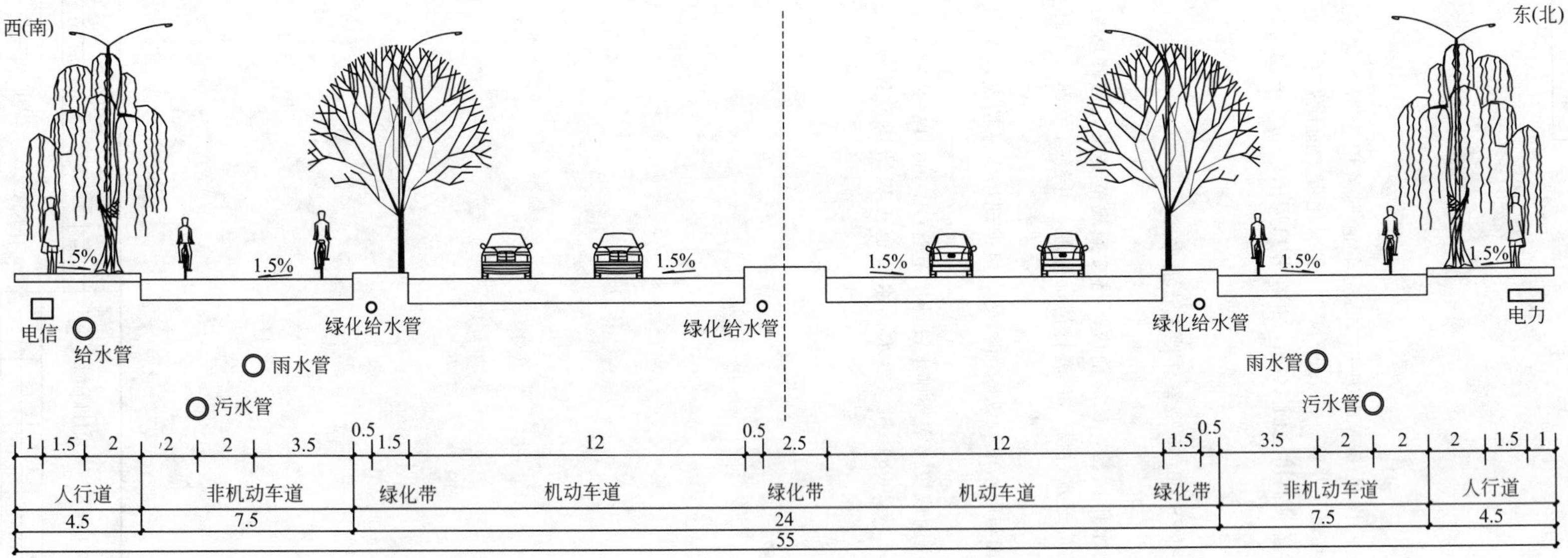

管线综合标准横断面

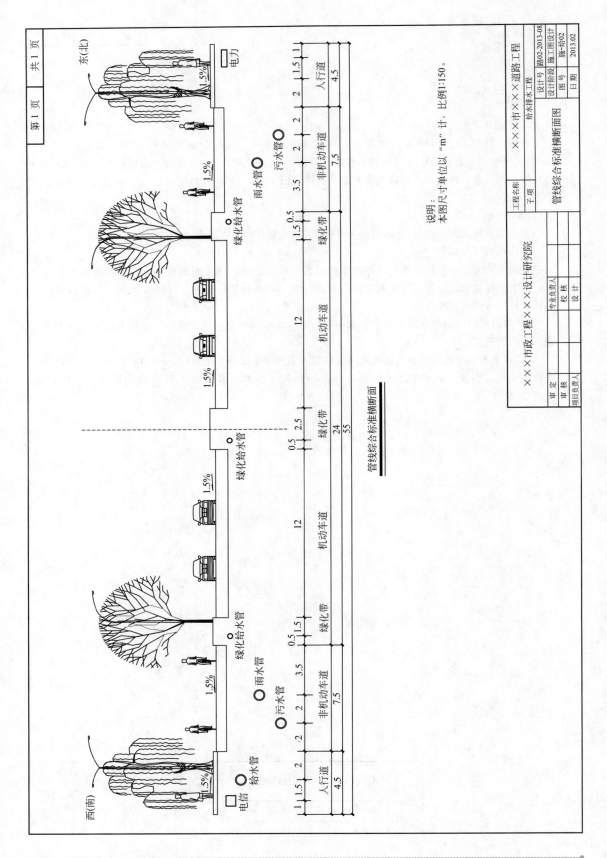

说明：
本图尺寸单位以“m”计，比例1:150。

×××市政工程×××设计研究院				工程名称	×××市×××道路工程	
				子 项	给水排水工程	
审 定		专业负责人		管线综合标准横断面图	设计号	路02-2013-08
审 核		校 核			设计阶段	施工图设计
项目负责人		设 计			图 号	施-给02
					日 期	2013.02

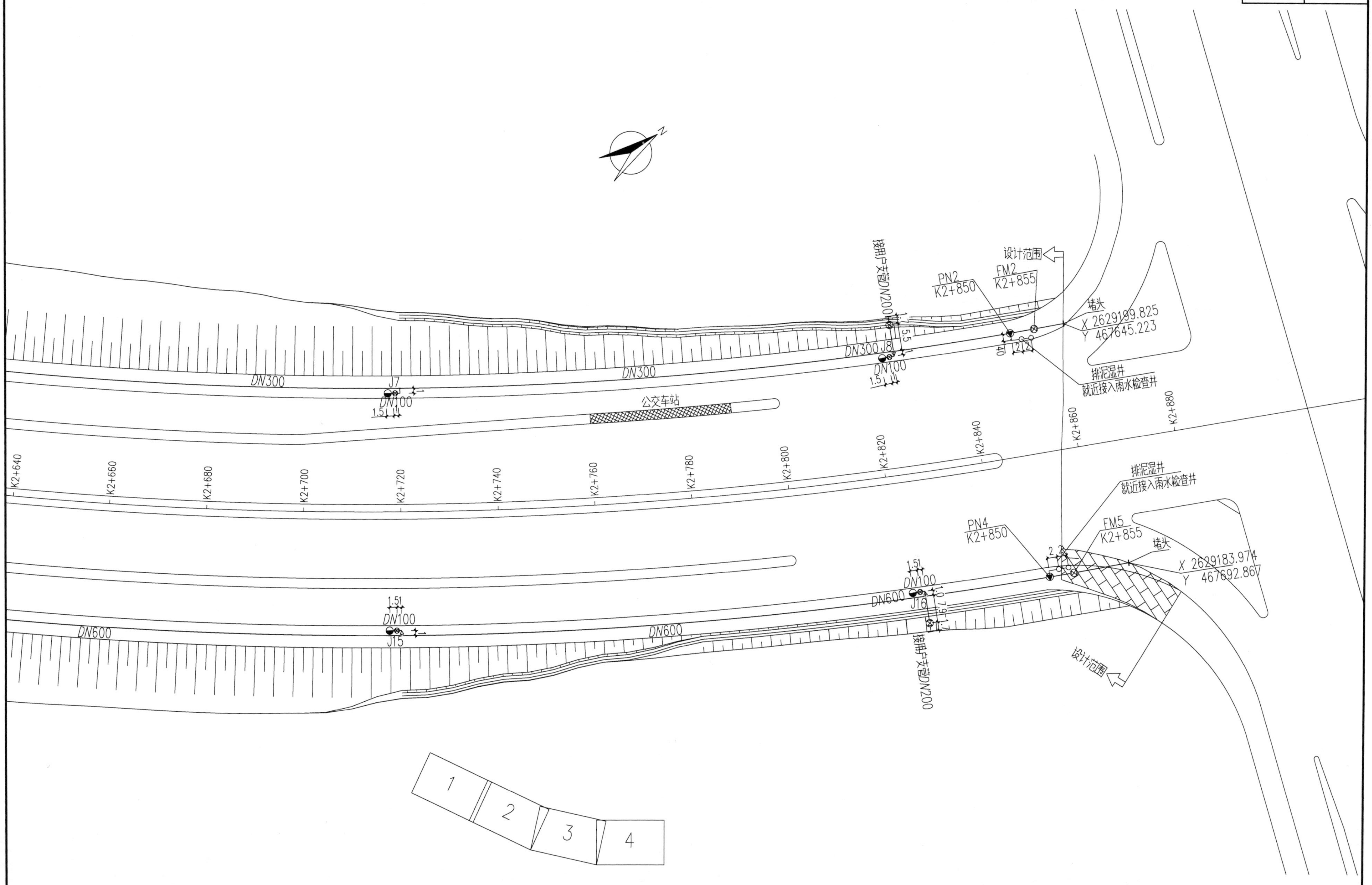

×××市政工程×××设计研究院				工程名称	×××市×××道路工程	
				子 项	给水排水工程	
				给水管平面图	设计号	路02-2013-08
					设计阶段	施工图设计
审 定		专业负责人			图 号	施-给03
审 核		校 核			日 期	2013.02
项目负责人		设 计				

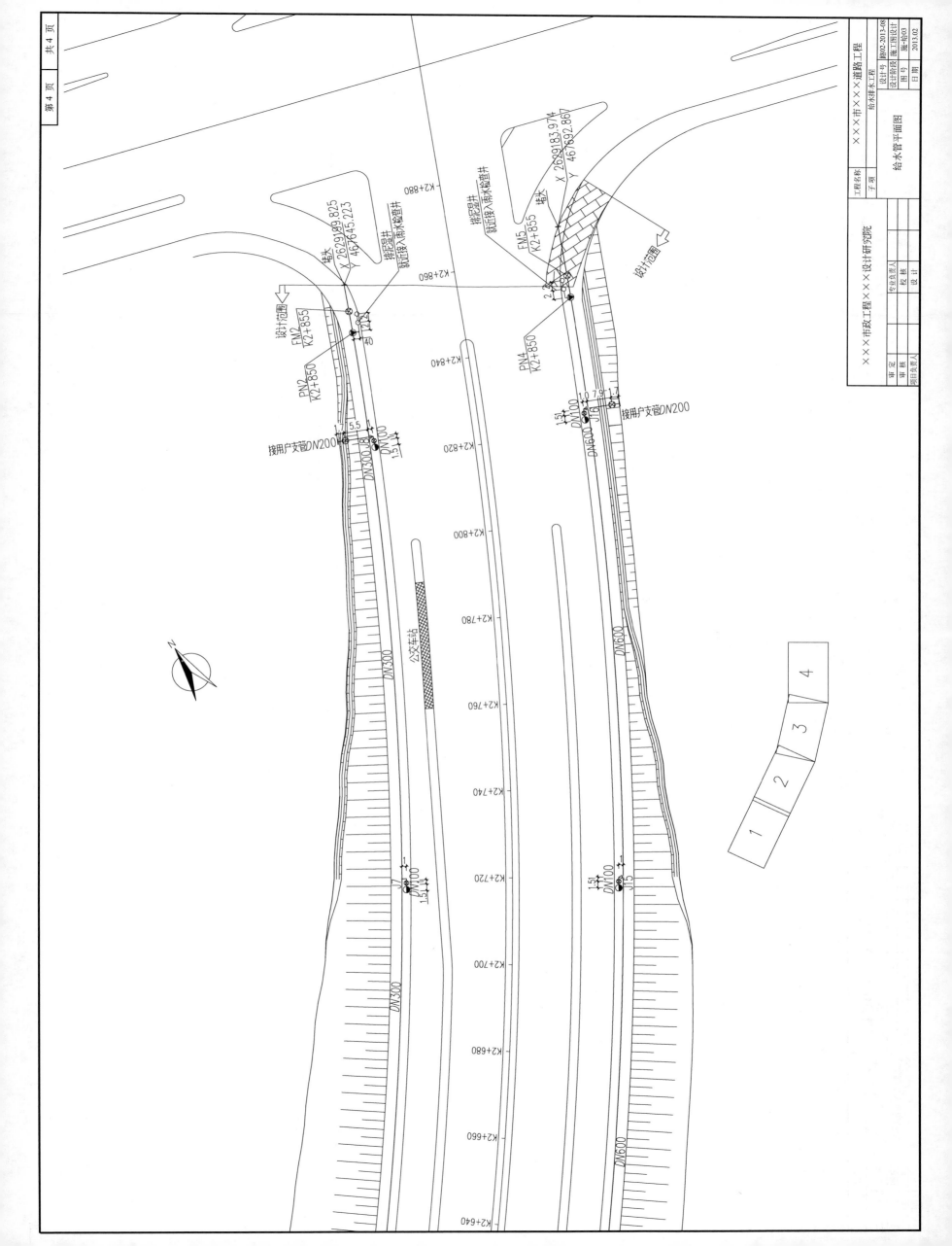

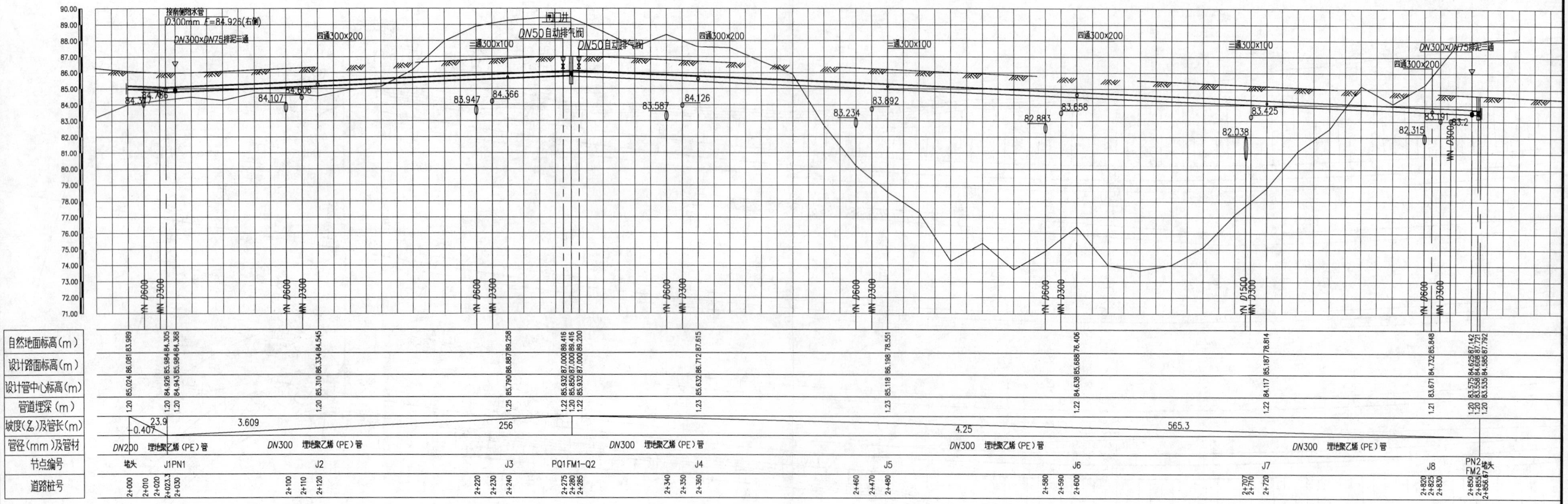

×××市政工程×××设计研究院				工程名称	×××市×××道路工程	
				子项	给水排水工程	
				北侧给水管纵断面图	设计号	路02-2013-04
审定		专业负责人			设计阶段	施工图设计
审核		校核			图号	施-给04
项目负责人		设计			日期	2013.02

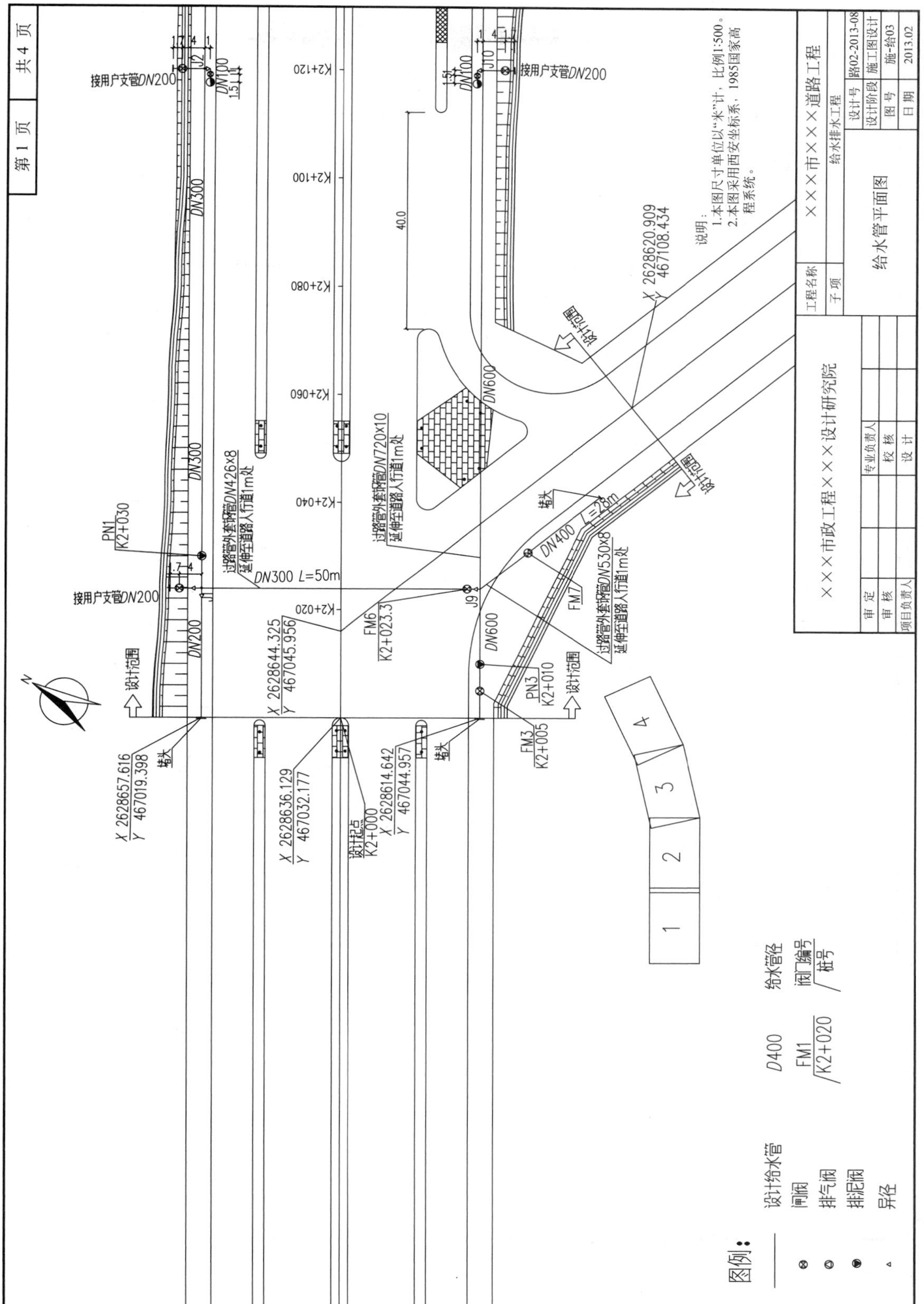
第 1 页
共 4 页
接用户支管DN200
DN300
DN200
DN100
J2
J10
J9
K2+120
K2+100
K2+080
K2+060
K2+040
K2+020
40.0
DN600
DN400
L=28m
DN300 L=50m
PN1
K2+030
FM6
K2+023.3
FM7
PN3
K2+010
FM3
K2+005
过路管外套钢管DN426×8
延伸至道路人行道1m处
过路管外套钢管DN720×10
延伸至道路人行道1m处
过路管外套钢管DN530×8
延伸至道路人行道1m处
设计范围
堵头
X 2628620.909
Y 467108.434
X 2628644.325
Y 467045.956
X 2628657.616
Y 467019.398
X 2628636.129
Y 467032.177
X 2628614.642
Y 467044.957
设计起点
K2+000
说明：
1.本图尺寸单位以"米"计，比例1:500。
2.本图采用西安坐标系，1985国家高程系统。
图例：
设计给水管
闸阀
排气阀
排泥阀
异径
D400
给水管径
FM1
K2+020
阀门编号
桩号
工程名称
×××市×××道路工程
子项
给水排水工程
给水管平面图
×××市政工程×××设计研究院
审定
审核
项目负责人
专业负责人
校核
设计
设计号
路02-2013-08
设计阶段
施工图设计
图号
施-给03
日期
2013.02

给水管道工程量表

项目	名称	规格	材料	单位	数量	备注
主管部分	埋地聚乙烯(PE)管	*DN*200 *PN*＝1.0MPa	PE	m	24	
	埋地聚乙烯(PE)管	*DN*300 *PN*＝1.0MPa	PE	m	885	电热熔接口
	埋地聚乙烯(PE)管	*DN*600 *PN*＝1.0MPa	PE	m	858	电热熔接口
	闸阀	*DN*300,*PN*＝1.0MPa	成品	台	3	含配套法兰盘,带伸缩节
	卧式蝶阀	*DN*600,*PN*＝1.0MPa	成品	台	3	含配套法兰盘,带伸缩节
	闸阀井	1300×1300	钢筋混凝土	座	3	05S502,页 68
	卧式蝶阀井	1800×2600	钢筋混凝土	座	3	05S502,页 112
	法兰盘	*DN*300	PE	个	14	
	法兰盘	*DN*600	PE	个	14	
	三通	300×100	PE	个	3	
	三通	600×150	PE	个	3	
	四通	300×300	PE	个	1	
	四通	300×200	PE	个	4	
	四通	600×200	PE	个	4	
	四通	600×400	PE	个	1	
	异径	300×200	PE	个	1	
	异径	400×300	PE	个	1	
	管堵	*DN*300	PE	个	2	
	管堵	*DN*600	PE	个	2	
	钢套管	*DN*426×8	钢	m	51	
	钢套管	*DN*530×8	钢	m	5.4	
	钢套管	*DN*720×10	钢	m	50	
消火栓部分	室外地上式消火栓	SS100/65 型-1.0	铸铁	套	14	01S201,页 12
	蝶阀	D71X-10 *DN*100		个	14	含配套法兰盘,带伸缩节
	弯管底座	*DN*100×90°双盘	铸铁	个	14	
	法兰接管	*DN*100	铸铁	m	10	
	钢管	*D*108 ×4	Q235-A	m	18	
	等径钢制弯头	*DN*100×90°	Q235-A	个	28	
	法兰	*DN*100	Q235-A	个	42	
	法兰	*PN*＝1.0MPa	PE	个	14	
	圆形立式闸阀井	ϕ1200	钢筋混凝土	座	7	01S502,*DN*300 主管上用
	圆形立式闸阀井	ϕ1500	钢筋混凝土	座	7	01S502,*DN*600 主管上用
	异径	150×100	PE	个	3	
	异径	200×100	PE	个	11	

续表

项目	名称	规格	材料	单位	数量	备注
用户管部分	埋地聚乙烯(PE)管	DN200	PE	m	59	
	埋地聚乙烯(PE)管	DN400	PE	m	28	
	闸阀	DN200,PN=1.0MPa	成品	台	9	含配套法兰盘,带伸缩节
	闸阀	DN400,PN=1.0MPa	成品	台	1	含配套法兰盘,带伸缩节
	闸阀井	1300×1300	钢筋混凝土	座	9	05S502,页68
	闸阀井	1400×1800	钢筋混凝土	座	1	05S502,页68
	法兰盘	DN200,PN=1.0MPa	PE	块	18	
	法兰盘	DN400,PN=1.0MPa	PE	块	2	
	弯头	DN400,45°弯头	PE	个	1	
	管堵	DN200	PE	个	9	
	管堵	DN400	PE	个	1	
排泥部分	法兰盘	DN75		套	4	
	法兰盘	DN150		套	4	
	排泥阀	DN75,Z45T-10	铸铁	台	2	含配套法兰盘,带伸缩节
	排泥阀	DN150,Z45T-10	铸铁	台	2	含配套法兰盘,带伸缩节
	排泥阀门井	1300×1300	钢筋混凝土	座	4	
	排泥底三通	DN300×DN75	PE	座	2	
	排泥底三通	DN600×DN150	PE	个	2	
	排泥湿井	D800	砖砌	座	2	
	排泥湿井	D1000	砖砌	座	2	
	PE,L=5.0m	DN75,PN=1.0MPa	PE	根	2	
	PE,L=5.0m	DN150,PN=1.0MPa	PE	根	2	
	90°弯头	DN75	PE	个	2	
	90°弯头	DN150	PE	个	2	
	法兰盘	DN75	PE	个	4	
	法兰盘	DN150	PE	个	4	
排气部分	排气阀	DN50	铸铁	个	2	
	排气阀	DN80	铸铁	个	2	
	闸阀	DN50	铸铁	个	2	
	闸阀	DN80	铸铁	个	2	
	排气三通	DN300×DN50	PE	个	2	
	排气三通	DN600×DN80	PE	个	2	
	排气阀门井	1300×1300	钢筋混凝土	座	4	
	重型防盗井盖及井座	ϕ700	铸铁	个	2	
	轻型井盖及井座	ϕ700	复合材料	个	41	

×××市政工程×××设计研究院				工程名称	×××市×××道路工程	
				子项	给水排水工程	
审定		专业负责人		给水工程量表	设计号	路02-2013-08
					设计阶段	施工图设计
审核		校核			图号	施-给06
项目负责人		设计			日期	2013.02

排水设计说明

一、工程概述

本次建设的×××市×××道路工程全线为新建工程，设计长度860m，道路等级为城市Ⅰ级主干道，本次设计范围为K2+000～K2+860段，道路沿线地貌主要为碳酸盐岩溶蚀堆积地貌的丘陵地貌，场地原为甘蔗、果林等种植地，地势起伏较大，K2+480～K2+720分布有大面积的鱼塘，场地标高为76.00～90.00m。

二、设计依据

《室外排水设计规范》(GB 50014—2006)

《给水排水管道工程施工及验收规范》(GB 50268—2008)

《埋地高密度聚乙烯中空壁缠绕结构排水管道工程技术规程》(DBJ/T 15-33—2003)

《城市排水工程规划规范》(GB 50318—2000)

《城市工程管线综合规划规范》(GB 50289—2016)

《城市防洪工程设计规范》(CTT 50—92)

《室外给水排水和燃气热力工程抗震设计规范》(GB 50032—2003)

《×××市控制性详细规划——排水规划》(×××设计集团 2010.06)

三、设计资料

1.本院实测现状。

2.道路工程施工设计图，由本设计院提供。

3.雨水流量计算

① 雨水管道流量按下式计算： $Q=\&qF$

式中 Q——雨水设计流量，L/s；

$\&$——综合径流系数；

q——暴雨强度，L/(s·hm²)；

F——汇水面积，hm²。

② 根据《×××市暴雨强度公式及计算图表》，采用×××市单一重现期暴雨强度公式：

$$q=\frac{2184\times(1+0.496\lg P)}{(t+8)^{0.68}}$$

式中 t——设计降雨历时，min，$t=t_1+mt_2$，雨水管起点集水时间 $t_1=15$min；

t_2——管内雨水流行时间，min，$t_2=L/V$；

m——延缓系数，管道取 $m=2$。

管道设计重现期 $P=2$ 年，综合径流系数 $\&=0.80$。

四、工程设计

1.图中所注尺寸除管径以“mm”计外，其余均以“m”计。坐标采用西安坐标系统，高程系采用85国家高程基准。

2.本工程根据×××市用地总体规划，排水系统采用雨、污分流制。

3.管材及接口

雨水管：管径小于等于 $DN800$，采用HDPE双壁波纹管（环刚度SN8000），承插连接；

管径大于 $DN800$，采用HDPE中空壁缠绕排水管（环刚度SN8000），热熔连接。

污水管：采用Ⅱ级钢筋混凝土平口管，钢丝网水泥砂浆抹带接口。

4.雨污水管的最小流速均应大于0.75m/s，最大流速小于5m/s，雨水管最大充满度按满流计算，污水管最大充满度按以下控制：$D200\sim300$：$h/D\leqslant0.55$；$D350\sim450$：$h/D\leqslant0.65$；$D500\sim900$：$h/D\leqslant0.70$；$D1000$ 以上：$h/D\leqslant0.75$。

5.当管坑出现流砂现象而影响施工时，应沿管线两侧设置点井抽水处理，每20m设一井位以降低地下水位对流砂的影响。

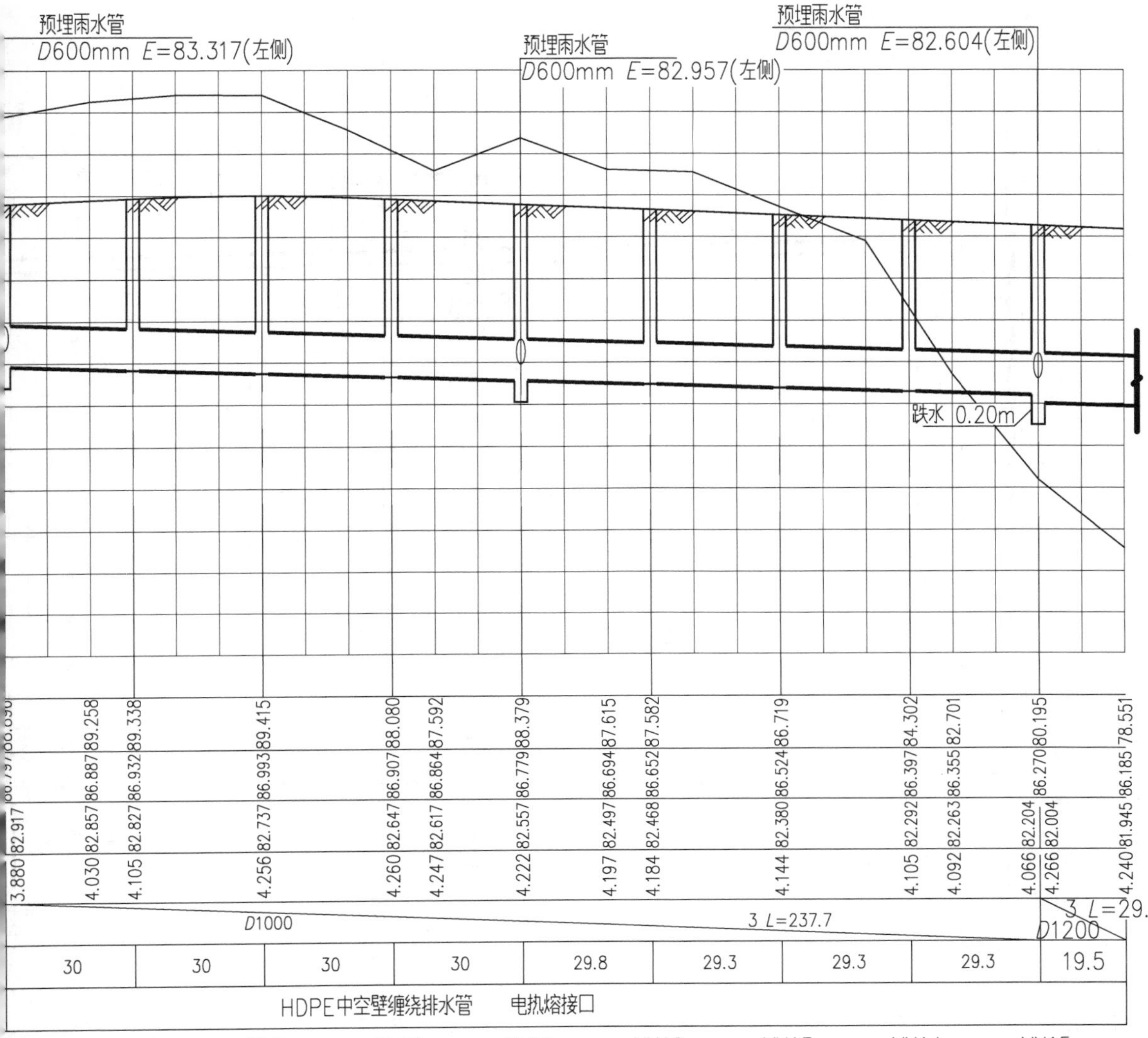

K2+220	[illegible]	[illegible]	82.917	3.880	
K2+240	89.258	86.887	82.857	4.030	
K2+250	89.338	86.932	82.827	4.105	YN8 ø1500
K2+280	89.415	86.993	82.737	4.256	YN9 ø1500
K2+310	88.080	86.907	82.647	4.260	YN10 ø1500
K2+320	87.592	86.864	82.617	4.247	
K2+340	88.379	86.779	82.557	4.222	YN11 1650×1650
K2+360	87.615	86.694	82.497	4.197	
K2+370	87.582	86.652	82.468	4.184	YN12 ø1500
K2+400	86.719	86.524	82.380	4.144	YN13 ø1500
K2+430	84.302	86.397	82.292	4.105	YN14 ø1500
K2+440	82.701	86.355	82.263	4.092	
K2+460	80.195	86.270	82.204 / 82.004	4.066 / 4.266	YN15 2200×2200
K2+480	78.551	86.185	81.945	4.240	

D1000 3 L=237.7

D1200 3 L=29.3

30	30	30	30	29.8	29.3	29.3	29.3	29.3	19.5

HDPE中空壁缠绕排水管　电热熔接口

N7	YN8	YN9	YN10	YN11	YN12	YN13	YN14	YN15
)×1650	ø1500	ø1500	ø1500	1650×1650	ø1500	ø1500	ø1500	2200×2200

竖 1:100

图 横 1:1000

检查井断面图

×××市政工程×××设计研究院		工程名称	×××市×××道路工程	
		子 项	给水排水工程	
审 定	专业负责人	北侧雨水管道纵断面图	设计号	路02-2013-08
审 核	校 核		设计阶段	施工图设计
项目负责人	设 计		图 号	施-排08
			日 期	2013.02

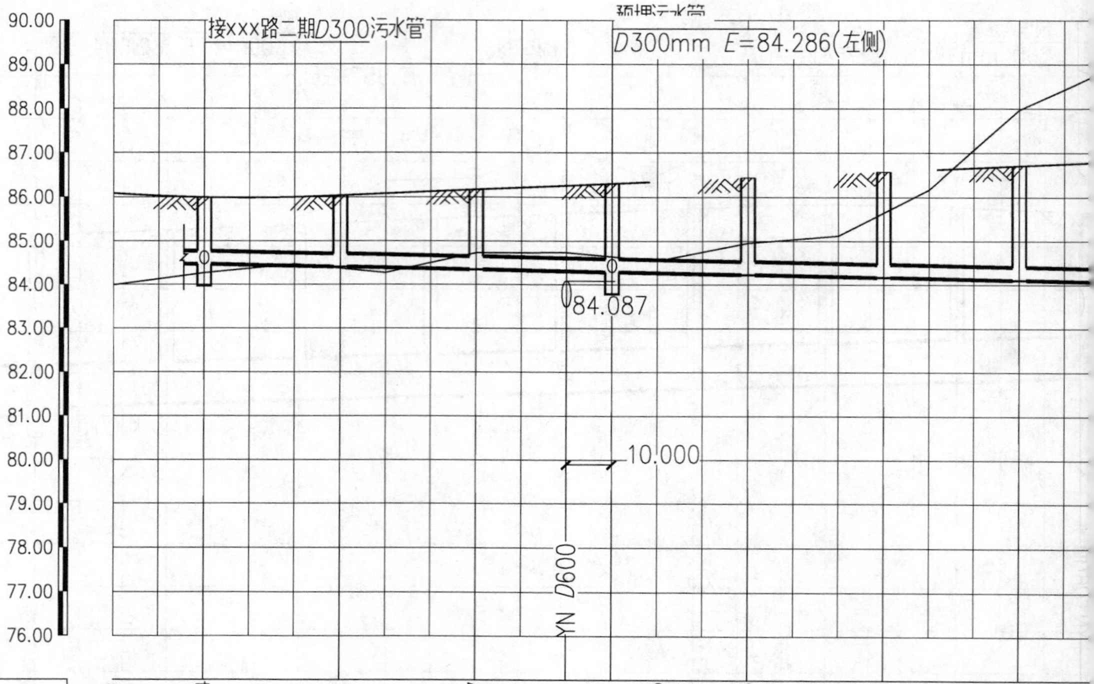

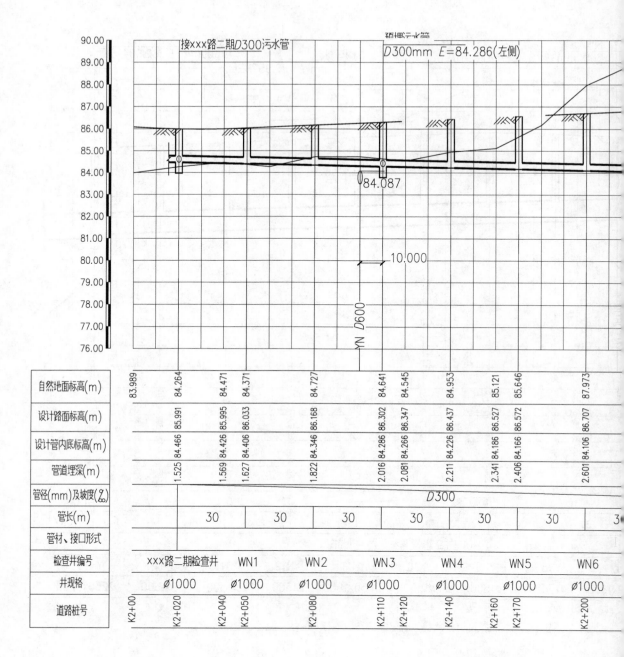

道路桩号	K2+00	K2+020	K2+040	K2+050	K2+080	K2+110	K2+120	K2+140	K2+160	K2+170	K2+200
自然地面标高(m)	83.989	84.264	84.471	84.371	84.727	84.641	84.545	84.953	85.121	85.646	87.973
设计路面标高(m)		85.991	85.995	86.033	86.168	86.302	86.347	86.437	86.527	86.572	86.707
设计管内底标高(m)		84.466	84.426	84.406	84.346	84.286	84.266	84.226	84.186	84.166	84.106
管道埋深(m)		1.525	1.569	1.627	1.822	2.016	2.081	2.211	2.341	2.406	2.601
管径(mm)及坡度(‰)		D300									
管长(m)		30		30	30	30		30		30	3
管材、接口形式											
检查井编号		xxx路二期检查井		WN1	WN2	WN3		WN4		WN5	WN6
井规格		Ø1000		Ø1000	Ø1000	Ø1000		Ø1000		Ø1000	Ø1000

污水管道纵断

WN5-WN20

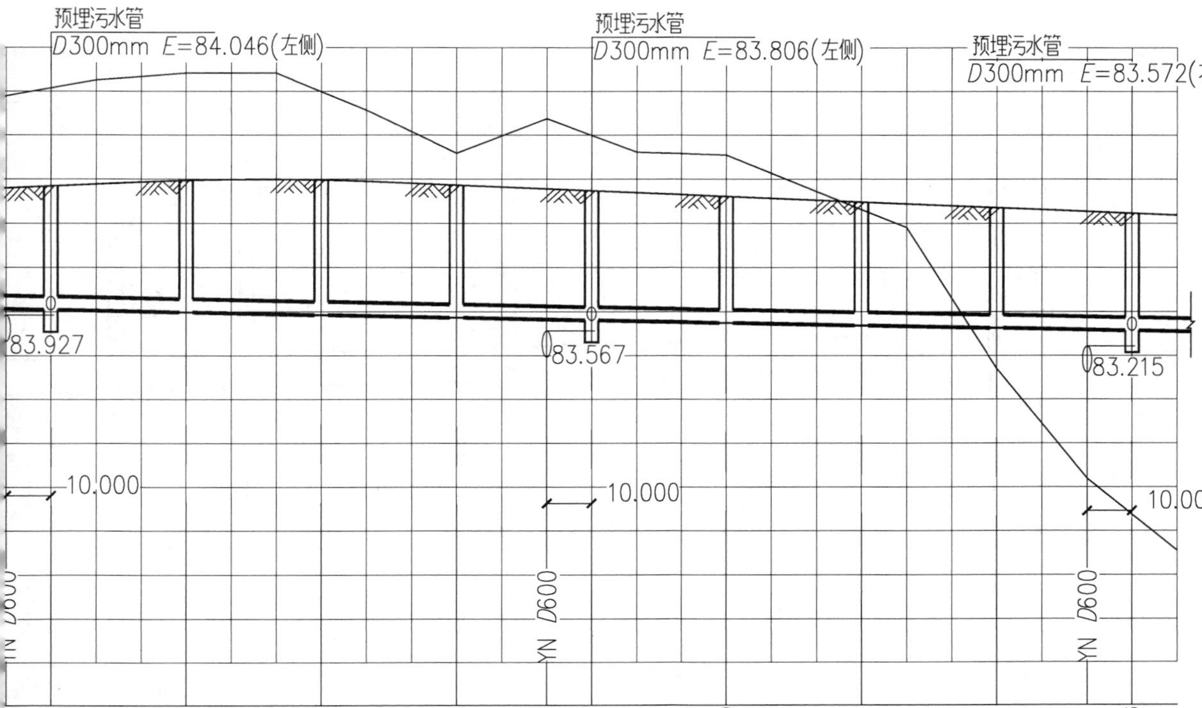

89.077	89.258	89.418	89.415	88.992	87.592	87.997	87.615	87.550	86.719	86.311	82.701	79.373	78.551
86.842	86.887	86.969	86.993	86.979	86.864	86.737	86.694	86.609	86.524	86.482	86.355	86.227	86.185
84.046	84.026	83.986	83.946	83.926	83.866	83.806	83.787	83.747	83.708	83.689	83.631	83.572	83.553
2.796	2.861	2.983	3.047	3.053	2.998	2.931	2.907	2.862	2.816	2.793	2.724	2.655	2.632

2 L=476.4

30	30	30	30	29.5	29.2	29.2	29.2	9.7

II级钢筋混凝土平口管　钢丝网水泥砂浆抹带接口

WN7	WN8	WN9	WN10	WN11	WN12	WN13	WN14	WN15
ø1000	ø1000	ø1000	ø1000	ø1000	ø1000	ø1000	ø1000	ø1000

K2+230　K2+240　K2+260　K2+280　K2+290　K2+320　K2+350　K2+360　K2+380　K2+400　K2+410　K2+440　K2+470　K2+480

竖 1:100
面图　横 1:1000
检查井断面图

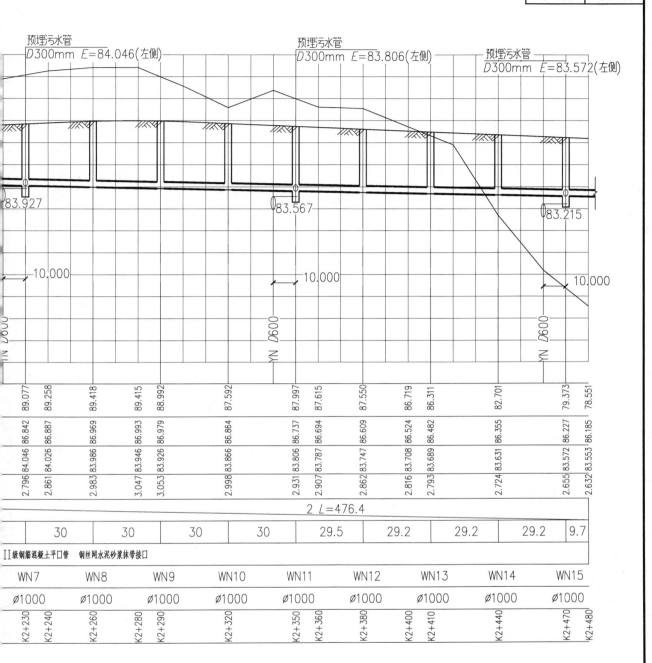

×××市政工程×××设计研究院		工程名称	×××市×××道路工程	
		子项	给水排水工程	
审定	专业负责人	北侧污水管道纵断面图	设计号	路02-2013-08
审核	校核		设计阶段	施工图设计
项目负责人	设计		图号	施-排06
			日期	2013.02

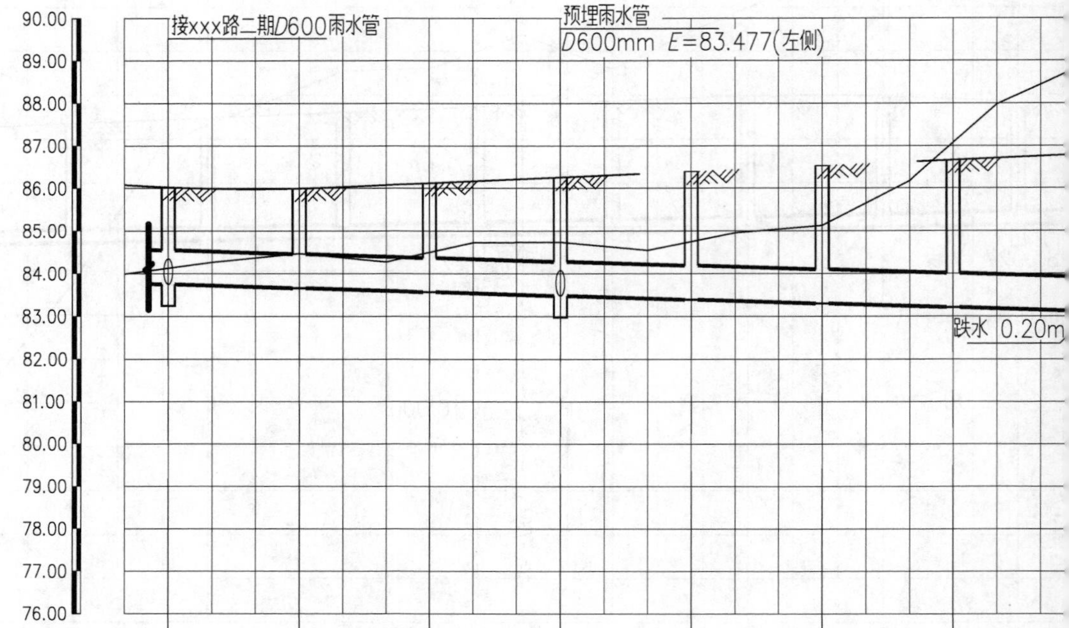

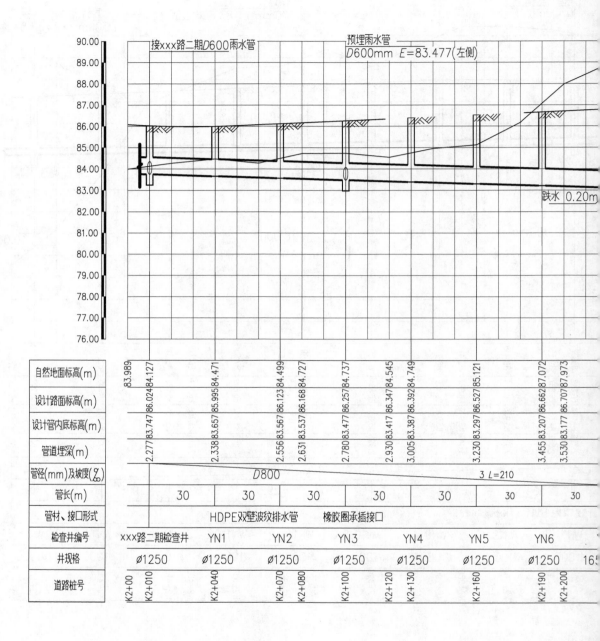

道路桩号	K2+00	K2+010	K2+040	K2+070	K2+080	K2+100	K2+120	K2+130	K2+160	K2+190	K2+200
自然地面标高(m)	83.989	84.127	84.471	84.499	84.727	84.737	84.545	84.749	85.121	87.072	87.973
设计路面标高(m)		86.024	85.995	86.123	86.168	86.257	86.347	86.392	86.527	86.662	86.707
设计管内底标高(m)		83.747	83.657	83.567	83.537	83.477	83.417	83.387	83.297	83.207	83.177
管道埋深(m)		2.277	2.338	2.556	2.631	2.780	2.930	3.005	3.230	3.455	3.530

管径(mm)及坡度(‰)：D800　3 L=210

管长(m)：30　30　30　30　30　30　30

管材、接口形式：HDPE双壁波纹排水管　橡胶圈承插接口

检查井编号	xxx路二期检查井	YN1	YN2	YN3	YN4	YN5	YN6	
井规格	Ø1250	Ø1250	Ø1250	Ø1250	Ø1250	Ø1250	Ø1250	165

雨水管道纵断

YN6-YN21

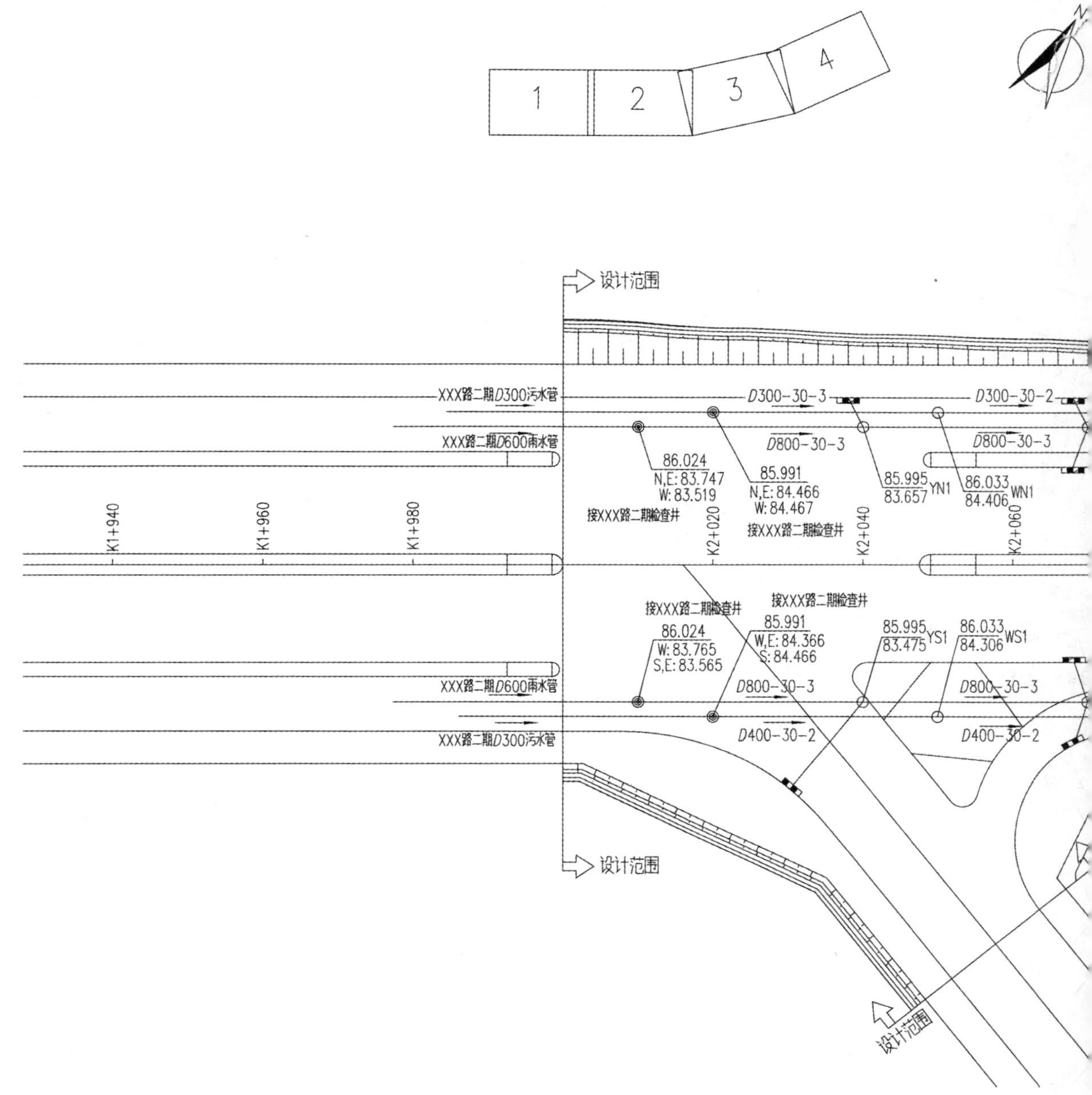

图例：

————	已设计管道
————	本工程设计污水管
————	本工程设计雨水管
——○——	排水检查井
——◎——	排水沉泥井
——→	排水流向

D400-30-1.5 管径(mm)-管长(m)-坡度(‰)

偏沟式双箅雨水口

$\frac{87.335}{84.296}$Yn1 $\frac{\text{地面标高}}{\text{井底标高}}$井编号

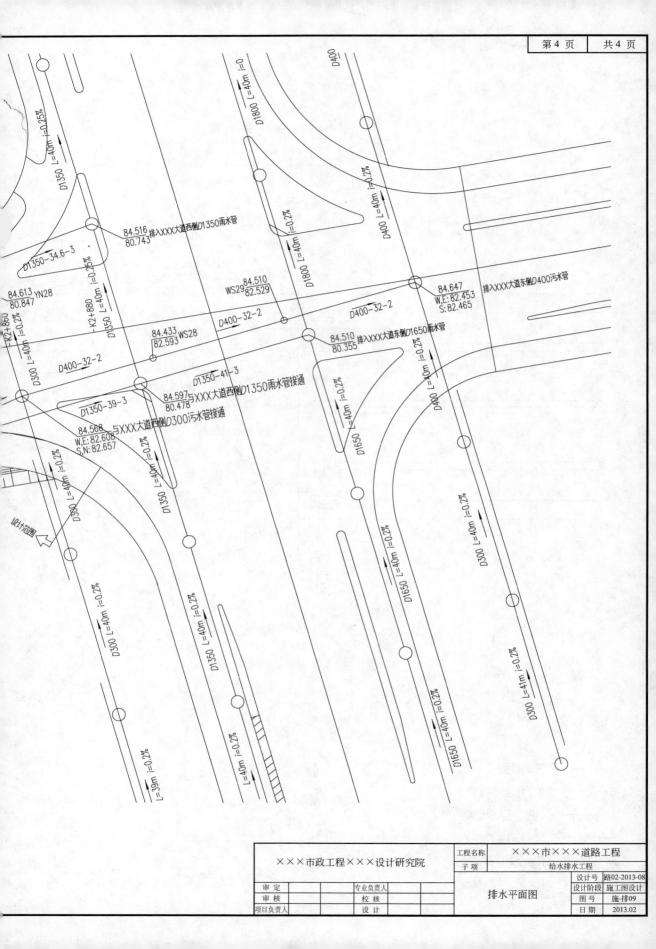

×××市政工程×××设计研究院				工程名称	×××市×××道路工程	
				子 项	给水排水工程	
审 定		专业负责人		排水平面图	设计号	路02-2013-08
					设计阶段	施工图设计
审 核		校 核			图 号	施-排09
项目负责人		设 计			日 期	2013.02

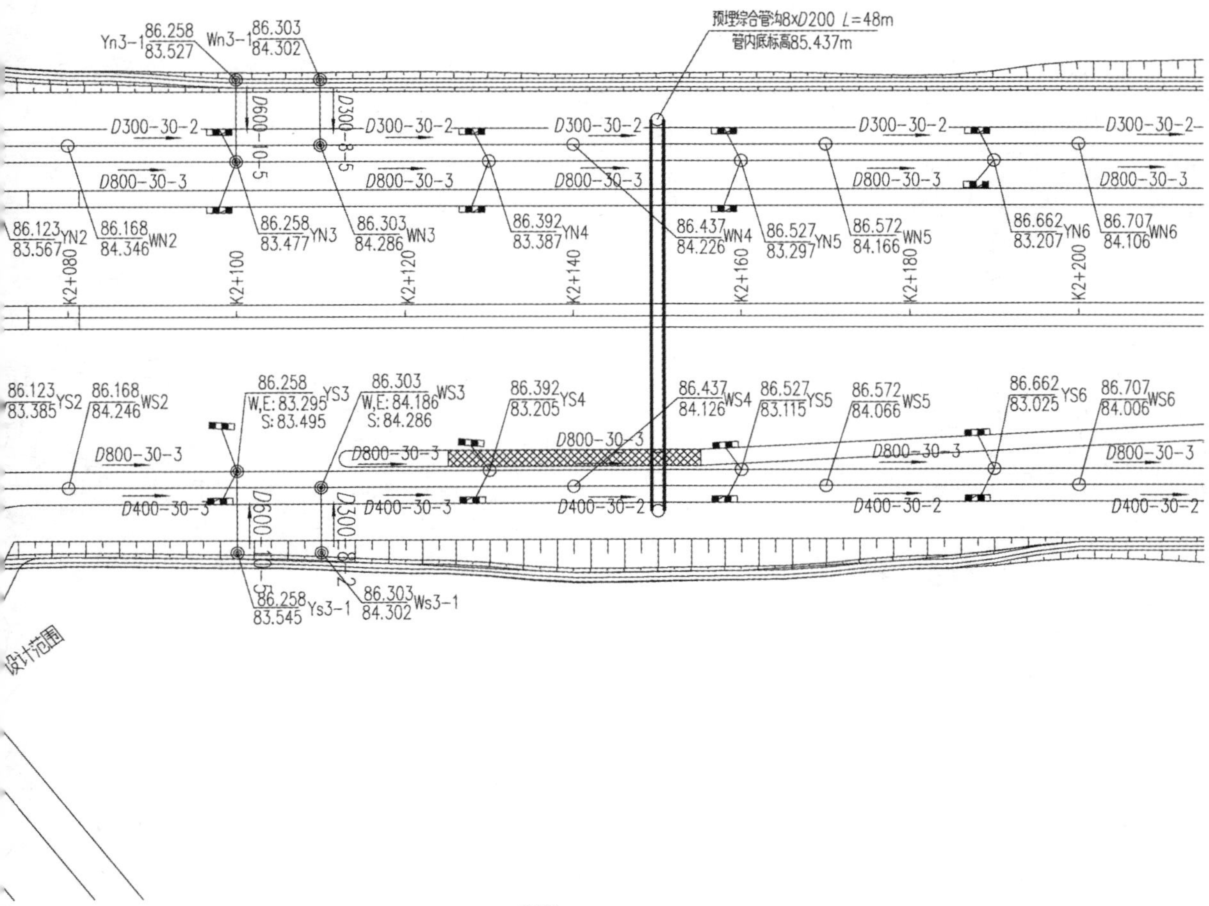

说明：

1.本图尺寸单位以“m”计，比例1:500。

2.本图采用西安坐标系，1985国家高程系统。

×××市政工程×××设计研究院				工程名称	×××市×××道路工程		
				子项	给水排水工程		
				排水平面图		设计号	路02-2013-08
审定		专业负责人				设计阶段	施工图设计
审核		校核				图号	施-排09
项目负责人		设计				日期	2013.02

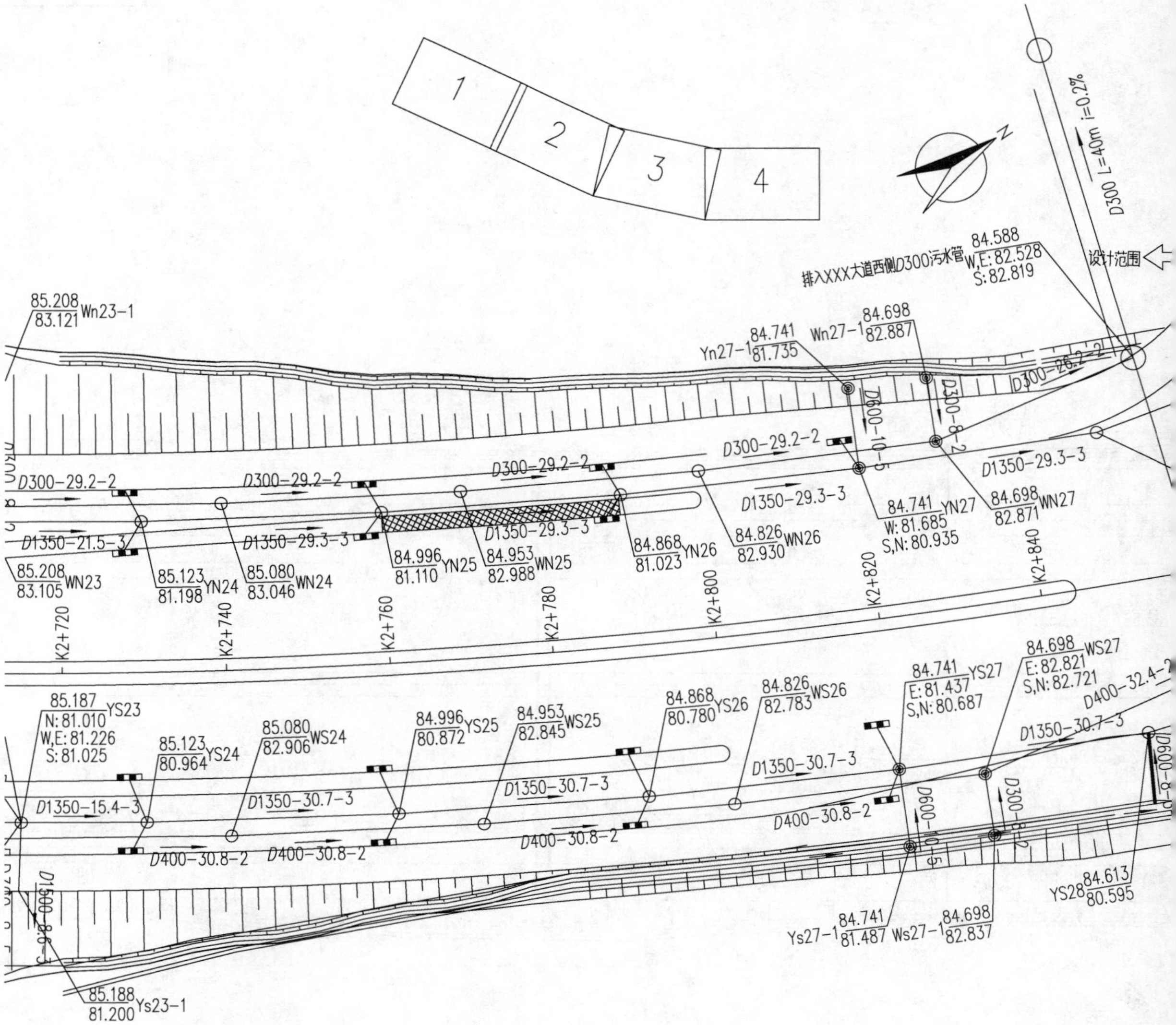

1
2
3
4
N
D300 L=40m i=0.2%
排入XXX大道西侧D300污水管
84.588
W,E: 82.528
S:82.819
设计范围
85.208
83.121 Wn23-1
Yn27-1 84.741
81.735
Wn27-1 84.698
82.887
D300-26.2-2
D600-10-5
D300-8-2
D300-29.2-2
D1350-29.3-3
D1350-21.5-3
D1350-29.3-3
84.741 YN27
W:81.685
S,N:80.935
84.698 WN27
82.871
85.208
83.105 WN23
85.123
81.198 YN24
85.080
83.046 WN24
84.996
81.110 YN25
84.953
82.988 WN25
84.868
81.023 YN26
84.826
82.930 WN26
K2+720
K2+740
K2+760
K2+780
K2+800
K2+820
K2+840
85.187 YS23
N: 81.010
W,E: 81.226
S: 81.025
85.123
80.964 YS24
85.080
82.906 WS24
84.996
80.872 YS25
84.953
82.845 WS25
84.868
80.780 YS26
84.826
82.783 WS26
84.741 YS27
E: 81.437
S,N: 80.687
84.698 WS27
E: 82.821
S,N: 82.721
D400-32.4-2
D1350-30.7-3
D1350-15.4-3
D400-30.8-2
D1500-8.6-3
D600-8-5
YS28 84.613
80.595
Ys27-1 84.741
81.487
Ws27-1 84.698
82.837
85.188
81.200 Ys23-1

6. 雨水接户管除注明外，均为 $D600$，$i=0.005$，接户井井面标高与原地面平；污水接户管除注明外，均为 $D300$，$i=0.005$，接户井井面标高与原地面平。

7. 雨水口均为偏沟式双箅雨水口。雨水口连接管：$D300$，$i=0.01$；雨水口箅子在机动车道上采用重型复合材料雨水箅，道路交叉口雨水口应做在路面最低处，以免积水。雨水口深度均为 1.0m，承压等级为轮压 7.0t。雨水口连接管采用 300mm C20 混凝土包封。

8. 管道施工前要求道路路基填土按有关设计及验收规范进行处理，经检验达到设计要求稳定后，方可进行排水施工，地基承载力详见结构设计图。

9. 污水管在覆土前必须按《给水排水管道工程施工及验收规范》(GB 50268—2008) 进行闭水实验，经检验合格后方可以覆土。

10. 施工前必须复测现有排水出口的最低标高（管底标高），在满足排水设计要求的情况下方可施工。

11. 检查井、沉砂井井面标高根据道路设计标高设计，施工时以路面设计标高为准。检查井、沉泥井详见国家标准图集 02S515。机动车道下采用重型复合材料井盖及井座，承压等级为轮压 7.0t；非机动车道下采用轻型复合材料井盖及井座，承压等级为轮压 3.5t；沉砂井底加深 0.5m。非铺砌在路面上的检查井井盖须高出地面 10cm，并在井口周围以 0.02 坡度向外做好护坡。雨污水井盖应分别标注“雨”“污”字样以示区别。雨、污水检查井必须按照标准图集 02S515 要求设置流槽。

12. 预埋综合管道的检查井设置在人行道上，井中距路牙 1.0m，管道产品采用 MPP 改性聚丙烯护套管 8 根 $\phi200\times13$。管内底标高见排水管平面布置图，大样图参照电信管管沟断面图，采用 C20 混凝土全包至沥青混凝土底层。

13. 排水施工后必须将路两侧建筑物的雨、污水管相应接入本次新设计的排水管道。

14. 所有交叉路口的检查井井面标高应与相应的道路设计标高持平。

15. 所有道路施工止点处都必须设计检查井，具体位置根据施工现场定，避免下游的管道驳接时破坏路面。

16. 覆土不够 70cm 的管道须进行包管处理，采用 C15 混凝土包管厚 200mm。

17. 管道试验及验收：污水管道施工完毕后应进行闭水试验；污水管道验收应按《给水排水管道工程施工及验收规范》(GB 50268—2008) 执行。

18. 其他技术要求严格按《给水排水管道工程施工及验收规范》(GB 50268—2008) 要求进行验收。

19. 本工程设计使用年限为 30 年。

20. 未尽事宜按市政工程施工技术规程执行。

五、图例

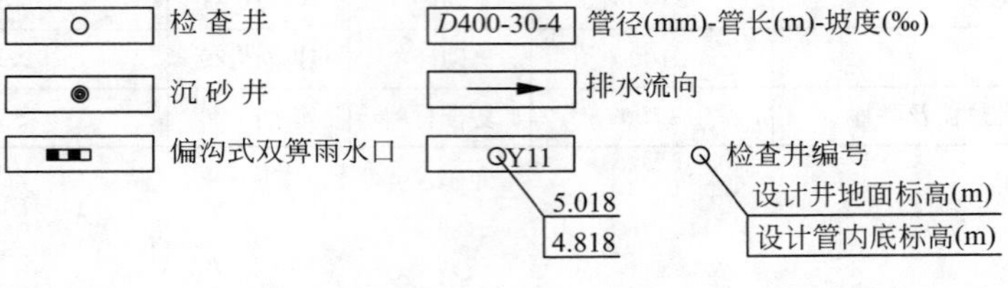

×××市政工程×××设计研究院				工程名称	×××市×××道路工程	
				子项	给水排水工程	
审定		专业负责人		排水管道设计说明	设计号	路02-2013-08
审核		校核			设计阶段	施工图设计
项目负责人		设计			图号	施-排01
					日期	2013.02

第 1 页 共 1 页

雨水工程数量表

项目	名　　称	规　　格	材　料	单位	数量	备　　注
1	HDPE 中空壁缠绕排水管	D1500	HDPE	m	56	SN8000，电热熔接口
2	HDPE 中空壁缠绕排水管	D1350	HDPE	m	392	SN8000，电热熔接口
3	HDPE 中空壁缠绕排水管	D1200	HDPE	m	504	SN8000，电热熔接口
4	HDPE 中空壁缠绕排水管	D1000	HDPE	m	480	SN8000，电热熔接口
5	HDPE 双壁波纹排水管	D800	HDPE	m	420	SN8000，橡胶圈承插接口
6	高密度聚氯乙烯双壁波纹管(HDPE)	D600	HDPE	m	130	SN8000，橡胶圈承插接口
7	高密度聚氯乙烯双壁波纹管(HDPE)	D300	HDPE	m	700	SN8000，橡胶圈承插接口
8	雨水检查井	3300×2480	砌砖	座	2	02S515，页 32
9	雨水检查井	1650×1100	砌砖	座	8	02S515，页 32
10	雨水检查井	1500×1100	砌砖	座	12	02S515，页 32
11	雨水检查井	ϕ1500	砌砖	座	12	02S515，页 17
12	雨水检查井	ϕ1250	砌砖	座	12	02S515，页 15
13	沉泥井	2200×2200	砌砖	座	6	02S515，页 34
14	沉泥井	1650×1650	砌砖	座	4	02S515，页 34
15	沉泥井	ϕ1250	砌砖	座	14	02S515，页 134
16	八字形排出口	D1500	浆砌块石	座	2	95S517，页 3
17	偏沟式双箅雨水口(含复合材料井圈及箅子)		砌砖	座	105	95S518-1，页 8
18	防盗重型井盖及井座	ϕ700	复合材料	座	68	97S501-1/41、43
19	MPP 改性聚丙烯护套管	8 根 ϕ200×13	聚丙烯	m	192	大样图参照电信管管沟断面图
20	综合管道检修井	2400×2000×1900	砌砖	座	8	

污水工程数量表

项目	名　　称	规　　格	材　料	单位	数量	备　　注
1	钢筋混凝土平口管	D400		m	955	钢丝网水泥砂浆抹带接口
2	钢筋混凝土平口管	D300		m	940	钢丝网水泥砂浆抹带接口
3	污水检查井	ϕ1000	砌砖	座	41	02S515，页 21
4	沉泥井	ϕ1000	砌砖	座	29	02S515，页 132
5	防盗重型井盖及井座	ϕ700	复合材料	座	70	97S501-1/41、43

×××市政工程×××设计研究院				工程名称	×××市×××道路工程	
				子项	给水排水工程	
审定		专业负责人		排水工程数量表	设计号	路02-2013-08
审核		校核			设计阶段	施工图设计
项目负责人		设计			图号	施-排10
					日期	2013.02

开挖埋管结构设计总说明

一、工程范围及施工方法

×××市×××道路工程根据管道埋深和地质情况采用放坡开挖开槽埋管法施工，放坡开挖段平面位置及高程详工艺管线设计平、纵断面图。

二、图注单位

尺寸单位：mm，标高单位：m；西安坐标系，1985 国家高程系。

三、设计设防标准：

抗震设防烈度为 6 度，基坑侧壁安全等级为二级；管道设计使用年限为 30 年。

四、设计依据

1.《×××市华侨区×××路（×××路）三期工程地质勘察报告》

2.《钢结构设计规范》(GB 50017—2003)

3.《碳素结构钢》(GB 700—2006)

4.《建筑基坑支护技术规程》(JGJ 120—2012)

5.《建筑基坑支护技术规程》(DB11/489—2007)

6.《建筑基坑工程监测技术规范》(GB 50497—2009)

7.《埋地高密度聚乙烯中空缠绕结构排水管道工程技术规程》(DBJ/T 15-33—2003)

8.《埋地排水钢肋增强聚乙烯螺旋波纹管管道工程技术规程》(DBJ/T 15-49—2006)

9.《给水排水管道工程施工及验收规范》(GB 50268—2008)

五、主要材料

1.本工程雨水管管径小于等于 *DN*800，采用 HDPE 双壁波纹管（环刚度 SN8000），承插连接；管径大于 *DN*800，采用 HDPE 中空壁缠绕排水管（环刚度 SN8000），热熔连接。

2.本工程给水管采用聚乙烯（PE）管。

六、沟槽开挖

1.施工前的准备

(1) 施工前，施工单位现场调查了解地下水位及土质情况；了解地上、地下建（构）筑物及地下管线的分布状况。

(2) 制定土方开挖、调运方案及沟槽降排水、临时支挡等施工方案。

(3) 根据设计图纸及已查明的地下建（构）筑物、地下管线的分布状况，在地面上划出管槽开挖线并对地下建（沟）筑物、地下管线的轮廓做出标记。

(4) 试验段进行试挖，以确定合理的施工参数。

2.沟槽开挖

(1) 沟槽开挖宜采用分层开挖，每层深度不宜大于 2m。

(2) 沟槽开挖应避免超挖，当采用机械开挖时，设计槽底标高以上 300mm 土体应采用人工挖除。

(3) 沟槽开挖出的土体宜外运；当就地堆放时宜距槽口边缘不小于 5m，堆土高度不大于 1.5m。土体堆放不得影响周围建筑物、各种管线及其他设施的安全与正常使用。

(4) 在架空高压线、电缆等附近作业及开挖过程中遇有地下文物时，应按有关部门的要求与规定执行。

(5) 在雨季施工或地下水位较高时，应事先做好降、排水措施，防止基槽遭受浸泡。

(6) 沟槽开挖过程中应有临时支挡等措施，防止土体坍塌危及施工人员、周围建（构）筑物及地下管线的安全。

3.沟槽开挖质量标准

(1) 沟槽开挖应避免扰动槽底天然地基，地基处理须符合设计要求。

(2) 槽壁平整、边坡坡度符合设计规定。

(3) 沟槽中心线每侧宽度不小于槽底设计宽度的一半。

(4) 槽底高程的允许偏差：±20mm。

七、管道安装

1.管材、管件的运输与堆放

(1) 管材、管件的运输与吊装应采用专用工具，装卸时应轻装、轻放，运输时应垫稳、绑牢，不得相互碰撞；接口处应采取保护措施。

(2) 管材、管件运到现场后宜直接吊放至已验收合格后的管槽内，不得在槽口附近集中堆放。

(3) 接口用橡胶圈宜远离热源，不得与溶剂、易挥发物、油脂等放置在一起，储存、运输中不得长期受挤压。

2.排管

管节、管件入沟前，应根据设计图纸标明的位置在施工组织设计中进行规划并在现场作出标记。

3.下管

(1) 下管宜采用履带式起重机沿沟槽移动，将管节分别下入槽内。

(2) 为保持沟槽稳定，起重机履带边距槽边的最小距离不得小于2m。

(3) 管节吊入沟槽时不得与槽壁及槽下的管道相互碰撞。

4 管道安装连接

(1) 管道宜采用槽内安装简易龙门架进行吊装和连接。

(2) 管道安装时应将管节的中心及高程逐节调整正确，复测合格后方可进行下一道工序的施工。

(3) 管槽坡度较大时应采取措施防止管道下滑。

(4) 雨天应做好槽内排水，防止漂管事故的发生，同时也不宜进行接口施工作业。

八、沟槽回填

1.管道安装完毕验收合格后应及时进行管槽回填。

2.管槽回填应按设计要求的回填材料均匀、对称、分层铺填并夯压密实，分层厚度不大于200mm。

3. 回填土每层的压实遍数应根据设计要求的压实系数、分层厚度和含水量经现场试验确定。

4. 沟槽回填时应保持槽内排水畅通，不得有积水。

5. 管槽上部采用原状土回填时，原状土应经过晾晒并保持最佳含水量。

6. 沟槽回填夯压时不得损伤管道或使管道移位，管顶以上 500mm 的覆土不得采用重锤夯实或机械碾压。

7. 雨水管管顶覆土小于 0.7m 时，对应路面结构 20cm6％水泥稳定碎石改为 20cm C20 混凝土，并布钢筋±14@200 双向，整板浇筑，其他结构层不变，详见示意图。根据现场的实际情况来统计其工程量。

8. 雨水口连接管 *DN*300 外采用 300mm 的 C20 混凝土包封，详见示意图。

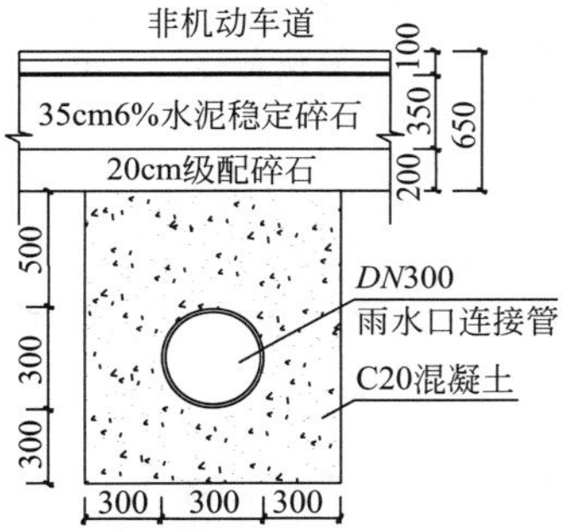

雨水连接管加固做法

单位：mm

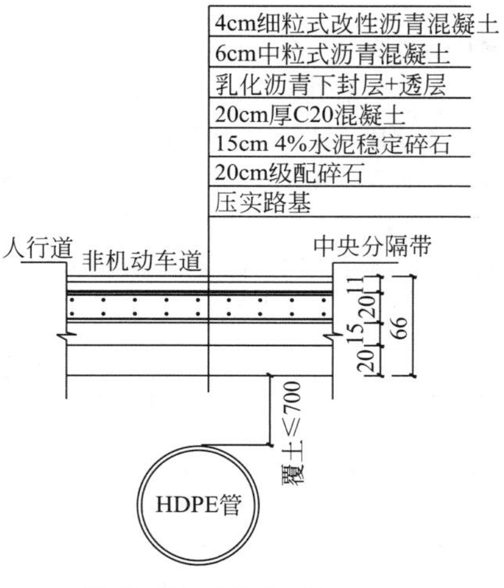

管顶结构加强处理大样

单位：mm

×××市政工程×××设计研究院				工程名称	×××市×××道路工程
				子 项	给水排水工程
审 定		专业负责人		开挖埋管结构设计总说明	设计号 路02-2013-08
审 核		校 核			设计阶段 施工图设计
项目负责人		设 计			图 号 施-结01
					日 期 2013.02

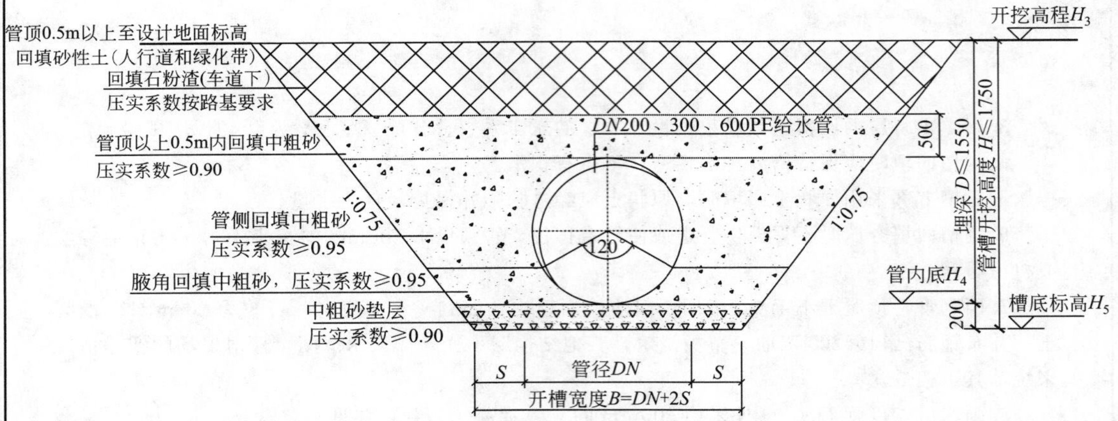

管道放坡开挖断面图 1:100

注明：1. 道路填方路段 a（现状地面清表后的高程高于或等于设计管顶以上 0.7m 高程）：宜在道路现状地面清表后开挖，埋管后回填至开挖高程。

2. 道路填方路段 b（现状地面清表后的高程低于设计管顶以上 0.7m 高程）：宜在道路施工回填至设计管顶以上 0.7m 高程处后，再反开挖埋管，埋管后回填至开挖高程。

3. 道路挖方路段：先由道路平整至路床顶面后再开挖，埋管后回填至开挖高程。

4. 管道地基处理方法同道路软基处理方式（换填垫层法）。

管道放坡开挖断面统计表

管道名称	桩　号	长度/m	管径/mm	到现状地面埋深/m	到设计地面埋深/m	开挖断面形式	备注
北侧给水管(J)	K2＋000～K2＋170	170	200,300	地面	约 1.20	管道放坡开挖断面图	
	K2＋170～K2＋420	250	300	1.2～13.6	1.20～1.25	管道放坡开挖断面图	平整至路床后开挖
	K2＋420～K2＋770	350	300	地面	约 1.22	管道放坡开挖断面图	
	K2＋770～K2＋856.67	86.67	300	1.2～4.6	约 1.20	管道放坡开挖断面图	平整至路床后开挖
南侧给水管(J)	K2＋000～K2＋170	170	600	地面	约 1.50	管道放坡开挖断面图	
	K2＋170～K2＋420	250	600	1.5～4.0	1.50～1.55	管道放坡开挖断面图	平整至路床后开挖
	K2＋420～K2＋770	350	600	地面	约 1.52	管道放坡开挖断面图	
	K2＋770～K2＋856.67	86.67	600	1.54～4.9	约 1.51	管道放坡开挖断面图	平整至路床后开挖

槽底 *S* 最小宽度表

管公称直径 DN/mm	S/mm
$DN \leqslant 500$	300
$500 < DN \leqslant 1000$	400

说明 ：

1. 尺寸单位：mm，标高单位：m；西安坐标系，1985 国家高程系。

2. 回填材料要求（压实度采用轻型击实标准）

（1）管顶 500mm 以上回填至设计地面标高，在车行道下采用石粉渣回填；在人行道和绿化带下采用砂性土回填；管顶以上 500mm 范围内采用人工或蛙夯机械夯实中粗砂，不得使用机械碾压。压实系数不小于 0.9。

（2）管侧采用中粗砂回填，压实系数不小于 0.95。

（3）管道腋角回填中粗砂，压实系数不小于 0.95。

（5）基础采用中粗砂，最大粒径不大于 25mm，压实系数不小于 0.9。

3. 回填施工要求

（1）回填材料必须均匀，不得夹有泥块和其他不良土质（淤泥、淤泥质土、耕植土等）。不同种类的填料应分层填筑，不得夹杂填筑，以免造成不均匀沉陷或产生水囊现象。

（2）回填应分层碾压，每层的虚铺厚度控制在 200～300mm。达到设计压实系数后，方可进行下一道工序的施工。

（3）道路软基处理后，再进行埋管。

（4）未尽事宜请参照《给水排水管道工程施工及验收规范》（GB 50268－2008）的相关规定。

4. 基槽开挖到设计标高后应进行基础验槽，管道基础按以下三种方案进行地基处理。

基底若遇工程性质良好的砂性土层、黏性土层等，素土夯实后施工 20cm 厚中粗砂垫层。

基底若遇填土层，首先采用碎石换填 30cm，然后再碎石层上铺设 10cm 厚中粗砂垫层。

基底若遇淤泥质土层，首先采用块石挤淤 50cm，然后在块石层上铺设 10cm 中粗砂垫层。

5. 管道地基承载力特征值不小于 70kPa。

6. 本管线与各种现状管线（给水、污水、雨水、电力、电信等）交叉时，施工时应对现状管线采取加固措施予以保护，避免破坏。

7. 支管的施工方式与邻近桩号的主管施工方式一致。

<table>
<tr><td colspan="6" rowspan="2">×××市政工程×××设计研究院</td><td>工程名称</td><td colspan="3">×××市×××道路工程</td></tr>
<tr><td>子 项</td><td colspan="3">给水排水工程</td></tr>
<tr><td>审 定</td><td></td><td></td><td>专业负责人</td><td></td><td></td><td colspan="2" rowspan="4">给水管道放坡开挖断面图</td><td>设计号</td><td>路02-2013-08</td></tr>
<tr><td>审 核</td><td></td><td></td><td>校 核</td><td></td><td></td><td>设计阶段</td><td>施工图设计</td></tr>
<tr><td>项目负责人</td><td></td><td></td><td>设 计</td><td></td><td></td><td>图 号</td><td>施-结02</td></tr>
<tr><td></td><td></td><td></td><td></td><td></td><td></td><td>日 期</td><td>2013.02</td></tr>
</table>

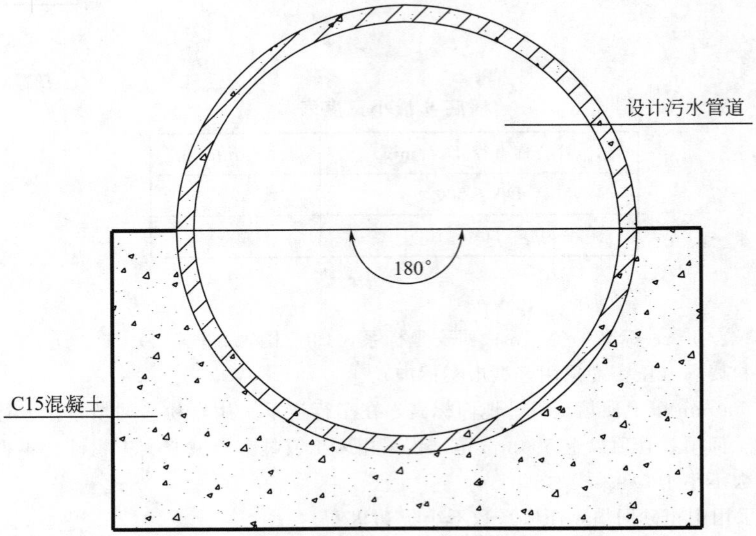

管道放坡开挖断面图一 1:50

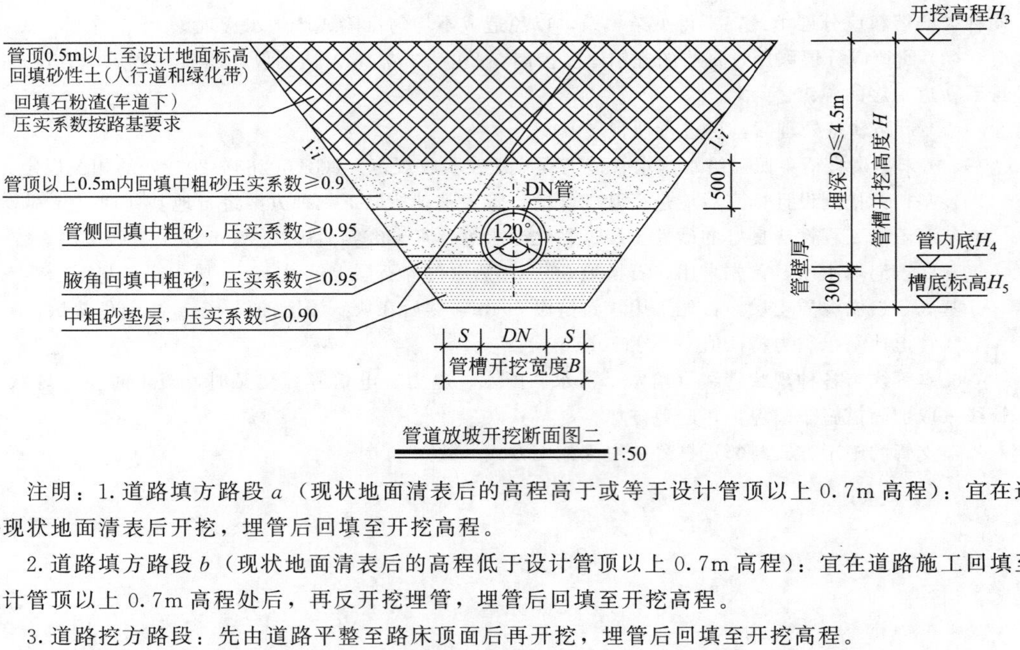

管道放坡开挖断面图二 1:50

注明：1.道路填方路段 a（现状地面清表后的高程高于或等于设计管顶以上 0.7m 高程）：宜在道路现状地面清表后开挖，埋管后回填至开挖高程。

2.道路填方路段 b（现状地面清表后的高程低于设计管顶以上 0.7m 高程）：宜在道路施工回填至设计管顶以上 0.7m 高程处后，再反开挖埋管，埋管后回填至开挖高程。

3.道路挖方路段：先由道路平整至路床顶面后再开挖，埋管后回填至开挖高程。

4.管道地基处理方法同道路软基处理方式（换填垫层法）。

槽底 S 最小宽度表

管公称直径 DN/mm	S/mm
$DN \leqslant 500$	300
$500 < DN \leqslant 1000$	400
$1000 < DN \leqslant 1500$	500

开挖埋管管道地基承载力表

管道埋深 D/m	地基承载力特征值 f_a/kPa
$D \leqslant 2.5$	$f_a \geqslant 70$
$2.5 < D \leqslant 3.5$	$f_a \geqslant 80$
$3.5 < D \leqslant 4.5$	$f_a \geqslant 95$

管道放坡开挖断面统计表

管道名称	桩号	长度/m	管径/mm	到现状地面埋深/m	到设计地面埋深/m	开挖断面形式	坡率 1∶i
污水管（W）	K2＋010～K2＋020（南北侧）	10	800	＜1.0	＜2.5	管道放坡开挖断面图二	1∶0.75
污水管（W）	K2＋170～K2＋430（南北侧）	150	800 300/400	＜2.5	＜3.5	管道放坡开挖断面图一	1∶0.75
	K2＋740～K2＋830（北侧）	260	1350 300	＜7.0	＜4.3	管道放坡开挖断面图一	1∶1
	K2＋430～K2＋740（南北侧）	310	1000～1350 300/400	地面	＜4.2	管道放坡开挖断面图一	1∶0.75
	K2＋740～K2＋830（北侧）	90	1350 300	＜7.0	＜4.1	管道放坡开挖断面图一	1∶1
	K2＋740～K2＋840（北侧）	100	1350 400	＜7.0	＜4.4	管道放坡开挖断面图一	1∶1
污水管（Y）	K2＋830～K2＋856（北侧）	26	300	＜5.0	＜2.5	管道放坡开挖断面图二	1∶0.75
	K2＋840～K2＋956（南侧）	116	400	＜5.0	＜2.5	管道放坡开挖断面图二	1∶0.75

说明：

1.尺寸单位：mm，标高单位：m；西安坐标系，1985 国家高程系。

2.回填材料要求（压实度采用轻型击实标准）

（1）管顶 500mm 以上回填至设计地面标高，在车行道下采用石粉渣回填；在人行道和绿化带下采用砂性土回填；管顶 500mm 范围内采用人工或蛙夯机械夯实中粗砂，不得使用机械碾压。压实系数不小于 0.9。

（2）管侧采用中粗砂回填，压实系数不小于 0.95。

（3）管道腋角回填中粗砂，压实系数不小于 0.95。

（4）管道中粗砂垫层，压实系数不小于 0.90。

3.回填施工要求

（1）回填材料必须均匀，不得夹有泥块和其他不良土质（淤泥、淤泥质土、耕植土等）。不同种类的填料应分层填筑，不得夹杂填筑，以免造成不均匀沉陷或产生水囊现象。

（2）回填应分层碾压，每层的虚铺厚度控制在 200～300mm。达到设计压实系数后，方可进行下一道工序的施工。

（3）道路软基处理后，再进行埋管。

（4）未尽事宜请参照《给水排水管道工程施工及验收规范》(GB 50268—2008）的相关规定。

4.本管线若与各种现状管线（给水、污水、雨水、电力、电信等）交叉，施工时应对现状管线采取加固措施予以保护，避免破坏。

5.支管的施工方式与邻近桩号的主管施工方式一致。

×××市政工程×××设计研究院				工程名称	×××市×××道路工程		
				子项	给水排水工程		
				污水管道放坡开挖断面图		设计号	路02-2013-08
审定		专业负责人				设计阶段	施工图设计
审核		校核				图号	施-结03
项目负责人		设计				日期	2013.02

参考文献

[1] 中国建设监理协会.给水排水管道工程施工及验收规范（GB 50268—2008).
[2] 中国建设监理协会.建筑砂浆基本性能试验方法（JGJ/T 70—2009).
[3] 中国建设监理协会.砌体结构工程施工质量验收规范（GB 50203—2011).
[4] 中国建设监理协会.建筑地基基础工程施工质量验收规范（GB 50202—2002).
[5] 中国建设监理协会.地下防水工程质量验收规范（GB 50208—2011).
[6] 中国建设监理协会.建设工程文件归档规范（GB/T 50328—2014).
[7] 中国建设监理协会.建设工程监理规范（GB/T 50319—2013).
[8] 中国建设监理协会.建设工程监理规范 GB/T 50319—2013 应用指南.北京：中国建筑工业出版社，2013.